云南气象装备保障技术手册

主编　徐八林

四川科学技术出版社

图书在版编目（CIP）数据

云南气象装备保障技术手册 / 徐八林主编. -- 成都：四川科学技术出版社, 2024.3

ISBN 978-7-5727-1311-8

Ⅰ.①云… Ⅱ.①徐… Ⅲ.①气象观测－装备保障－云南－技术手册 Ⅳ.①P414-62

中国国家版本馆CIP数据核字(2024)第065275号

云南气象装备保障技术手册

YUNNAN QIXIANG ZHUANGBEI BAOZHANG JISHU SHOUCE

主编　徐八林

出 品 人　程佳月
责任编辑　程蓉伟　王　娇
封面设计　李　庆
责任出版　欧晓春
出版发行　四川科学技术出版社
成都市锦江区三色路238号　邮政编码 610023
官方微博：http://weibo.com/sckjcbs
官方微信公众号：sckjcbs
传真：028-86361756
成品尺寸　285 mm × 210 mm
印　　张　18
字　　数　430千
制　　作　成都华桐美术设计有限公司
印　　刷　四川华龙印务有限公司
版　　次　2024年3月第1版
印　　次　2024年3月第1次印刷
定　　价　78.00元

ISBN 978-7-5727-1311-8

邮　　购：成都市锦江区三色路238号新华之星A座25层　邮政编码：610023
电　　话：028-86361758

《云南气象装备保障技术手册》

编委会

编 写 组

主　　编： 徐八林

副 主 编： 董　洋　徐　俊　杨卫洁　舒　斌　王　欣　马　芳　朱　涯　解莉燕

成　　员： 张　涛　王　欣　马　芳　王卫民　朱　涯　解莉燕　董　洋　杨卫洁　舒　斌　莫旭昱　和楷承　陈泰旭　任泓宇　徐舒扬

审 定 组

组　　长： 张　涛

成　　员： 王　欣　徐八林

前言
FOREWORD

气象工业是科技型、基础性、先导性社会公益工业。在国务院印发的《气象高质量发展纲要（2022—2035年）》中明确指出：要加快推进气象高质量发展，充分发挥气象防灾减灾第一道防线作用，全方位保障生命安全、生产发展、生活富裕、生态良好，更好地满足人民日益增长的美好生活需要。气象技术装备保障体系是现代气象业务体系建设的重要组成部分，也是气象业务服务工作正常运行的重要支撑。

实践反复证明，前期项目建设和后期运行保障，是加快推动气象现代化建设、有效提高气象业务服务水平的两个关键。气象探测工作是气象业务、服务与科研工作的基础，提高气象预报、预警能力与气象服务水平，有赖于气象探测能力与水平的提高，特别是近年来，一些新的专业气象业务的拓展更是基于气象探测工作。同时，传统的天气预报、气候预测等工作，也越来越依赖于高精度、高时效的气象探测工作。从气象科学的发展历史可以看到，气象科学的发展是从观测开始的，而其中具有里程碑意义的发展，多是由科学技术的发展和观测能力的提高所推动的。

观测能力的提高是由装备发展所推动的。在当前气象业务的建设和发展中，综合气象观测系统也发挥着基础和先导作用。因此，研究和探索综合气象观测装备领域的一些重大技术前沿问题，不仅有利于推动综合气象观测系统的发展，也有利于推动整个气象科学和气象业务的发展。

各地应紧密结合本地实际，以科学的态度对本手册中介绍的知识和技术进行实事求是的考察、分析，切不可生搬硬套。

该手册是云南省气象装备技术专家的实践结晶，本手册的发行，必将对气象探测装备保障工作的科学发展起到积极的推动作用。在此，谨对参加编写工作的各位专家表示衷心的感谢!

编　者

2021年12月

目录
CONTENTS

第一章

ASOM监控系统运维技术指南

本章主编◎解莉燕

第一节
简 介

一、指南的目的

ASOM监控系统运维技术指南是给系统的最终用户学习和参考的说明书，主要目的是帮助用户在了解自身业务的前提下，可以正确使用系统的功能。

本指南采用图文并茂的方式进行阐述，力求做到简单明了、一目了然。

二、指南的范围

本指南基于ASOM系统1.0版本编写，其使用者包括地市级ASOM系统管理员、探测业务技术保障人员及业务管理人员，以及新一代天气雷达站、地面气象观测站、探空站技术保障人员。

三、名词定义

（一）业务可用性（A_o）

$$A_o=\frac{T_{on}+T_{pm}+T_s}{T_t}\times 100\%$$

雷达运行时间（T_{on}）：表示系统正常、系统报警两种状态下时间的代数和。

雷达维护时间（T_{pm}）：周维护、月维护、年维护、大修、巡检的总时间。

T_s：系统正常，观测时段内出现特殊情况的停机时间。

总时间（T_t）：《新一代天气雷达观测规定》规定的观测时间。

（二）平均故障间隔时间（MTBF）

MTBF是用于评估雷达可用性的评估指标，是指在选取的评估时段内，相邻两次故障之间的平均工作时间，单位为小时。

$$\mathrm{MTBF}=\frac{\sum_{n=1}^{N_f} T_{on}(n)}{N_f+1}$$

$T_{on}(n)$：第n次故障和第$n+1$次故障之间的工作时间。

N_f：故障次数。

（三）平均故障持续时间（$\overline{T_{fd}}$）

雷达平均故障持续时间是指在选取的评估时段内，从故障发生到故障修复所用的平均时间，是衡量天气雷达维修能力的综合指标。

$$\overline{T_{fd}}=\frac{\sum_{n=1}^{N_f}[T_{cm}(n)+T_{ld}(n)+T_{ad}(n)]}{N_f}$$

$T_{cm}(n)$：第n次故障的故障维修时间。

$T_{ld}(n)$：第n次故障台站因缺乏维修备件，所耗等备件时间。

$T_{ad}(n)$：第n次故障由于管理原因而延误的时间。

（四）自动气象站基于运行监控子系统的状态数据定义的业务可用性

$$业务可用性=\frac{应用工作时次-数据错误时次-未到报时次-报文格式错误时次}{应用工作时次}\times 100\%$$

四、参考书目

①《综合气象观测系统运行监控平台（ASOM）——省级用户使用指南》

②《综合气象观测系统运行监控平台（ASOM）——台站级用户使用指南》

③《ASOM 培训手册》

④《ASOM 培训视频教材以及功能介绍PPT》

第二节

系统概述

一、系统目标

ASOM系统是利用现代计算机、通信技术，在近端实现对纳入中国气象局综合气象观测系统业务运行的气象观测设备的运行状态和数据质量进行实时的监控和检查，跟踪台站维护维修活动，开展装备信息管理和台站信息管理的实时业务系统，以达到及时响应，快速保障的目的。

二、系统范围

综合气象观测系统运行监控平台（ASOM）是保障各种气象观测设备正常运行、气象观测业务有序开展的业务应用系统。它主要包括：设备运行监控子系统、维护维修信息管理子系统、装备供应保障业务信息管理子系统、站网信息管理子系统及信息发布、综合评估、系统管理等功能。目前，监控的设备主要包括：新一代天气雷达、探空系统、国家级自动气象站（国家基准气候站、国家基本气象站、国家一般气象站）。

三、系统结构

综合气象观测系统运行监控平台（ASOM）采用国家级部署、三级应用的策略，为台站级（含地市级，以下统称“台站级”）、省级、国家级三级业务及管理人员提供统一的工作平台，实现气象探测设备的运行状态监控、探测数据质量监控、维护维修信息管理、装备供应保障业务信息管理、运行监控综合评估、监控信息发布和站网信息管理等功能。

四、软件环境

ASOM系统是基于浏览器端的操作，只要计算机接入局域网，运用IE浏览器操作即可。综合气象观测系统运行监控平台（ASOM）系统概述如图1-1。

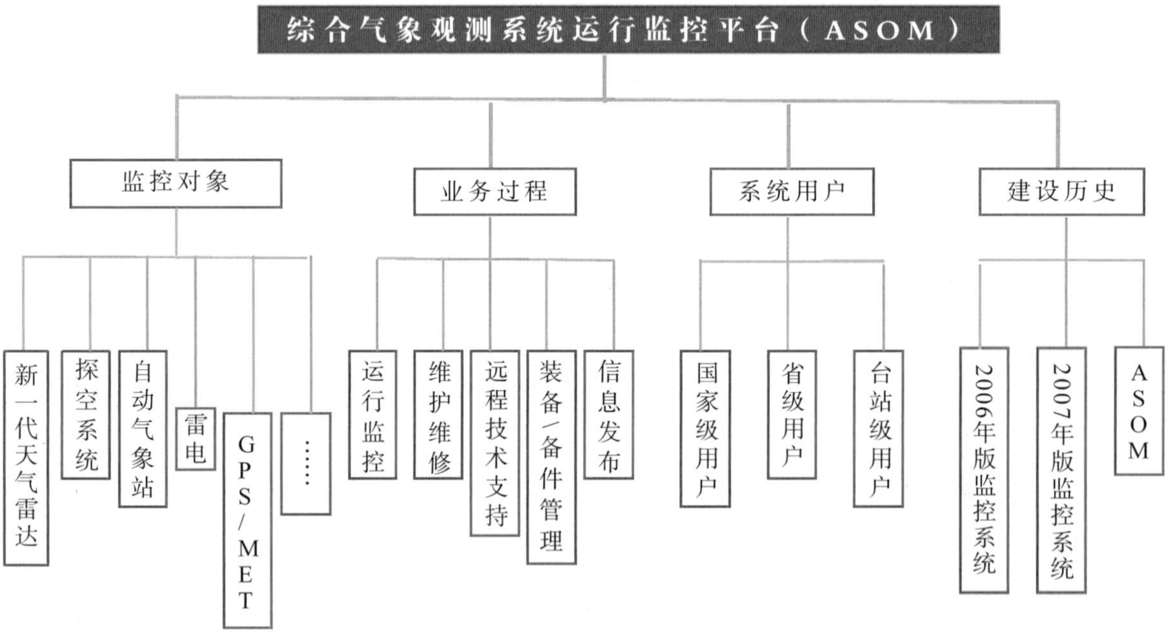

图1-1 综合气象观测系统运行监控平台（ASOM）系统概述

第三节
公共操作

本部分主要介绍开机、关机等公共操作，为系统中各项操作所共有的屏幕属性、按钮定义及键盘定义。

一、开机

计算机主机正常开启，接入局域网内即可。

二、登录

①为保证系统运行的稳定性，建议使用IE浏览器 进行系统访问。

②访问地址为http://10.1.64.24:7001。系统登录界面如图1–2。

图1–2　ASOM系统登录界面

③输入每个人的用户名、口令后的登录界面如图1-3。

图1-3　输入用户名、口令后的登录界面

三、主菜单操作

①点击“登录”进入主菜单。如图1-4。

②点击主菜单相应模块或者下拉菜单可进入下一级页面。如图1-5。

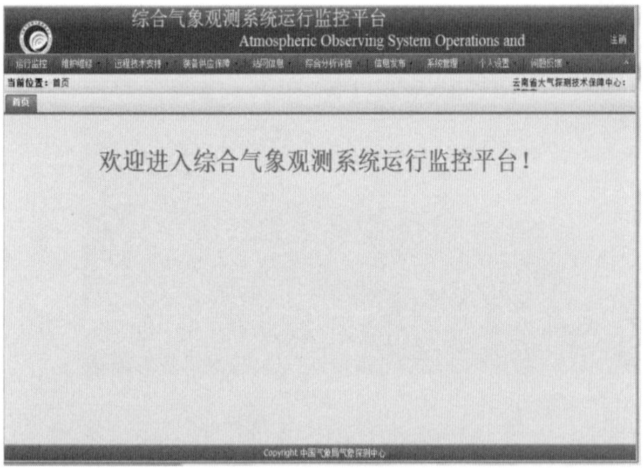

图1-4　系统主菜单

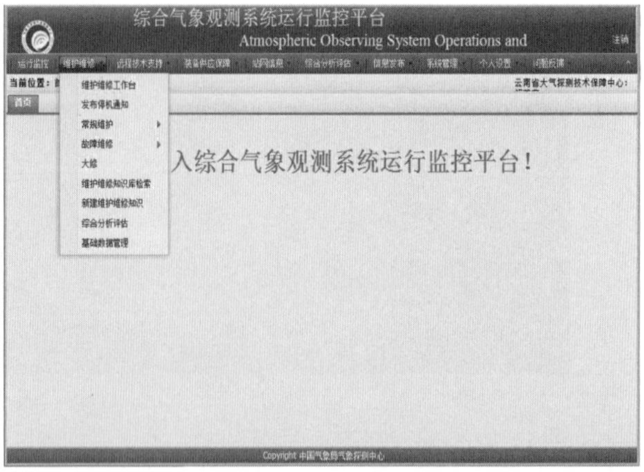

图1-5　主菜单操作

③点击“维护维修”模块下的“维护维修工作台”进入下一级页面，可查询所有的维护维修活动。如图1-6。

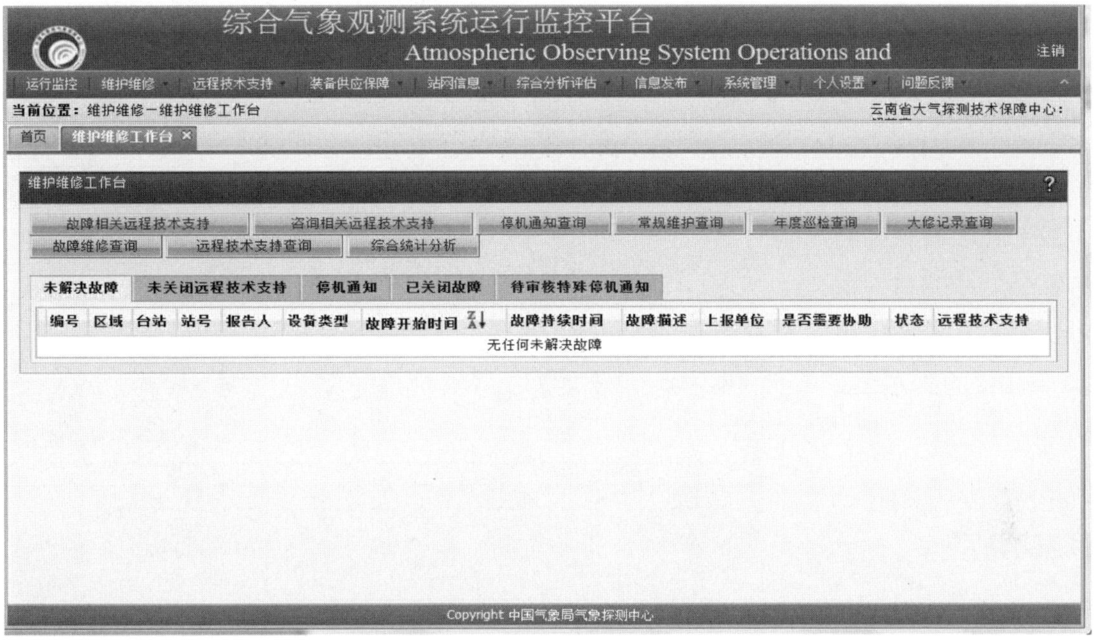

图1-6　维护维修工作台页面

四、退出

使用完系统后，点击图中画框处的“注销”退出系统。如图1-7。

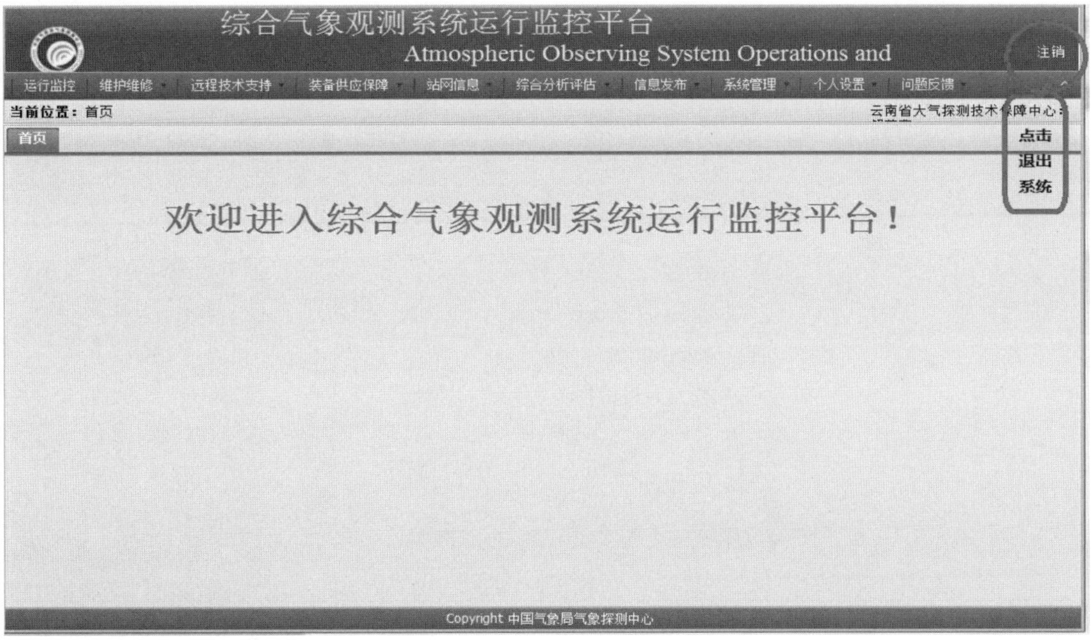

图1-7　注销退出

第四节 功能概述

一、国家级部署、三级应用

综合气象观测系统运行监控平台（ASOM）采用国家级部署、三级应用的策略。图1-8是系统功能拓扑图。

二、系统功能

系统主要实现运行监控、装备保障信息管理、维护维修信息管理、系统管理（密码、角色设置等）、站网信息管理（基本信息、人员信息、设备信息）等功能。如图1-9。

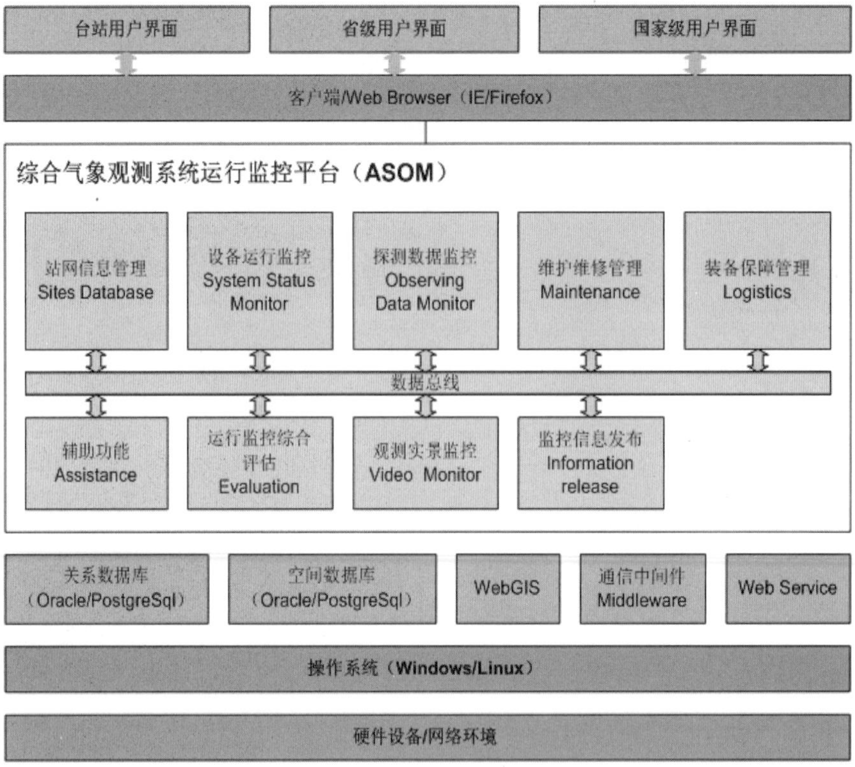

图1-8　系统功能拓扑图

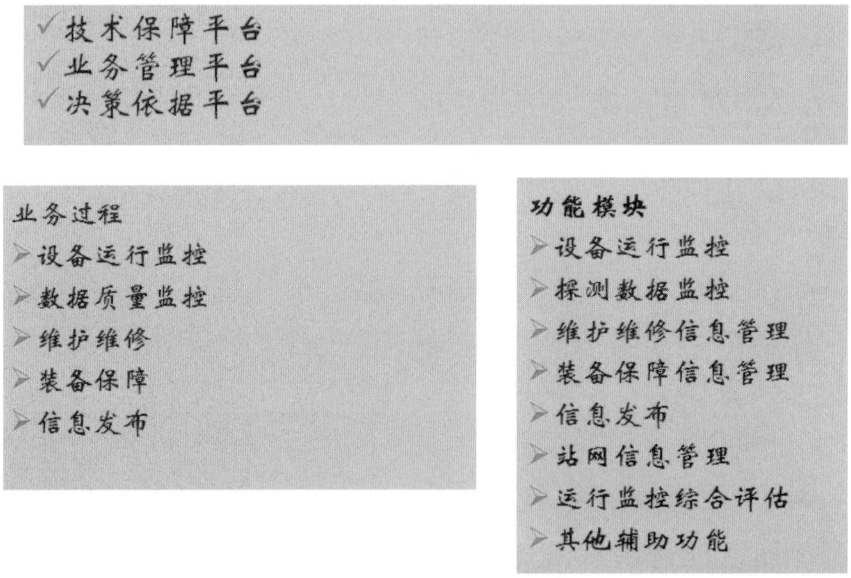

图1-9　系统功能模块

第五节 操作说明

一、基础平台用户操作

基础平台用户操作主要包括系统管理、信息发布、个人设置和综合评估。如图1-10。

①系统管理主要用于维护系统用户登录、权限和角色信息。如图1-11、图1-12。

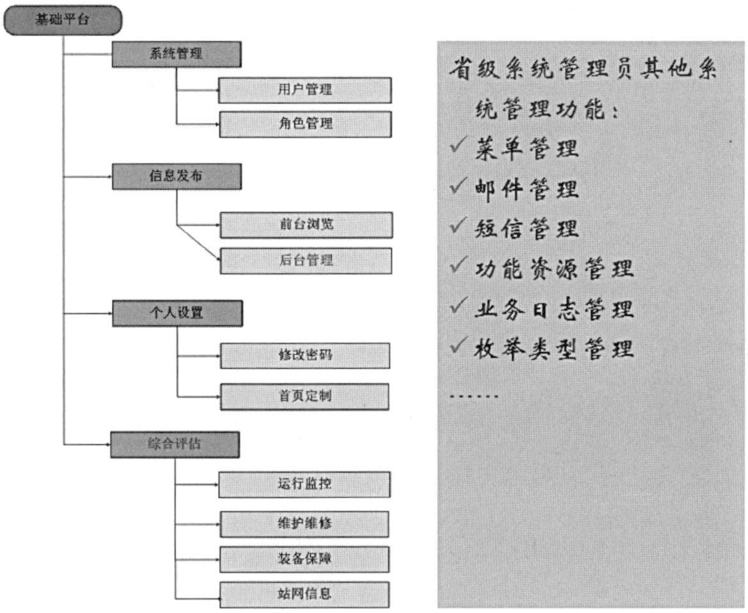

图1-10 基础平台功能拓扑图

图1-11 用户管理

图1-12　角色管理

②信息发布目前对用户只开放前台浏览功能，用户可以通过本模块了解各类通告和信息。如图1-13。

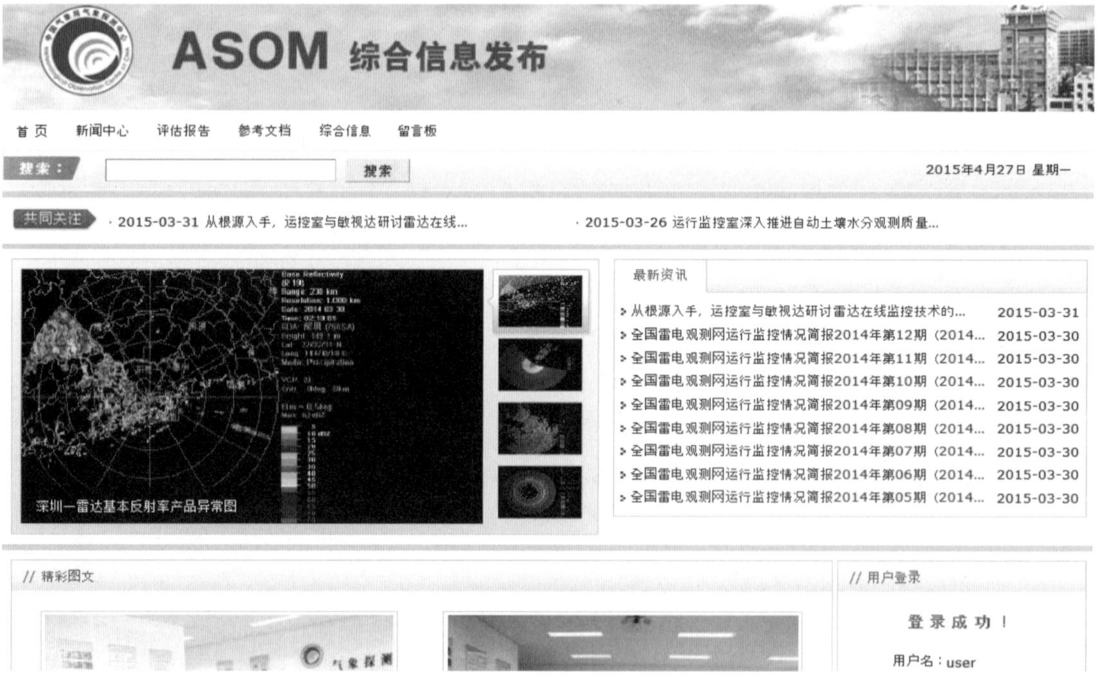

图1-13　前台浏览

③个人设置分为密码修改和首页定制两个部分，用户只可以修改自己的密码和定制自己登录系统后的首页显示页面（弹出功能点）。所有的系统用户都拥有这两部分权限。

④管理员的任务。管理员分为省级管理员和州（市）级管理员，不同管理员的任务如图1-14、图1-15所示。

省级管理员主要任务

- 创建所属省内的组织机构、用户组及用户；
- 配置创建的组织机构、用户组及用户的功能权限；
- 在组织机构、用户组及用户的信息、权限及角色发生变更时，省级系统管理员需及时对其进行相应的修改；
- 保持省级用户访问国家级ASOM系统的网络畅通；
- 创建省内的角色；
- 为创建的各类角色赋予相应的功能及数据权限；
- 为用户、用户组、组织机构赋予所属角色；
- 指导省级用户修改个人密码并配置个人登录首页；
- 培训并指导台站级系统管理员掌握系统管理功能模块。

图1-14　省级管理员任务

州（市）级管理员主要任务

- 创建所属州（市）下的组织机构、用户组及用户；
- 配置创建的组织机构、用户组及用户的功能权限；
- 在所属州（市）下的组织机构、用户组及用户的信息、权限及角色发生变更时，台站级系统管理员将对其及时进行相应的修改；
- 保持台站级用户访问国家级ASOM系统的网络畅通；
- 创建所属州（市）所辖台站内的角色；
- 为创建的各类角色赋予相应的功能及数据权限；
- 为用户、用户组、组织机构赋予所属角色；
- 指导台站用户修改个人密码并配置个人登录首页。

图1-15　州（市）级管理员任务

二、运行监控子系统及维护维修子系统的操作

①方式：监控设备的自身运行状态数据（直接）、设备探测数据（间接）；数据传输、状态信息、数据质量；及时发现问题，通知维护人员进行相应的处理，保障气象探测设备正常运行。

②范围：目前已实现监控的设备有新一代天气雷达、自动气象站、探空系统；台站级用户监控本台站的设备；省级用户监控本省范围的设备；国家级用户监控全国范围的设备。

运行监控子系统和维护维修子系统的位置如图1-16。

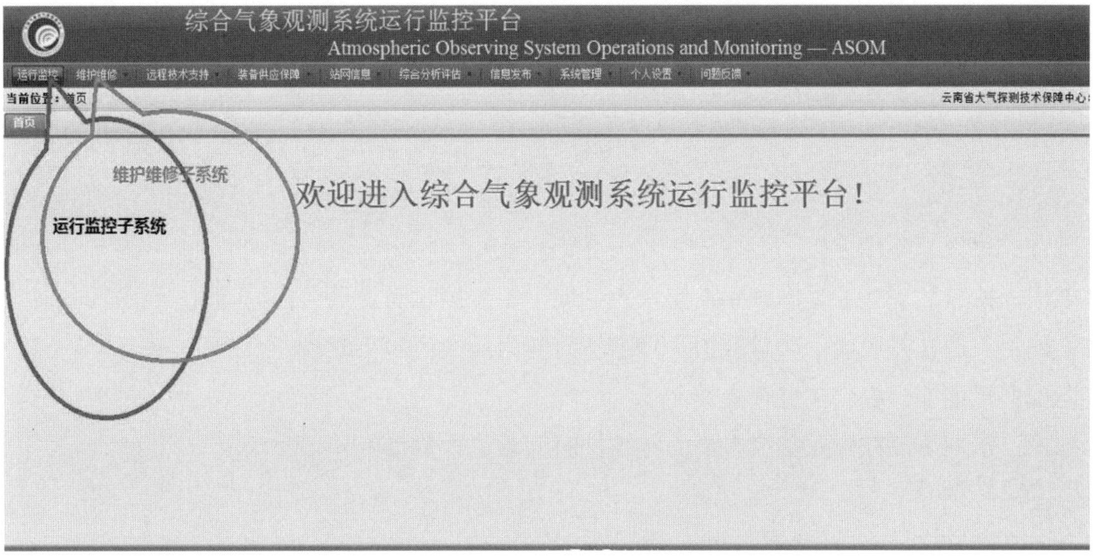

图1-16　运行监控子系统和维护维修子系统的位置

（一）新一代天气雷达的监控

新一代天气雷达监控拓扑图如图1–17。

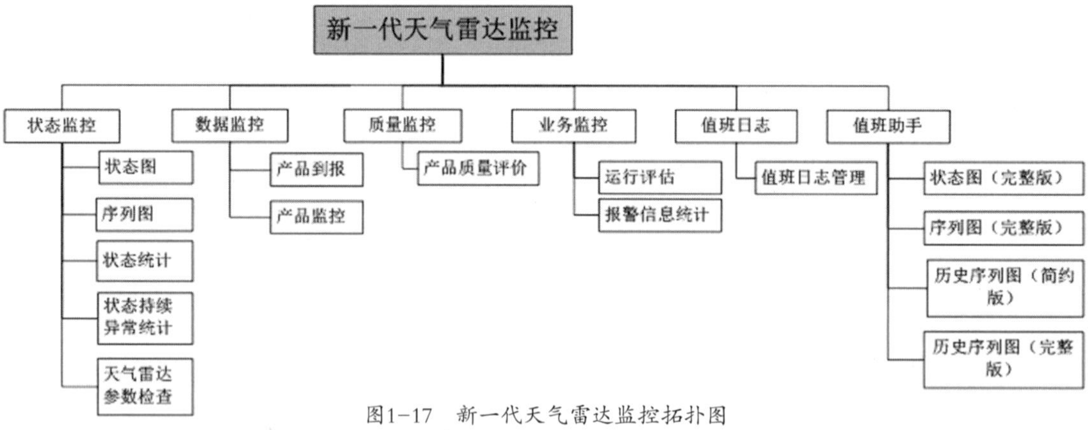

图1–17　新一代天气雷达监控拓扑图

系统对于新一代天气雷达各种表单的填写有严格规定。在维护维修子系统中，必须按照观测业务的规范要求填写相应的维护表单，这是新一代天气雷达评估的重要依据！

1. 常规维护（图1–18）

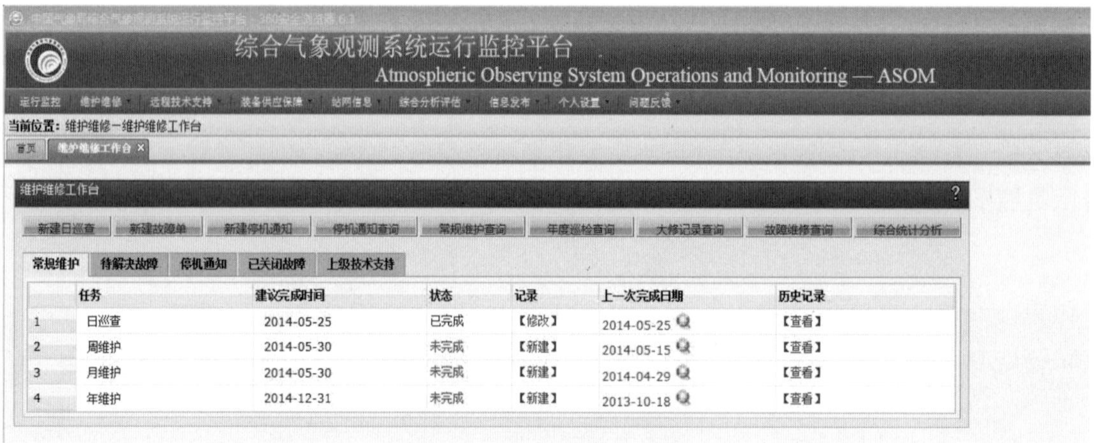

图1–18　雷达站常规维护

日巡查：每天，不用停机。

周维护：按自然周计算（周日到下周六为一周），维护时间为最大值4小时。如图1–19。

月维护：一般在月底做一次月维护，月维护时间为最大值24小时。

年巡检：汛期前，权限在省级人员。

年维护：汛期后，权限在省级人员。年维护时间为最大值120小时（5天）。

2. 大修

需要有观测司正式发文作为附件。

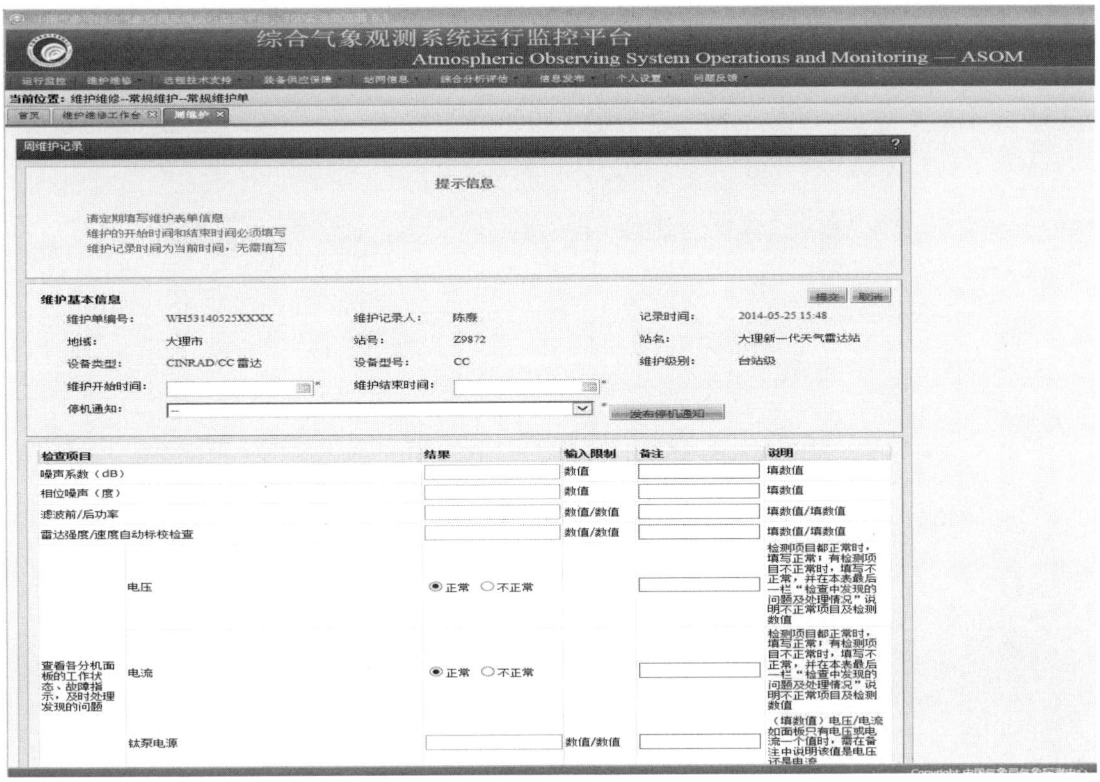

图1-19 周维护

3. 故障维修

维修活动信息对于评估很重要！维修活动的更新要及时填写，开始、结束时间，工作类型，单位级别都要注明。多普勒雷达故障单和故障维修活动更新分别如图1-20、图1-21。

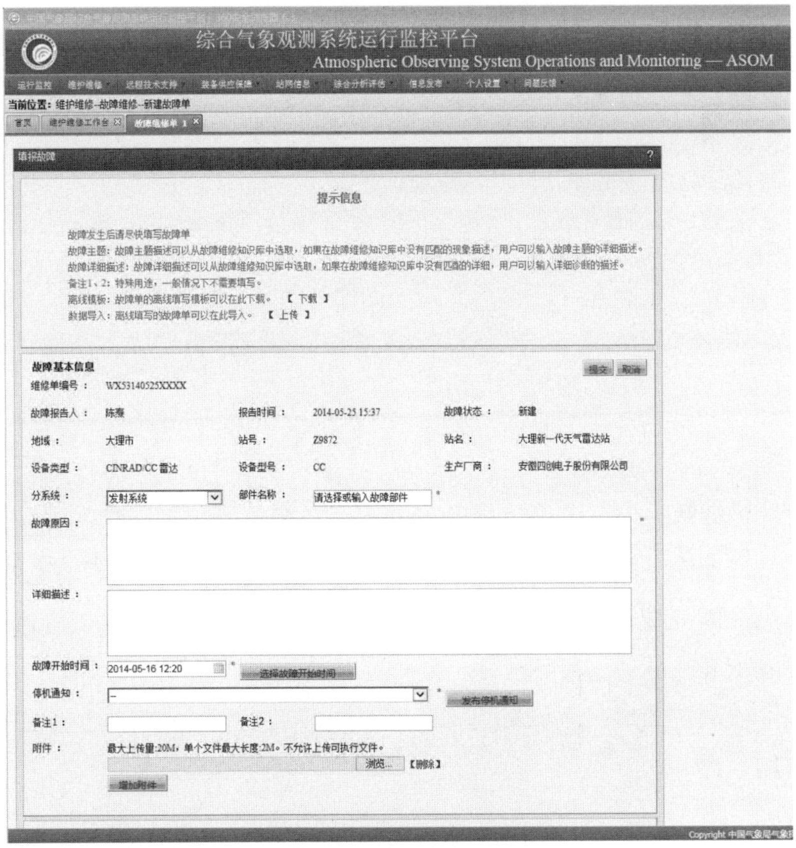

图1-20 多普勒雷达故障单

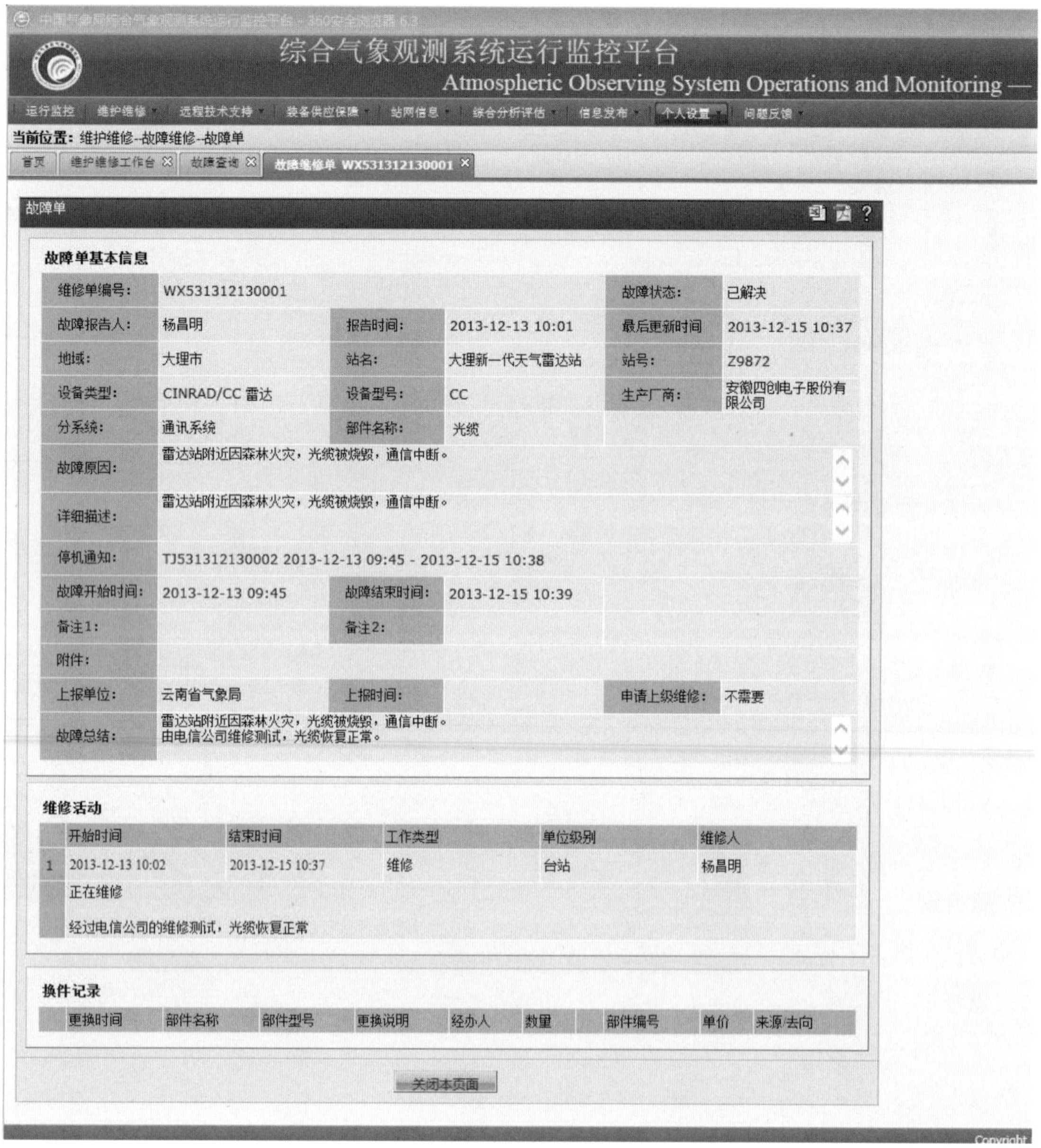

图1-21　多普勒雷达故障维修活动更新

4. 停机通知

①停机通知是国家级、省级监控人员快速了解设备运行状态的重要手段，需要及时填写。

②第一时间填写停机通知，必填项包括停机开始时间、维护维修类型，停机结束时间可在维护活动或故障维修活动结束后填写。

同一次故障关联一个停机通知，不需要每天填写。常规维护停机和维修停机通知界面分别如图1-22、图1-23。

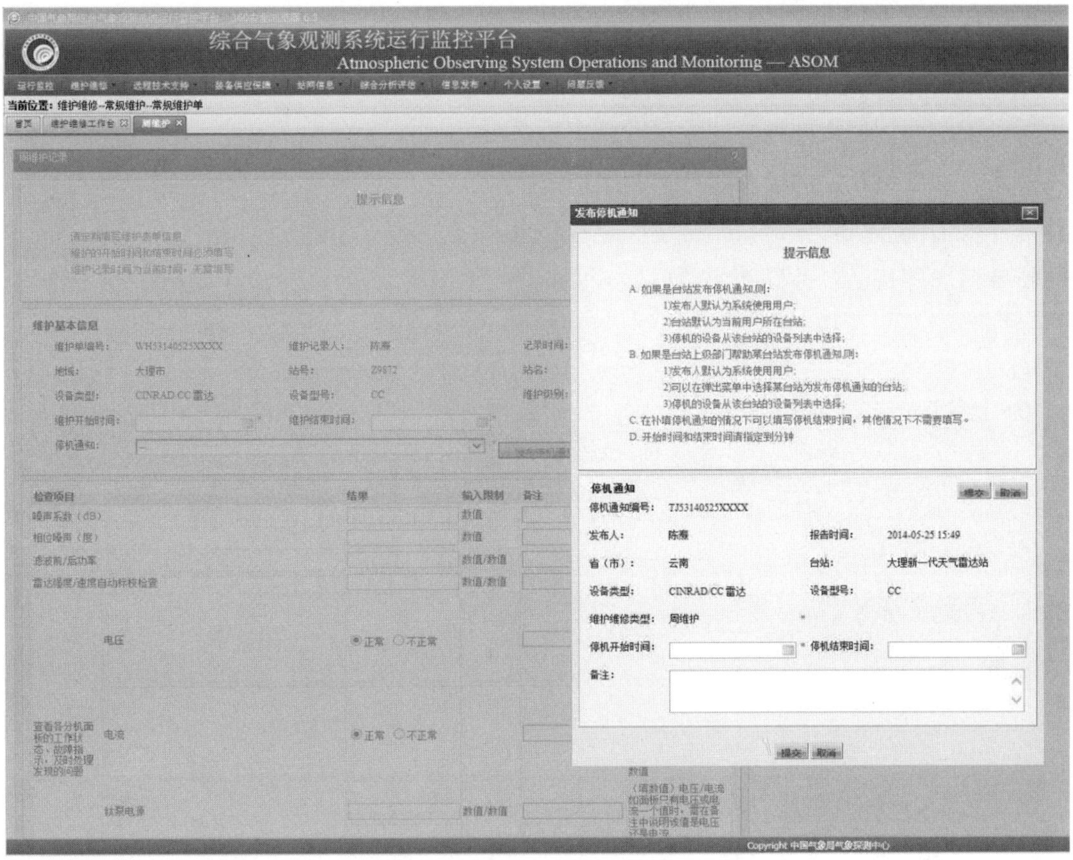

图1－22　常规维护停机通知界面

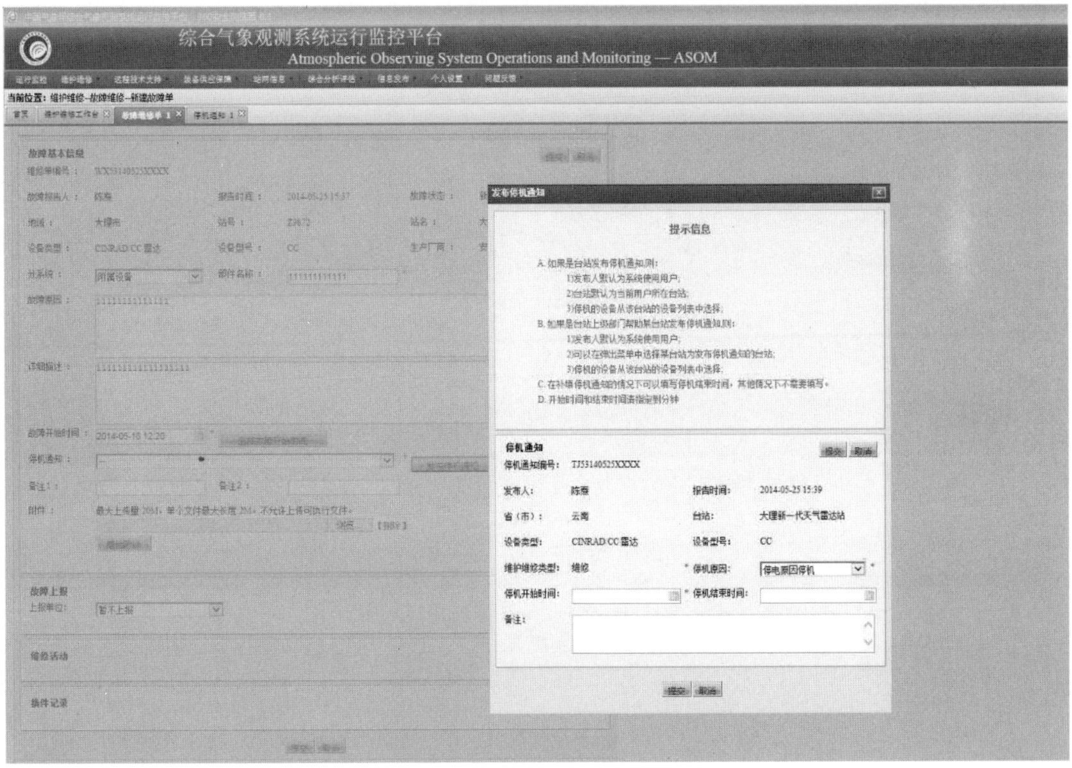

图1－23　维修停机通知界面

5. 特殊停机

①选择特殊停机原因。

②填写开始时间，停机结束时间在活动结束后填写。

③特殊停机需要有相应的说明文件作为附件。

④特殊停机需由省级首先审核，最终决定权在国家级。

填写特殊情况停机的各种界面如图1–24～图1–26。

图1–24　填写特殊情况停机通知界面

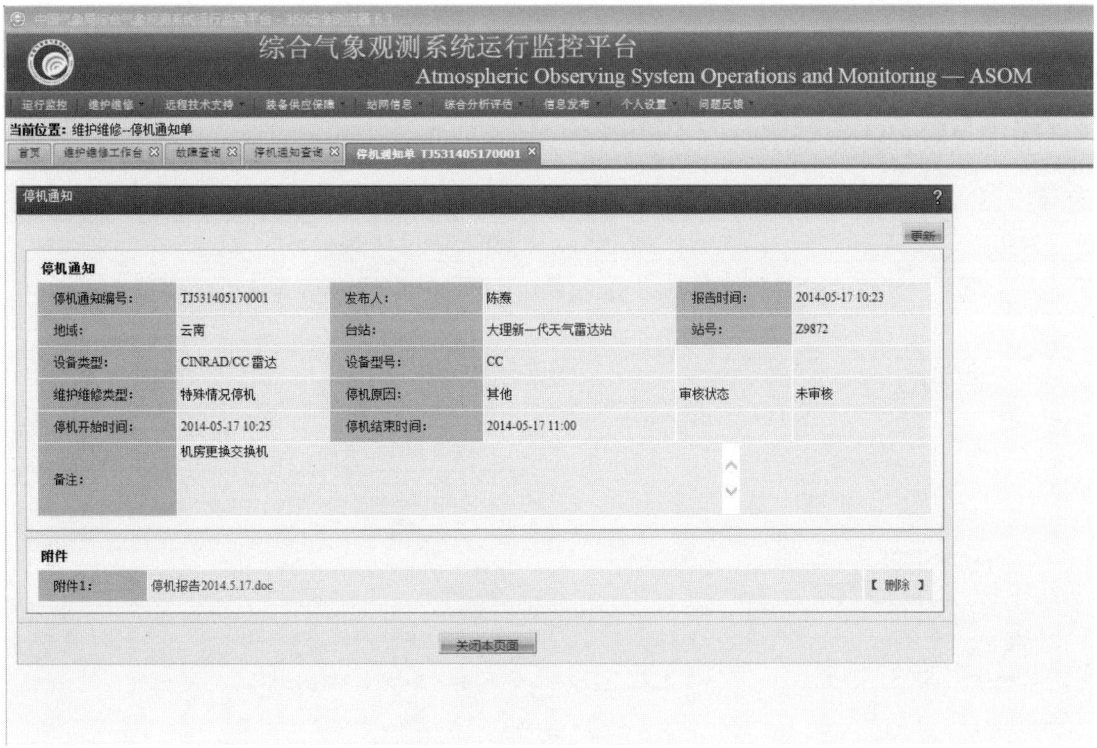

图1-25　特殊情况停机通知单界面

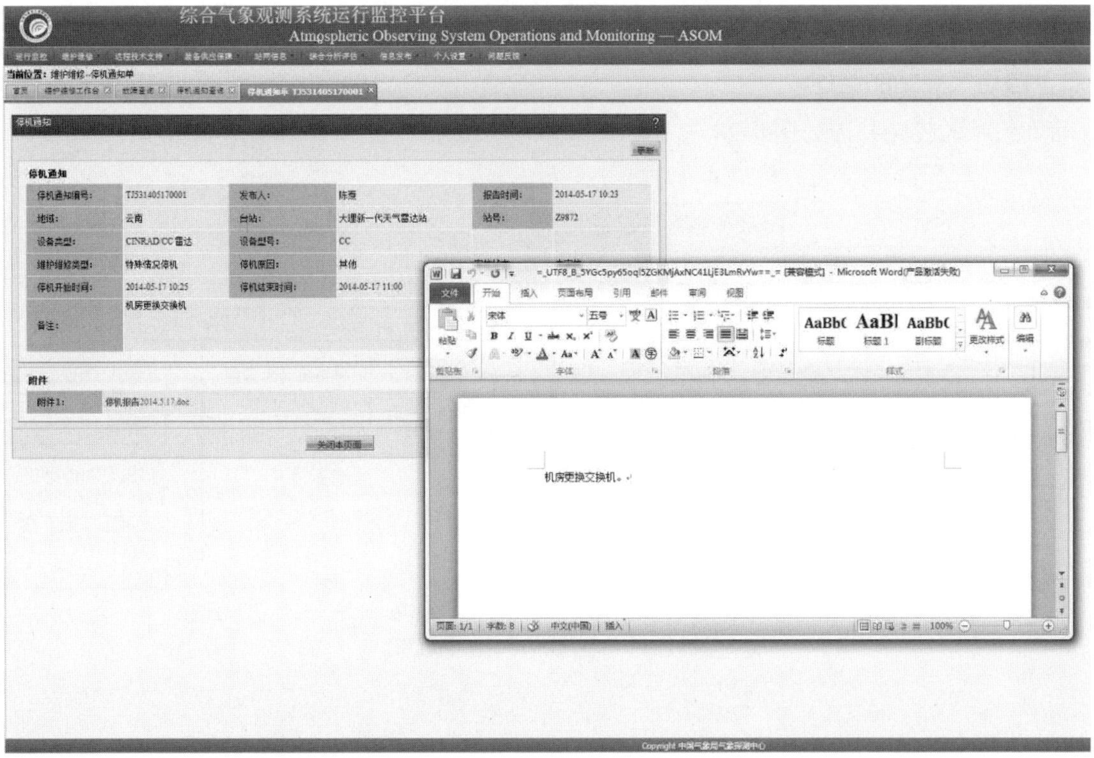

图1-26　特殊情况停机说明文件界面

6. 雷达站评估的指标和算法（图1–27）

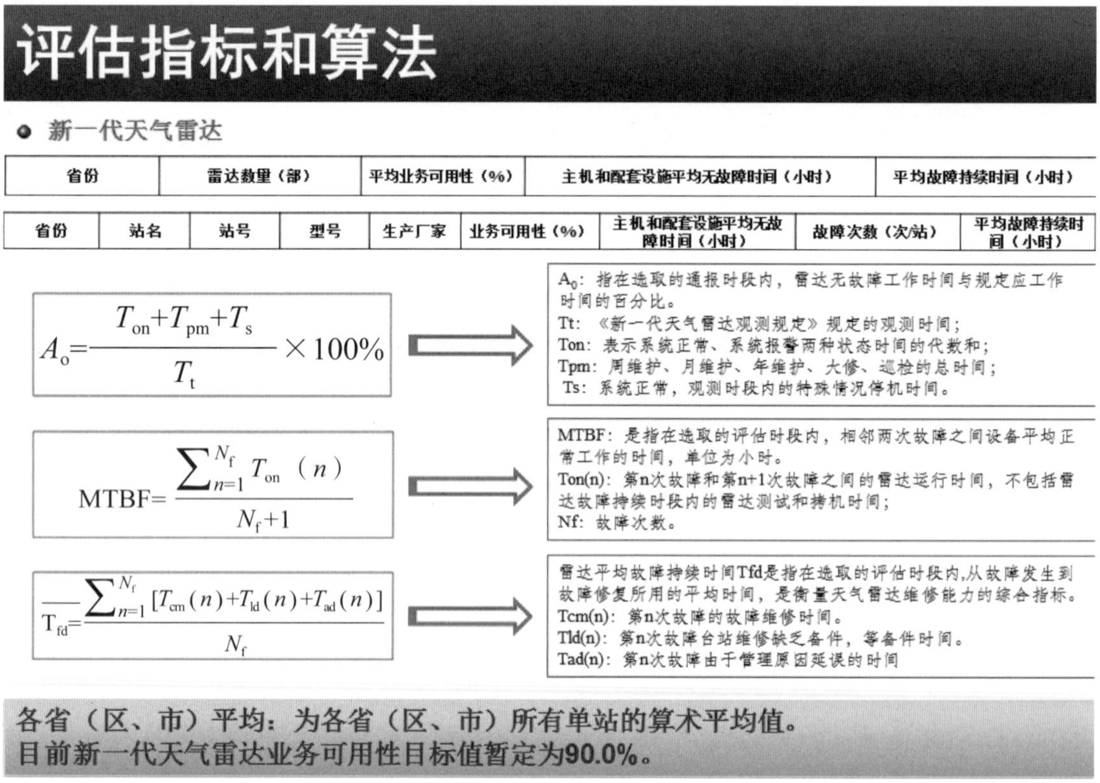

图1–27　雷达站评估的指标和算法

（二）自动气象站的监控

自动气象站监控拓扑图如图1–28。

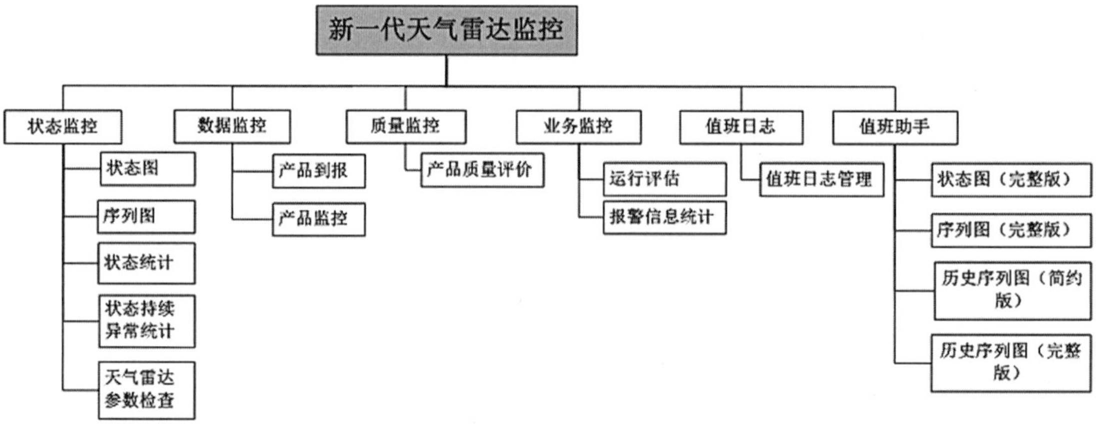

图1–28　自动气象站监控拓扑图

1. 自动气象站的运行评估指标和算法

系统对于自动气象站的评估是通过产品文件来间接反映自动气象站的可用性的。

①监控序列图：以列表的方式显示一天内多个站点的设备状态；5分钟刷新一次状态；点击某一状态点，可看单站详细信息；每小时评估一次运行状态，即在各整点时刻生成一个自动站运行状态结果。如图1–29。

图1–29 县级气象站监控序列图

②统计自动气象站运行指标：包括运行时间，文件到报率，及时到报率，逾限率，数据报文有效性、可靠性、可用性、故障率、值班日志填报率。 如图1–30。

- 运行时间=有文件到报的时间；
- 文件到报率=文件到报的次数/应该到报的次数；
- 及时到报率=文件及时到报的次数（1小时内到报）/应该到报的次数；
- 逾限率=文件逾限到报的次数（1小时外到报）/应该到报的次数；
- 数据报文有效性=数据报文无格式错的次数/到报的次数；
- 可靠性=数据正常的次数/应该到报的次数；
- 可用性=（数据正常的次数+数据异常的次数）/应该到报的次数；
- 故障率=（数据错误的次数+文件未到次数）/应该到报的次数；
- 值班日志填报率=有值班日志天数/观测的天数。

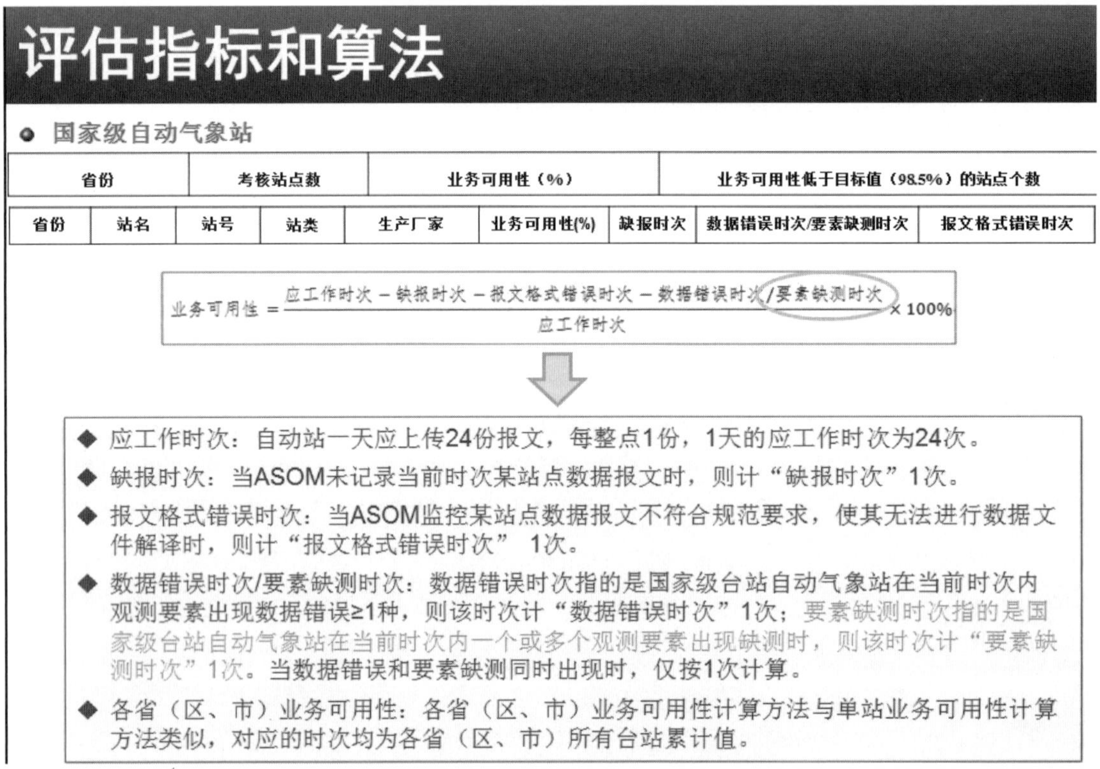

图1-30　自动气象站的评估指标和算法

2. 县级气象站故障单的填报流程（图1-31～图1-36，*是必填项）

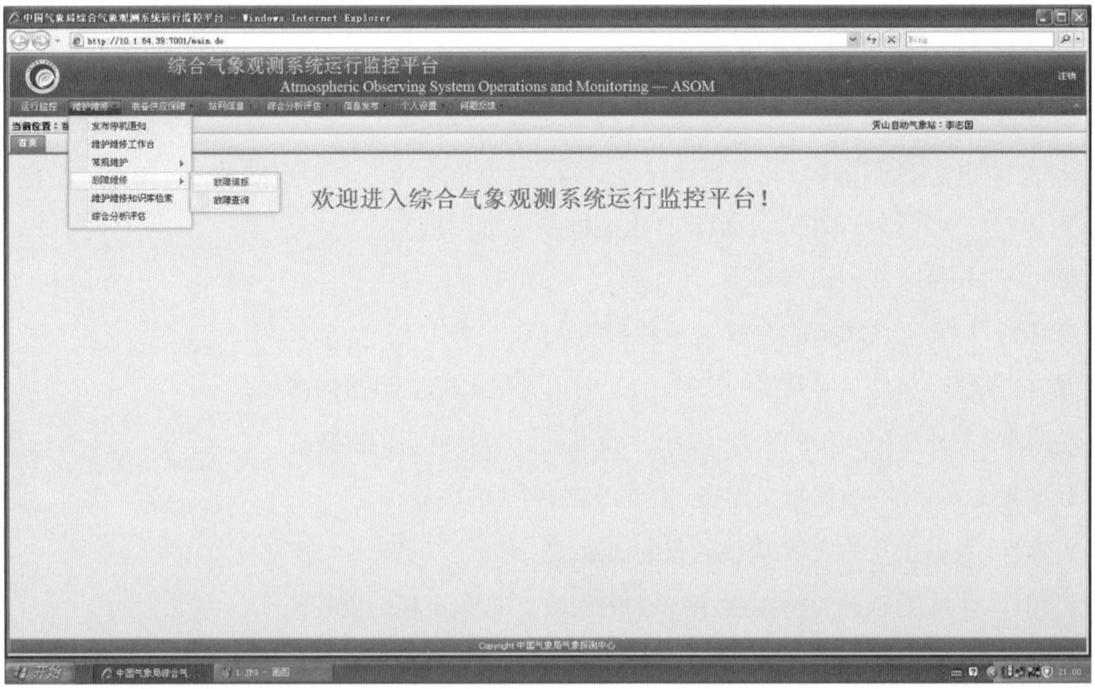

图1-31　故障填报

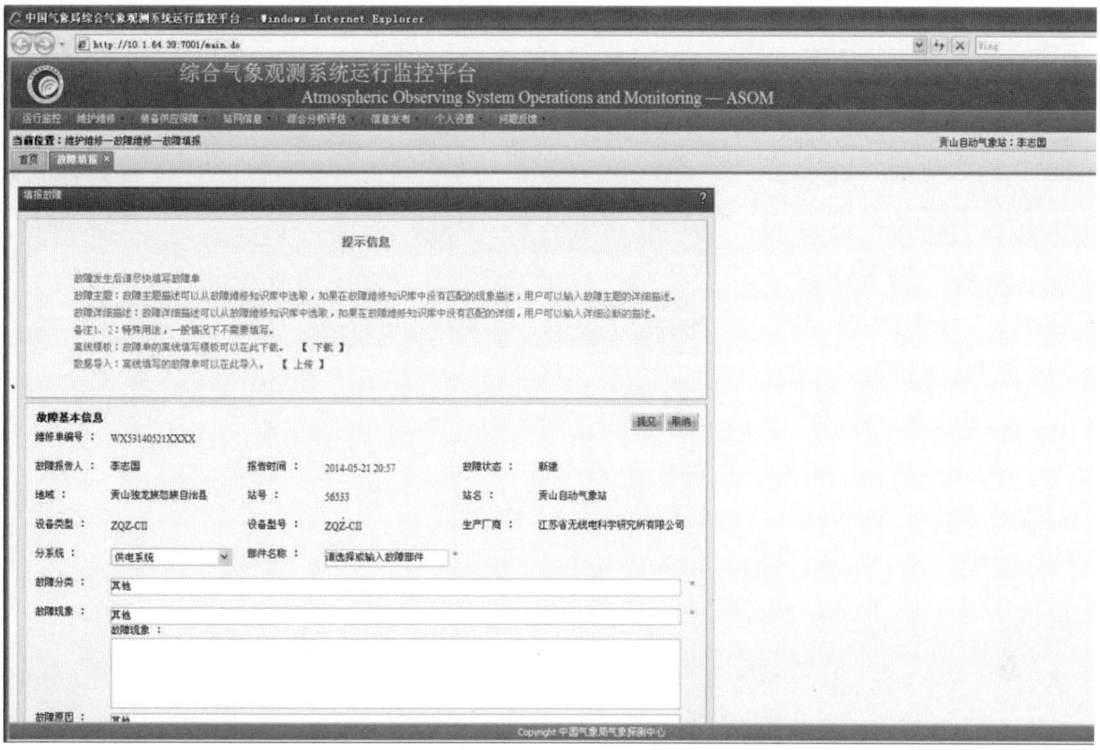

图1-32　填写详细故障信息

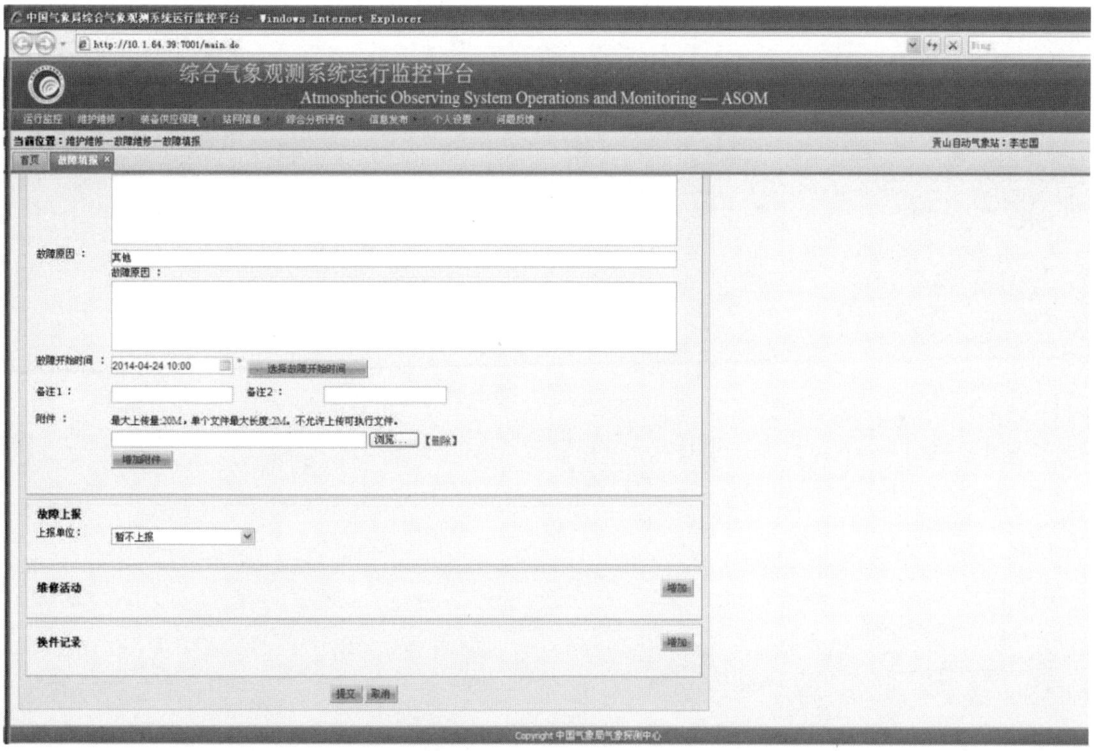

图1-33　填写故障时间

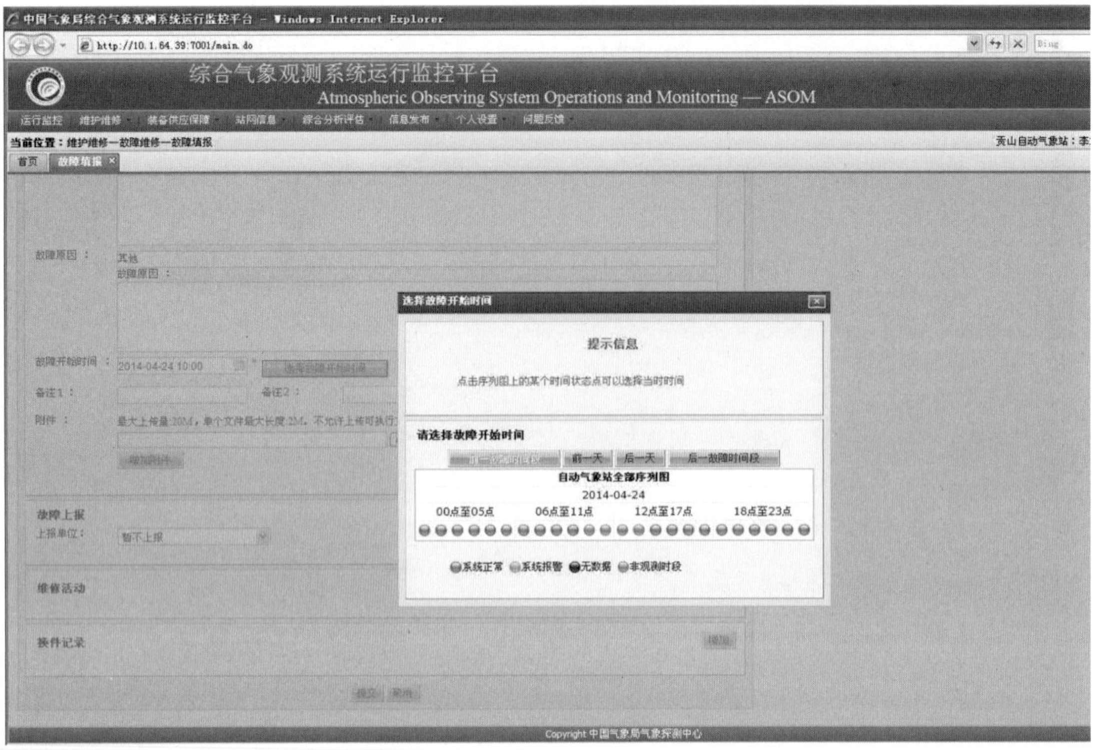

图1-34　从序列图中选择故障时间

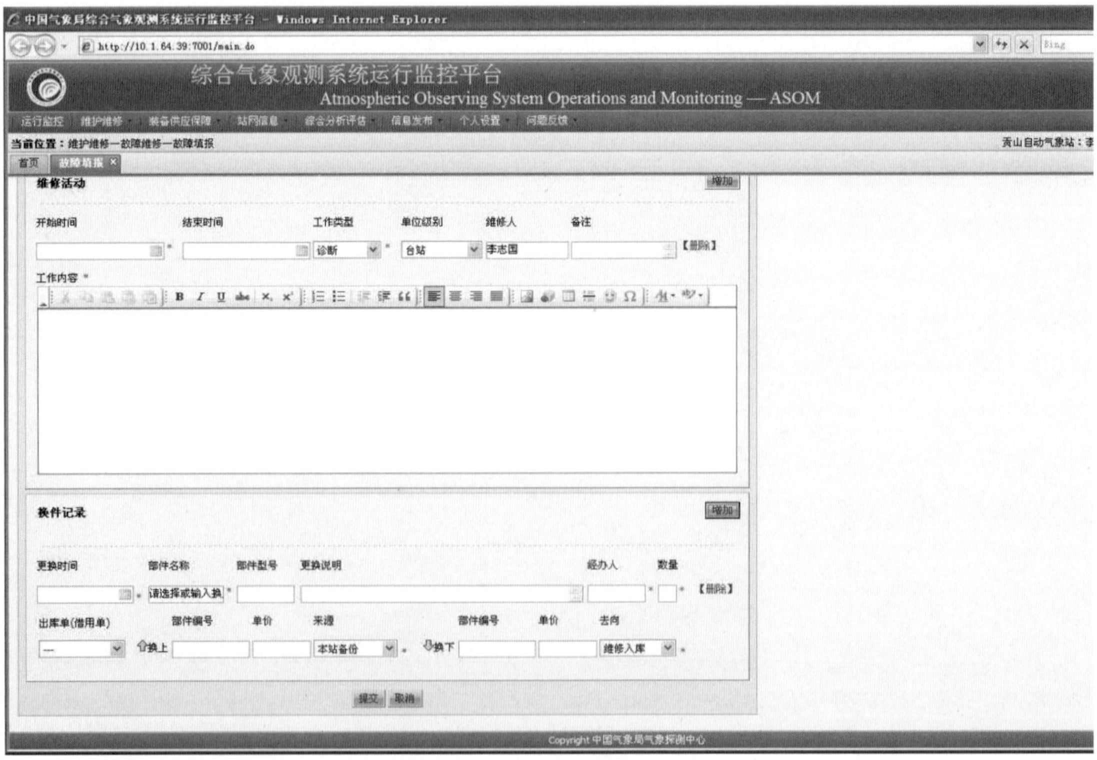

图1-35　添加维修活动

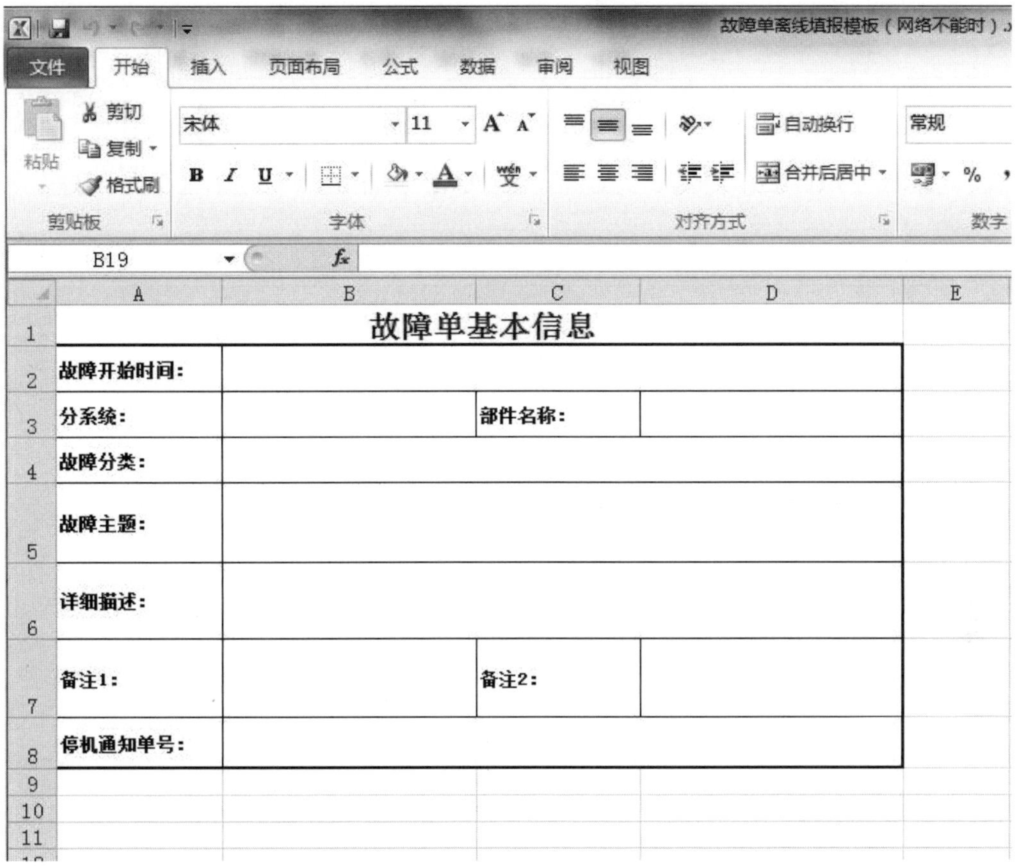

图1-36 故障单离线填报模版

3. 故障处理完成，关闭故障单流程（图1-37~图1-42）

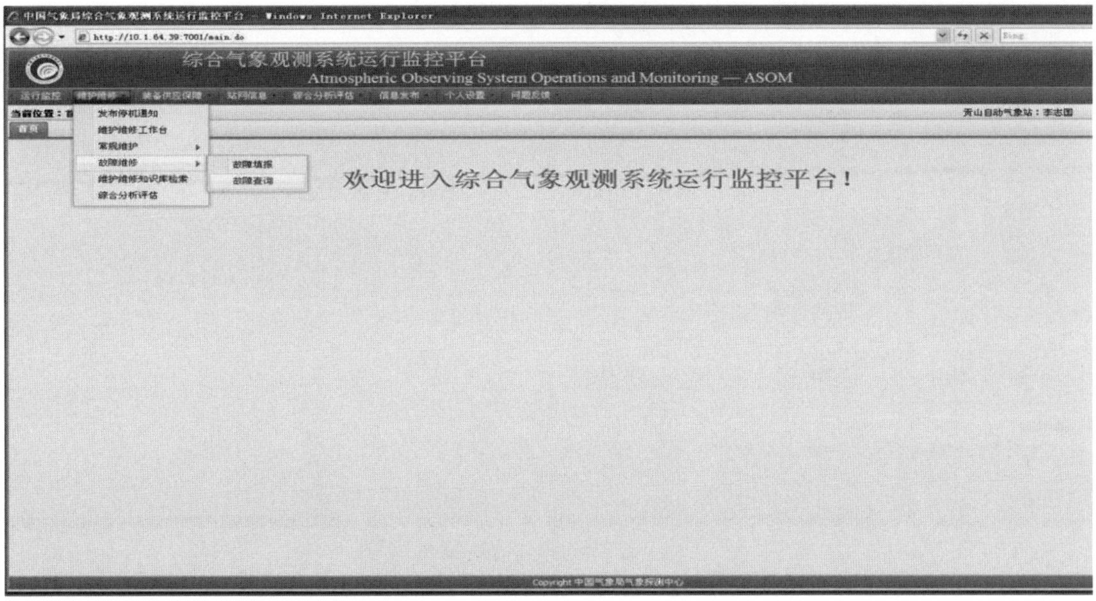

图1-37 在系统中查找故障单

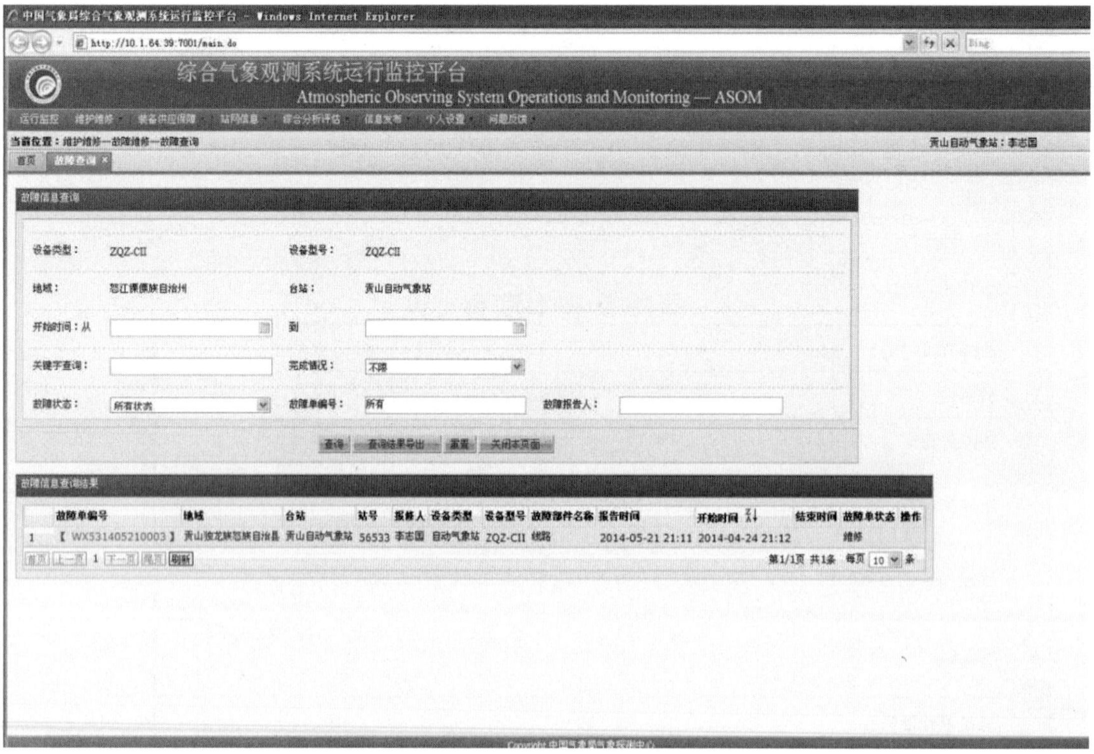

图1-38　未处理的故障单

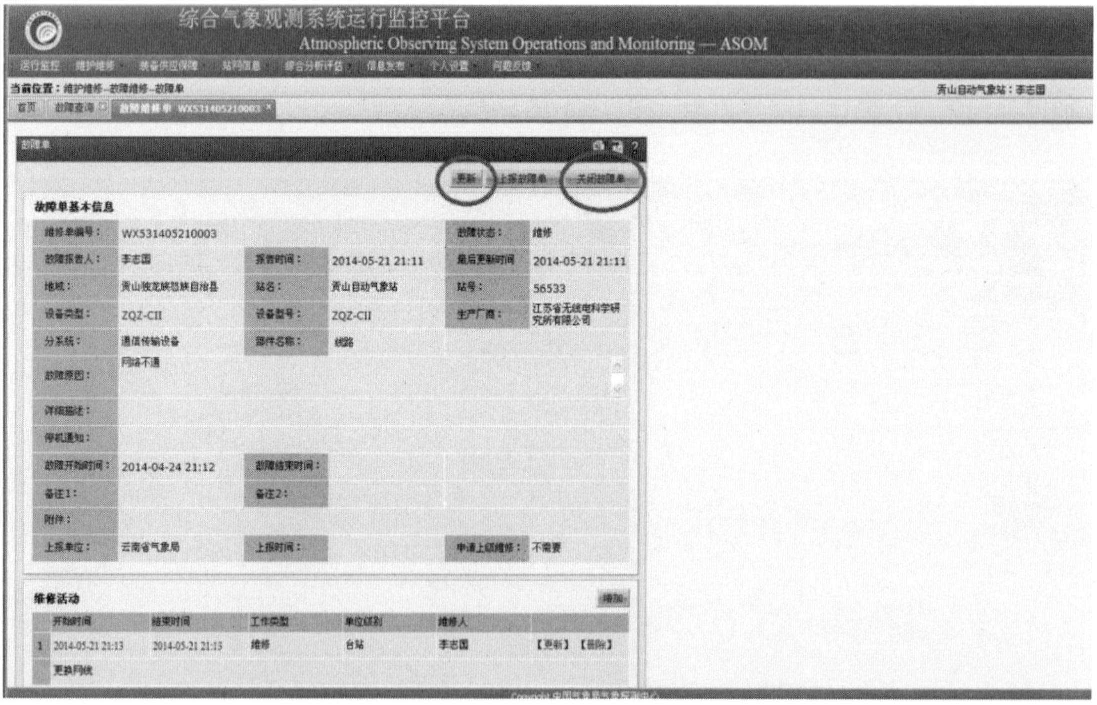

图1-39　更新或关闭故障单

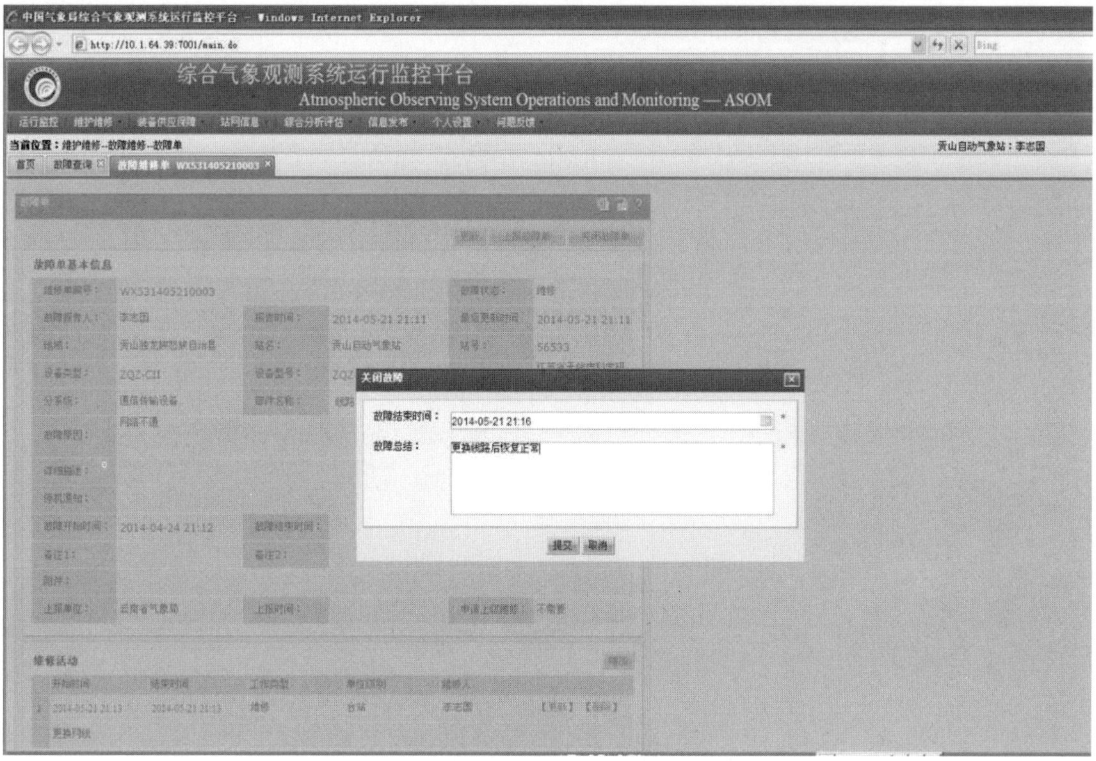

图1-40　填写故障总结和故障结束时间

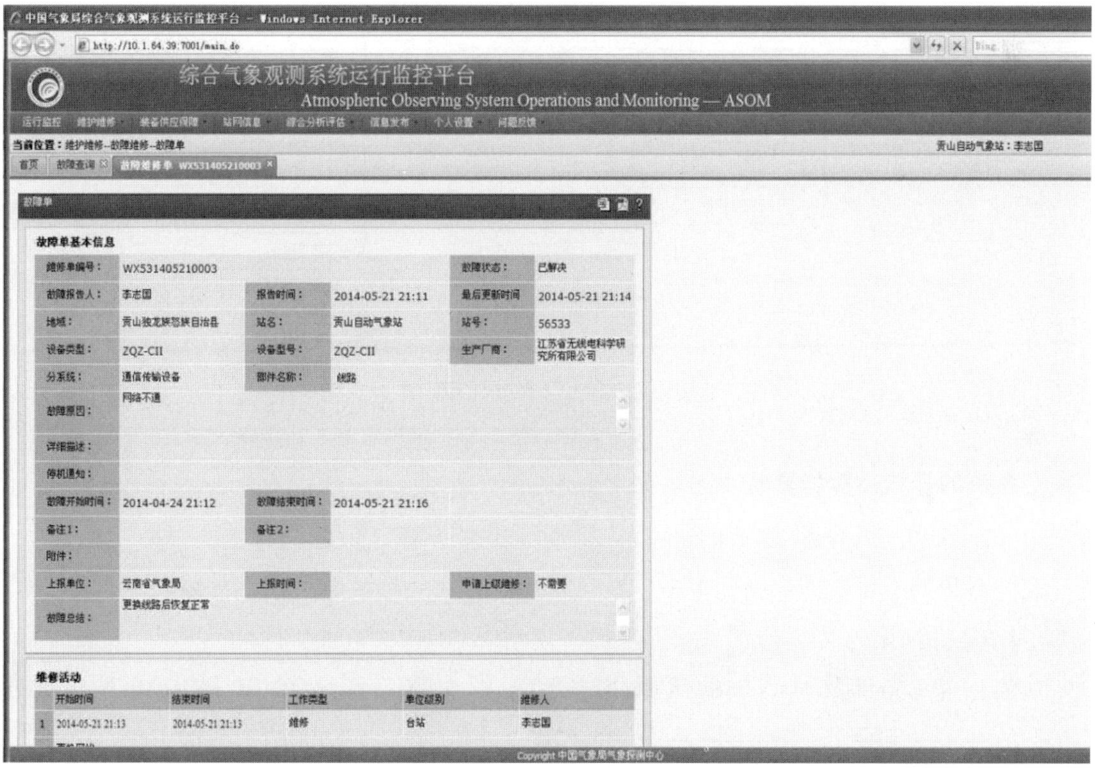

图1-41　关闭故障单

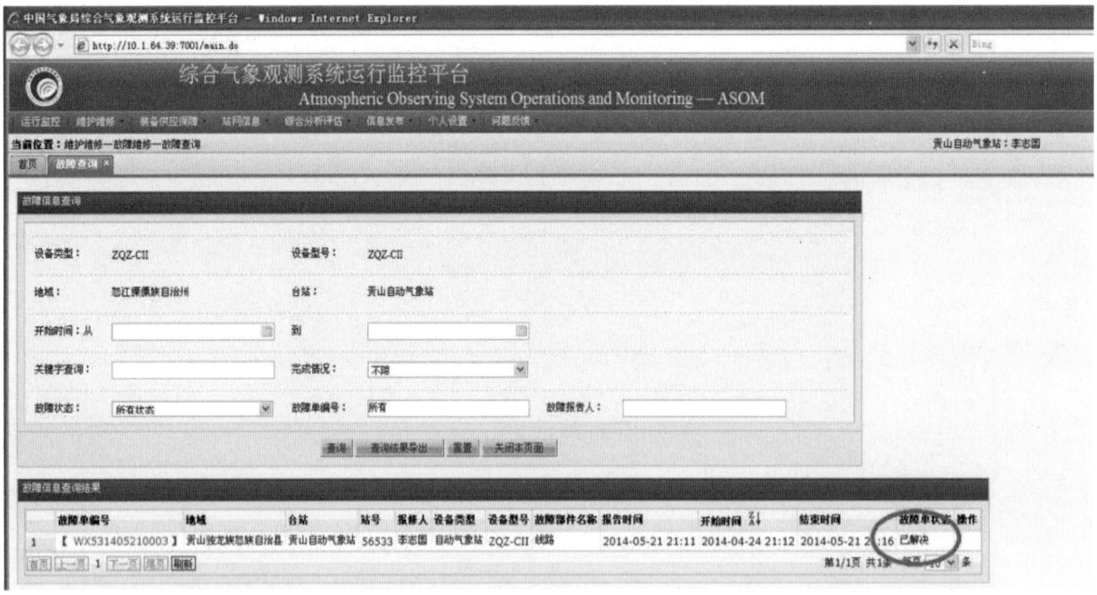

图1-42　查看故障单状态是否关闭

（三）探空系统的监控

探空系统监控拓扑图如图1-43。

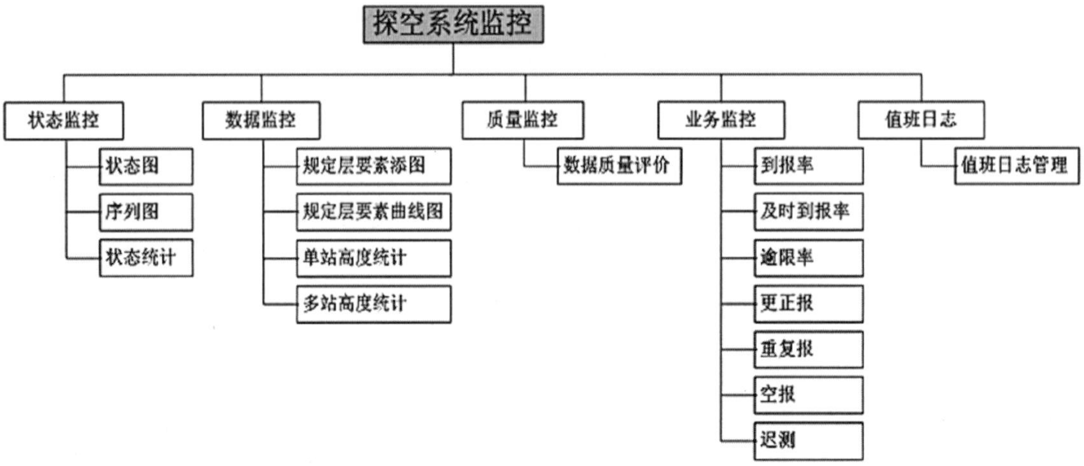

图1-43　探空系统监控拓扑图

1. 探空系统的评估指标和算法（图1-44）

每天02:00、08:00、14:00和20:00各生成一个运行状态结果 。

统计探空系统的运行指标包括到报率、及时到报率、逾限率、更正报、重复报、空报、迟测。

- 到报率=文件到报的次数/应该到报的次数（评估08:00和20:00两个时次）；
- 及时到报率=文件及时到报的次数/应该到报的次数（评估08:00和20:00两个时次）；
- 逾限率=文件逾限到报的次数/应该到报的次数（评估08:00和20:00两个时次）；
- 更正报=有更正报的次数；

- 重复报=有重复报的次数；
- 空报=有空报的次数；
- 迟测=有迟测的次数。

2. **探空系统故障填报（图1-45，*是必填项）**

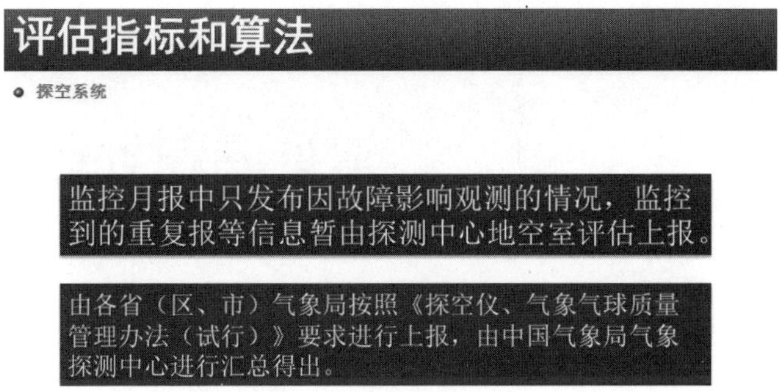

图1-44　探空系统评估指标和算法

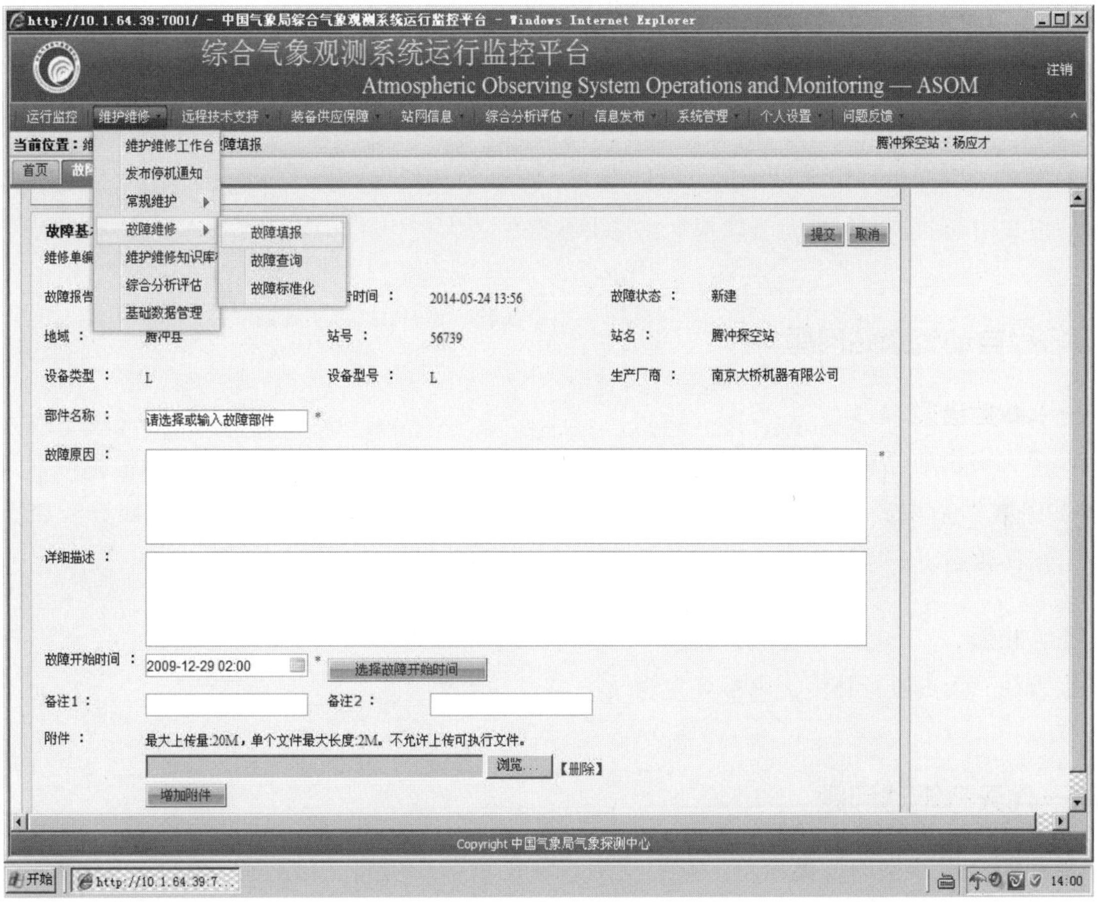

图1-45　故障填报

第六节 常见问题处理与操作

一、系统掉线问题

系统原来的访问地址为http://10.1.64.39:7001，由于受到服务器不稳定因素的影响，导致时常掉线，影响监控，现统一将访问地址更改为http://10.1.64.24:7001。

二、探空系统问题

近期发现个别探空站报文显示重复报的问题，据国家气象局监控人员分析，有可能是因为未清空之前的报文引起的，应仔细检查发报文文件夹状态是否为空。

三、国家级自动气象站问题

（一）数据错误

因云南省多山地气候，气温变化较快，ASOM系统中的质控标准无法正确判断数据的真实性，因此常发生数据错误。为了更正系统内的误判数据，应根据探测中心下发的“数据质控更正说明”，于错误数据出现后的三天内进行上报，及时进行更改，逾期不予处理。

（二）缺报

缺报若在三天内进行补传，则不算为缺报。

四、新一代天气雷达问题

表单问题：雷达站的各类表单请按照观测规定要求认真填写，停机通知的时间要与各类维护单或故障单的时间吻合，否则时差时段内的产品异常情况系统将视为故障！

第二章

DZN3型自动土壤水分站的运维及故障排查技术指南

本章主编◎马 芳

第一节 简　介

一、工作原理

该项工作是采用频域反射（FDR）测量技术，通过放置在土壤中的两个电极之间的电容所产生的振荡回路频率信号来测量土壤电介质。由于土壤电介质与土壤水分密切相关，当在两个电极之间加上电压时，振荡回路便会产生相应的频率信号，而频率信号的大小会随着土壤电介质的不同而发生改变，通过测量频率信号便可测量出土壤水分。

二、性能指标

（一）环境条件

室内部分：温度：0 ~ 40 ℃

相对湿度：0 ~ 90%RH

室外部分：温度：−40 ~ 50 ℃

相对湿度：0 ~ 100%RH

（二）技术性能

测量范围：0 ~ 100%土壤体积含水量

准确度：±2.5%土壤体积含水量

分辨率：0.1%体积含水量

平均故障间隔时间（MTBF）大于5 000 h

第二节 结构组成

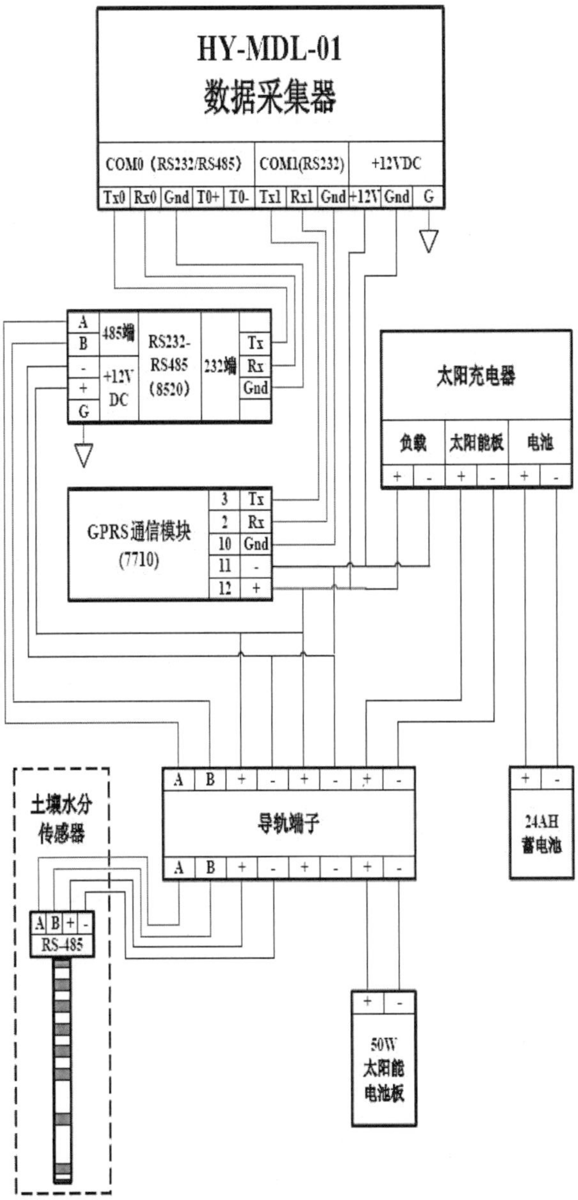

室外部分：主要包括传感器、数据采集器、通信单元和系统电源四部分。

室内部分：主要是微机终端，用于对采集数据处理，通过应用软件实现对采集器的实时数据采集和监控。

一、机箱内部

机箱内部由数据采集器、通信模块、太阳能充放电控制器、空气开关、232-485转换器及12V38AH电池组成，如图2-1。

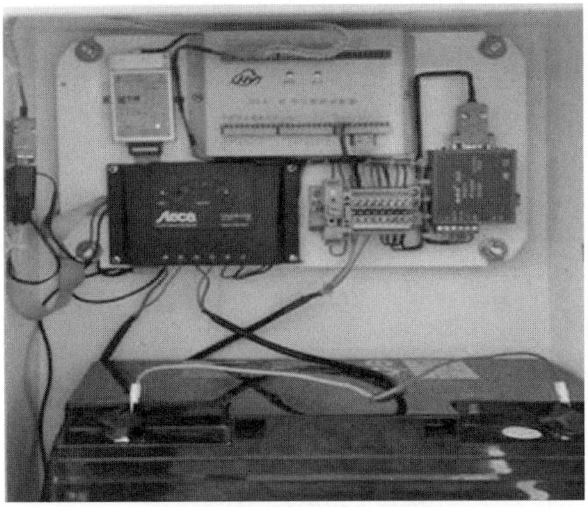

图2-1　机箱内部结构图（左）、线路图（右）

二、数据采集器

目前使用的数据采集器型号多为HYA-M及HY-100两种，外观基本相同。如图2-2a、图2-2b所示。TX0、RX0、GND是传感器到采集器的信号输入端。TX1、RX1、GND是采集器的信号输出端。

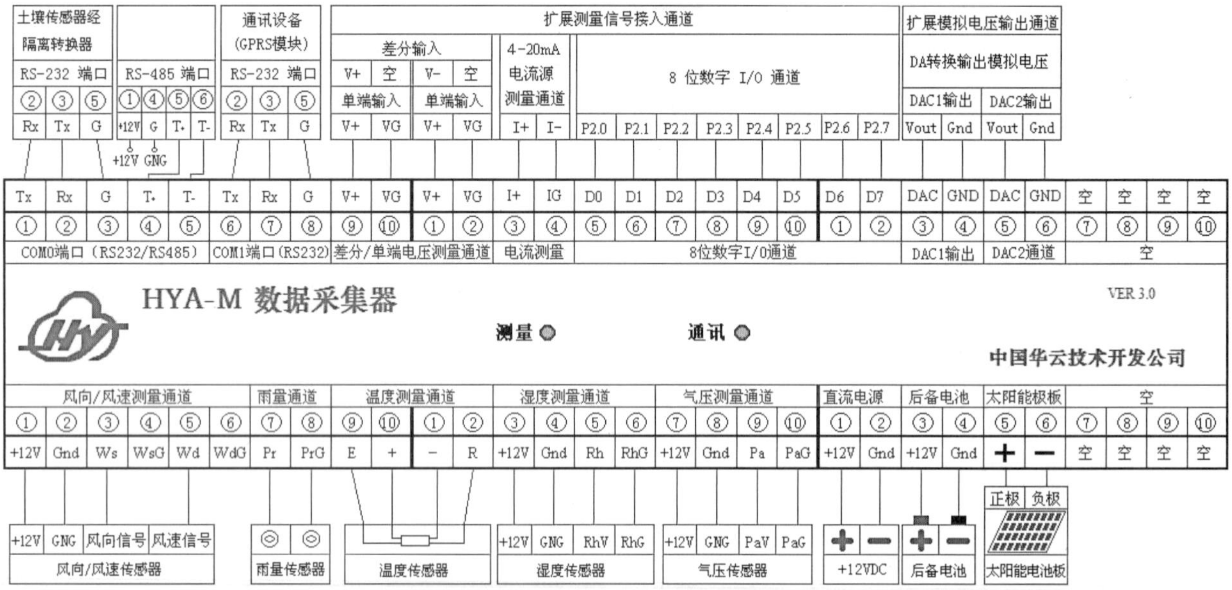

图2-2a　数据采集器及其面板连接图

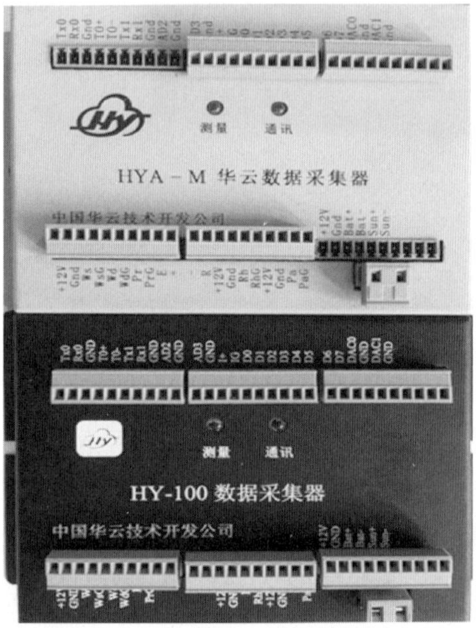

图2-2b　数据采集器及其面板连接图

三、通信模块

通信模块型号为宏电H7118，位于机箱左上角，SIM卡位于模块上方插槽内（将模块上的卡壳卸下可见）。正常运行时，模块上三个指示灯从上往下的显示状态依次为：8秒闪烁一次；1分钟闪烁一次；常亮。如图2-3。

四、太阳能充放电控制器

太阳能充放电控制器型号为8.8B，共有4个指示灯，左边INFO灯代表整体电压情况，绿色为满电；黄色为电量不足；红色为报警信号；红色灯一秒一闪代表电量亏空。

右边三个弧形指示灯从左往右分别为红色、黄色、绿色，各自代表了电量亏空、电量不足和满电情况。如图2-4。

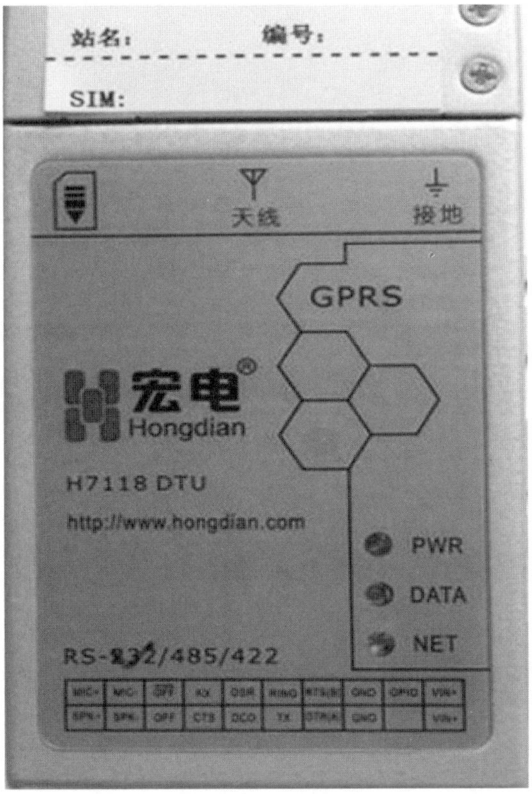

图2-3　通信模块（宏电H7118）

图2-4　太阳能充放电控制器

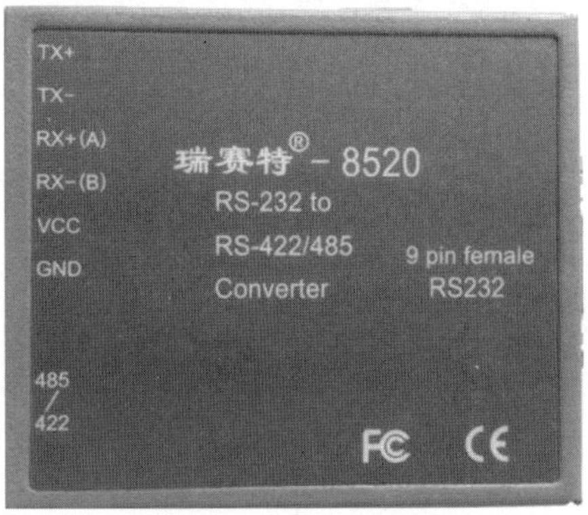

图2-5　232-485转换器

五、232-485转换器

232-485转换器型号为8520，该模块上有4个指示灯，正常运行时，左上方的PWR为常亮，右方的RXD灯与TXD灯每分钟交替闪烁一次。如图2-5。

六、空气开关

空气开关为闸刀式开关，橘黄色刀片拨出为关闭状态，合上则为通电状态。刀片左边圆形盖为保险丝所在位置，更换保险丝时拧开更换即可。如图2-6。

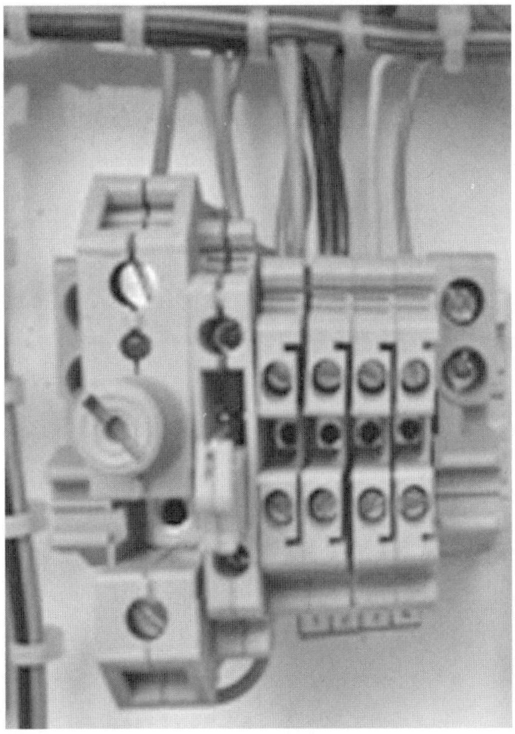

图2-6　空气开关

七、土壤水分探测器

（一）土壤水分传感器（图2-7~图2-8）

图2-7 土壤水分探测器

图2-8 土壤水分传感器

（二）接口控制器（图2-9）

图2-9 接口控制器

（三）总线及固定结构（图2-10）

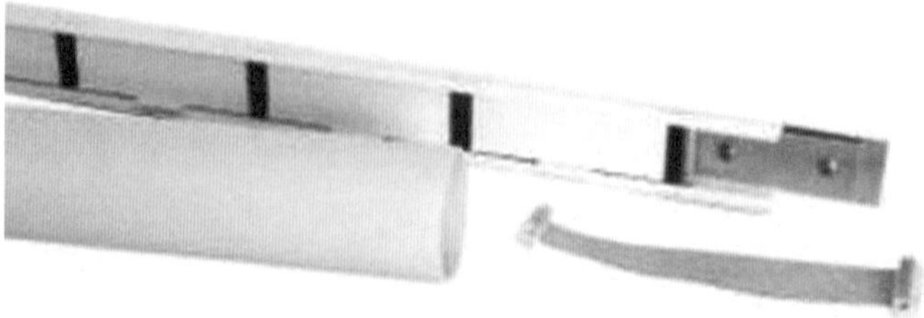
图2-10 总线及固定结构

（四）技术指标

DZN3型自动土壤水分探测器的技术指标见表2-1。

表2-1 DZN3型自动土壤水分探测器的技术指标

特 征	性能指标
协议选项	SDI-12、RS-232、RS-485
探测器最大传感器数	16
传感器测量原理	频域反射（FDR）测量技术
输出选项	SDI-12 、RS-232、RS-485
输出分辨率	16位
输出方法	连续数据
电流消耗	250 μA 休眠，66 mA 静态，100 mA 采样
分辨率	0.01%
精度	±0.1%
读数范围	由干到饱和
工作温度	-20 ~ 75 ℃
读一个传感器的时间	1.1 s
感应范围	99%是从管子外部10 cm以内的范围读取

第三节

常见故障的排查

一、机箱内部模块的排查

（一）通信模块

正常运行时，通信模块上三个指示灯从上往下的显示状态依次为8秒闪烁一次；1分钟闪烁一次；常亮。8秒闪烁一次的指示灯是网络灯，若此灯闪烁不正常，则提示信号异常，应检查SIM卡状况；1分钟闪烁一次的指示灯是数据传输灯，若该灯不亮，则可能提示通信模块损坏或电量不足；常亮指示灯是电源指示灯。

（二）232-485转换器

232-485转换器也称8520模块。8520模块串口左边的按钮在DCE处，下方接线端子右边的按钮在485处。首先查看串口右边四个指示灯的工作情况，其中，PWR灯为常亮（左边后方的灯，左边前方的灯不亮），如右边TXD/RXD指示灯每分钟正常交替闪烁一次，则表示设备运行正常；如TXD/RXD指示灯没交替闪烁，只是TXD一个指示灯每分钟闪烁一次，则表明8520模块运行正常，但接口控制器板损坏；如TXD/RXD指示灯均不闪烁，则代表8520模块故障。

（三）采集器

采集器型号目前主要为HY-M及HY-100两种，它们外观相同，功能无区别，第一批站点为HY-M型，第二批站点为HY-100型。当第一批站点HY-M型采集器的频率值超过1时，会显示“−2”值，可通过参考上一层和下一层的频率值判断，若该层频率值可能会超过1时，应重新标定或更换升级过的采集器。

（四）太阳能充放电控制器

土壤水分自动站的蓄电池多数为12V38AH，在无太阳充电的情况下，可持续15天左右，但不主张将蓄电池在无太阳的情况下长时间使用，以避免蓄电池电压过低导致损坏。若连续阴天导致充电困难，电压过低，可使用大功率充电器，如用于摩托车充电的电瓶来恢复电池电量。

二、土壤水分探测器的排查

（一）传感器

检查传感器是否由于密封不好，因水汽进入而氧化；还须检查跳线模块是否松动？跳线定位是否准确？卡槽是否在卡口上？

（二）接口控制器

检查接口是否氧化？保险丝是否损坏？

三、从数据异常判断故障

（一）自动站不上线

自动站不上线存在以下几种可能：

①通信模块损坏。可根据“常见故障的直观排查”流程来判断通信模块是否正常运行。

②中心站参数设置错误或通信模块参数设置错误。可通过中心站软件检查。

参数设置的具体操作流程为：打开宏电H7118 DTU参数配置工具，点击“打开串口”，再点击“连接”，然后给宏电H7118上电（闭合开关），输入密码1234，点击“确定”，进入配置界面。首先需要读取已有的宏电H7118配置，点击“读取”即可。

③通信卡欠费。检查通信卡是否欠费及上网功能是否正常。欠费卡在充值后需重启设备方能正

常工作，建议提前给通信卡充值。

④重新启动设备。有可能为当地电信部门更改业务或信号所致。

（二）数据异常的几种情况及解决方法

1. 没有土壤水分数据

①采集器、土壤水分探测器没有供电。打开采集器箱，检查空气开关是否因启动保护而分开，若是，将空气开关合上。检查电源开关是否插好，若开关松动，应重新插紧。用数字万用表检查电源变换器，以确认采集器电源端、土壤水分探测器电源的蓄电池电压是否大于12 V。如果是因电源变换器或蓄电池损坏，则需及时更换。

②通信断开。检查通信模块、SIM卡。

③串口被打开，但与实际连接的不是一个串口。在华云土壤水分监控软件中，按照“设置串口通信参数”的说明重新设置串口参数。

④采集器故障。更换采集器。

2. 每层频率值显示都为“–1”或“0”

①在采集器重新启动之后，由于运行之初尚未进行数据采集工作，会有一段数据空白。采集器为每分钟采集一次数据，重新启动后要过一分钟后才会有数据形成。

②土壤水分传感器裸露在空气中。

③标定过程中，当“Equtiong A：B：C”标定错误时，每层数据全部为“–1”，只需重新标定即可（此现象几乎不会出现，但在更换接口控制器板时可能会出现此现象）。

3. 每层频率值全部为“–2”

这种情况是土壤传感器接口控制器与传感器连接所致，应检查接口控制器。

4. 每层频率值全部为“–3”

①数据线虚接或数据线断开，检查所有的数据线是否有松动现象。

②采集器机箱内的8520串口转换器损坏。

③接口控制器接触不良或损坏。

5. 其中一层或几层（非全部）频率值为“–1”

这种情况可能为传感器损坏。

6. 其中一层或几层（非全部）频率值为“–2”

这种情况代表该层数据超标，需将该层传感器重新标定，或更换升级过的采集器。

7. 其中一层或几层（非全部）频率值为“–3”

这种情况可能为该层传感器接触不良，或只插了一排插针。

四、现场数据的读取

（1）采集器数据的读取

①先将笔记本电脑连接USB 转串口线，另一端连接235转325的转接线，再连接到采集器的引出端。

②打开串口调试助手，闭合电源，给采集器供电。

③在串口调试助手的下端输入命令，如： RD+回车（分钟数据）、LD+回车（小时数据）。

④查看采集器的日期和时间：D+回车（显示当前采集器中的日期）、T+回车（显示采集器当前的时间）。

（2）通信模块自检数据的读取

首先将宏电H7118中的“控制台信息类型”设置为“1”，然后关闭宏电H7118的设置软件，打开“串口调试助手”，最后闭合开关，给宏电模块上电，此时，“串口调试助手”的页面会显示自检结果。如果显示下列信息，则表示正常，可连接到中心站。

H7000 GPRS DTU Software Suite 3.3.6SEL

H/W: HWL92-7118-GM2V54080515

S/W: ZTP131-336-C-B20080728P0230

Service code:*99***1#

PPP user name:

Access Point Name:CMNET

Check module...

Searching GPRS network...

Registered, home network.

Signal strength is <30>.

Check module OK.

PPP->ppp_proc start

PPP->Get a msg: MSG_PPP_CKOK

PPP->dial...

PPP->get ip: 10.35.42.89

PPP->Get a msg: MSG_PPP_DIALOK

CHL[0]->tcpclt_proc start

CHL[0]->TCP mode, IP-> 222.221.254.232:1600

CHL[0]->Send a heart packet.

CHL[0]->Get a msg: MSG_CHANNEL_CREATESOCKETOK

CHL[0]->Get a msg: MSG_CHANNEL_OPENOK

$ID#$DATE 2009-04-15#$TIME 18:24:08#

第四节 各部件的维护及更换方法

一、各部件的维护及更换方法

在对土壤水分检测站进行维修、维护时，所有的插拔线及更换部件都必须在断电的情况下进行处理，不得热插拔任何串口线及数据线。

如果更换通信模块，应在SIM卡固定好后重新设置参数，其具体步骤为：

①断电，将通信模块的黑色插头与电脑连接（笔记本电脑使用USB转串口线连接，或使用带有九针接口的笔记本电脑）。

②打开模块设置软件，点击打开串口，点击“连接”，给模块上电（合拢橘黄色电闸），输入密码：1234。密码输入界面如图2-11。

图2-11 密码输入界面

③点击读取，检查左边配置列表里的“移动服务设置”，查看右边显示是否正确，主要为服务代码：*99***1#和接入点名称：CMNET。操作界面如图2-12、图2-13。

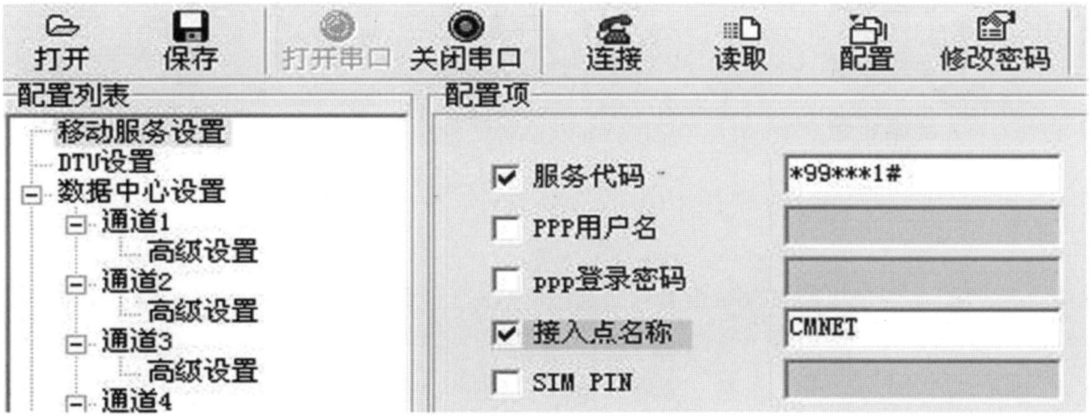

图2-12 检查移动服务设置

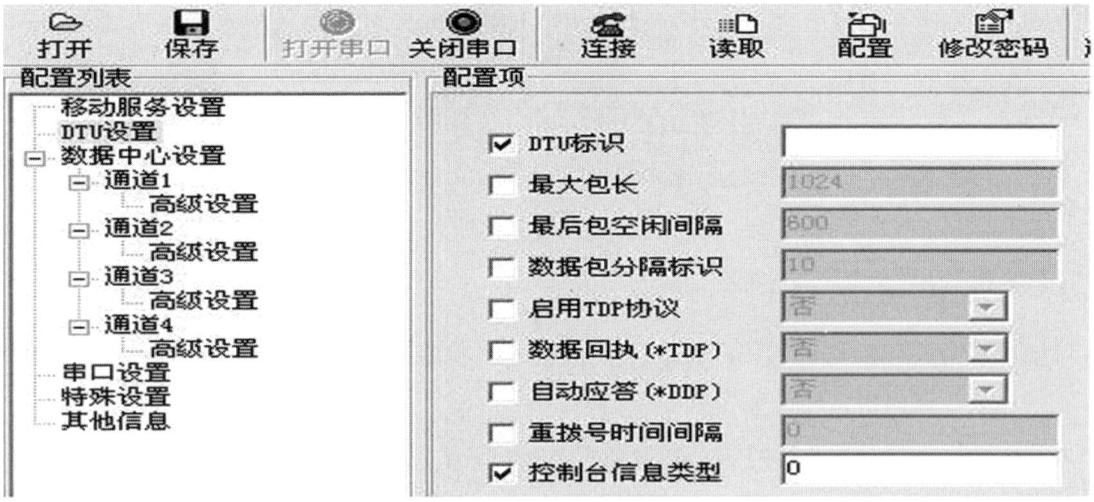

图2-13　检查“DTU设置”

④检查左边配置列表里的“DTU设置”，查看右边第一行的DTU标识是否为设备所使用的SIM卡号码，再查看最后一行的控制台信息是否为“0”。

⑤检查左边配置列表里的“通道1”设置，如图2-14，查看右边第一行的“DSC#IP地址”是否为中心站地址，第三行的“DSC通讯端口”是否为中心站软件设置侦听端口，最后一行的“连网方式”是否为“TCP_CLT”。

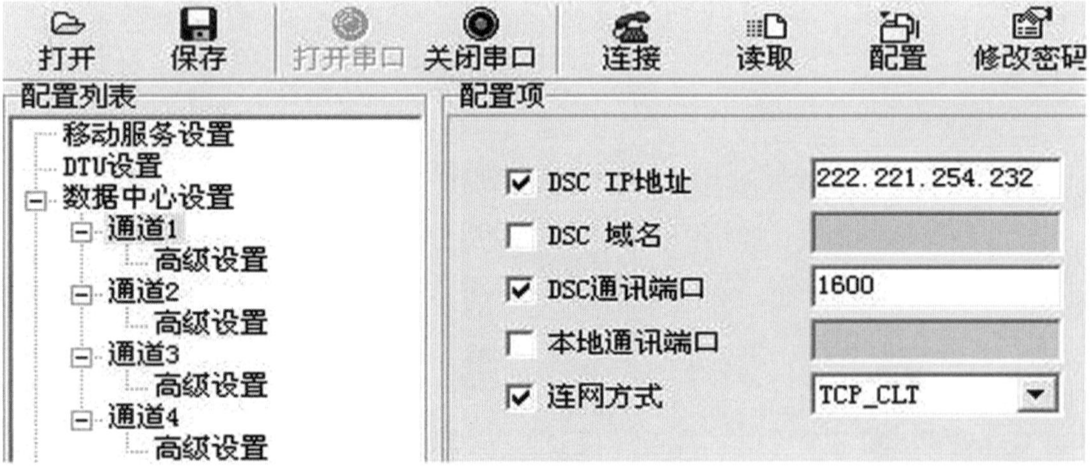

图2-14　检查“通道1”设置

⑥检查左边配置列表里的“高级设置”，如图2-15，查看右边第一行的“启用DDP协议”是否为“是”；“控制级别”是否为“7　发送+接收+控制”。

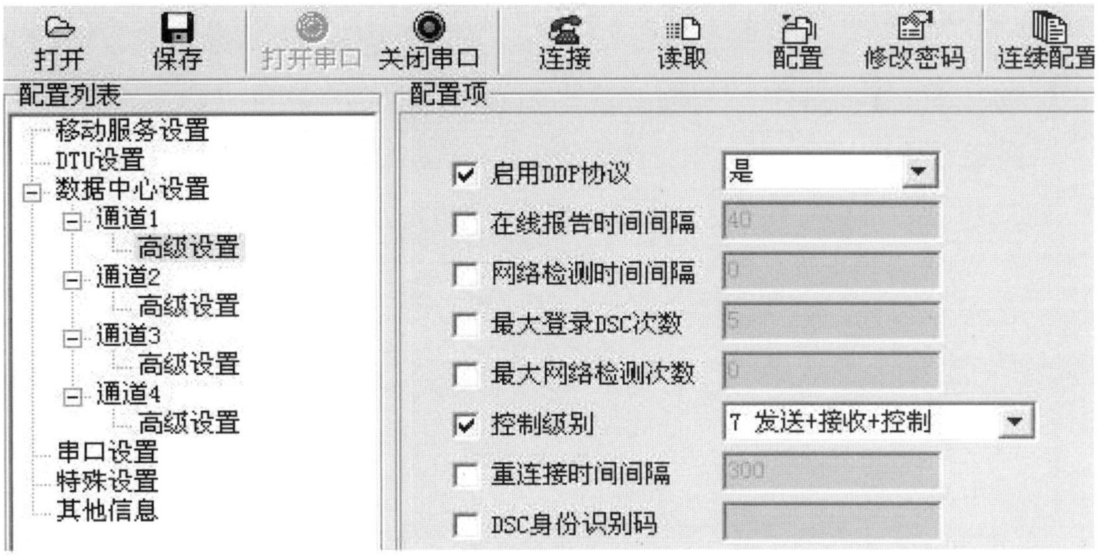

图2-15　检查“高级设置”

⑦如果使用软件的过程有参数更改，更改完成后点击配置，显示配置成功后点击保存，再点击关闭串口、关闭软件、关闭设备、断开数据线连接，最后重启设备。

二、传感器的更换与维护（图2-16）

（一）更换

将传感器放进管中或将传感器从管中取出时，由于传感器与管壁紧贴，在取放过程中可能会造成部分卡扣与管壁卡住的现象，切不可硬拔硬放，略微转动传感器即可顺利取放。

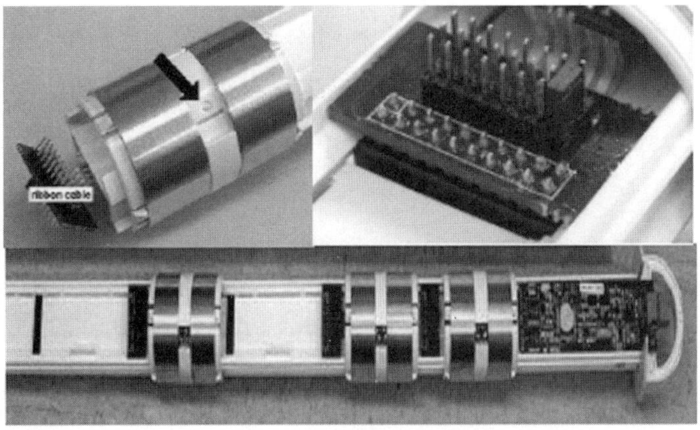

图2-16　传感器的更换与维护

更换传感器时，应先拔出传感器的两排插针，按下卡扣，沿着传感器固定支架滑出，然后按下新传感器的卡扣，安装在测量位置上，合上卡扣，插上两排插针，将跳线插在相对的层数上。在安装两排插针时不要只插一排，跳线位置不要插错。更换新传感器后需要进行标定。

（二）标定

①安装标定程序“IP configuration utility”软件。

②用标定电缆把土壤水分探测器与计算机连接好。

③启动“IP configuration utility”软件。如图2-17。

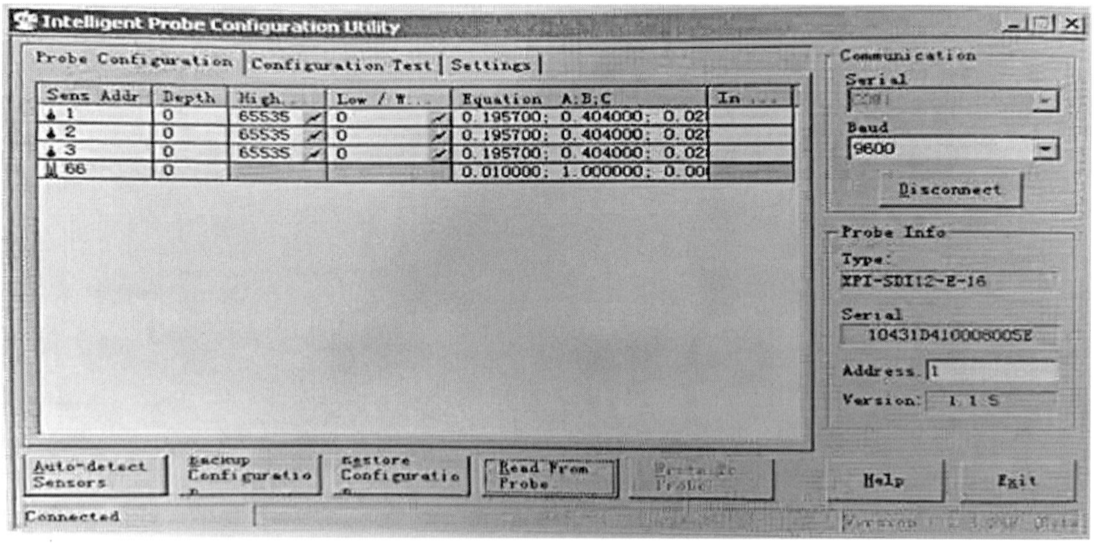

图2-17 “IP configuration utility”软件主界面

④设置传感器深度。在Probe configuration标志栏中与深度传感器相对应的Depth位置输入深度值即可，如图2-18。

⑤在空气中标定。将土壤水分探测器放置在安装管中，并将安装管的两端用木质材料架起来，使土壤水分探测器离开地面，待操作人员离开传感器测量范围后，点击传感器High/Air位置的按钮进行空气标定。参数修改完毕后，点击Write to probe，将修改后的参数写入探测器，如图2-19。

⑥对水质进行标定。在标定桶中盛满待测水液，将土壤水分探测器的传感器按顺序逐一放置在标定箱的PVC管中央，待操作人员离开传感器测量范围后，点击传感器Low/Water位置的按钮进行标定，直到数据稳定。参数修改完毕后，点击Write to probe，将修改后的参数写入探测器，如图2-20。

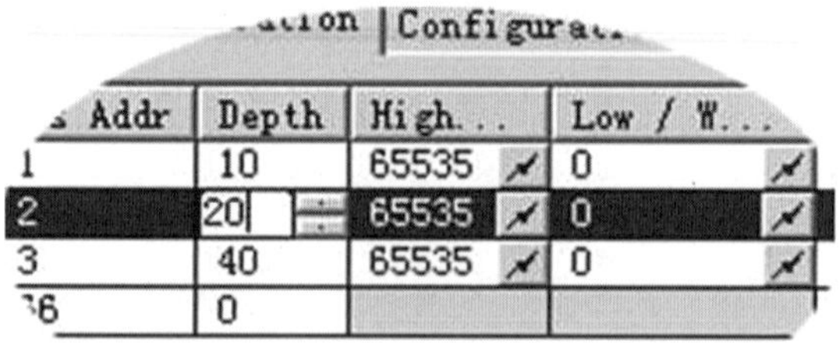

图2-18 Depth位置示意

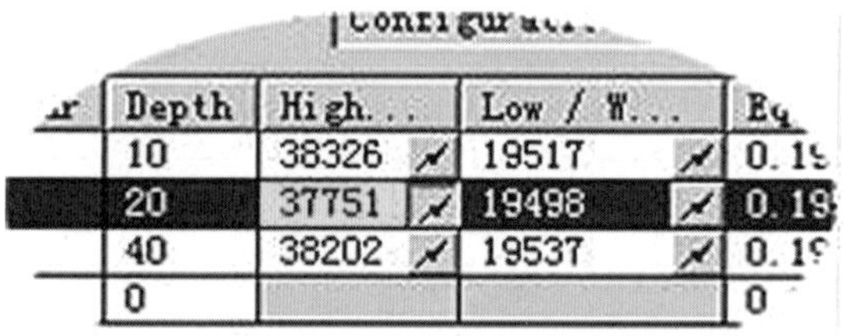

图2-19 写入空气标定参数

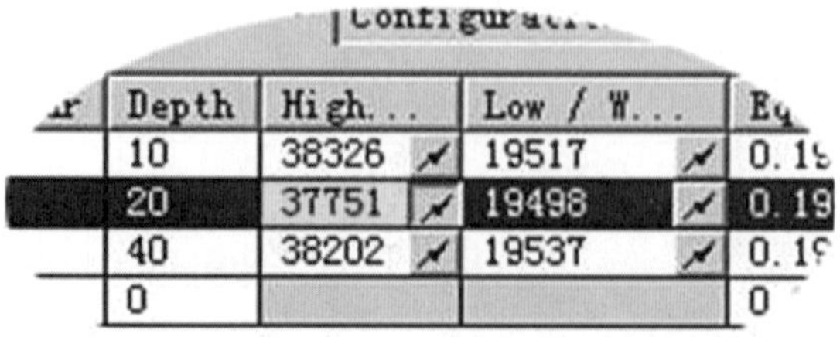

图2-20 写入水质标定参数

三、接口控制器的更换与维护

拧开总线两侧的小螺钉和接口控制器正面中间的小螺钉，即可取出并更换新的接口控制器，总线顶端的插槽与接口控制器必须相连。由于标定参数都存储在接口控制器的存储单元中，而且会与数据采集器共享，因此，更换新的接口控制器后，需要重新标定参数，步骤同上。其他模块的更换比较简便，此处不再赘述。

第五节

日常维护

（1）每三个月将放置在安装管接口控制器处的干燥剂取出，用烘箱烘干，并重新放置好（个别台站如果特别潮湿，此项维护的间隔时间应相应缩短）。

（2）定期清扫太阳能板，确保太阳能板表面清洁（如遇下雪、风沙天气，清扫间隔时间应缩短）。

（3）定期测量电池电压，确保电池电压在12 ~ 14 V（如遇长期阴雨天气，建议多备一块电池）。

（4）由于部分土壤水分站所处位置地势较低，汛期容易发生积水淹过传感器的现象，如果安装管密封不好的话，很容易导致安装管内部进水而致传感器损坏。汛期来临时，建议在安装管与管头密封处涂抹一层PVC胶，可有效防止积水进入安装管内。

（5）旱季时，由于土壤龟裂，在传感器与土壤之间易形成裂痕，使传感器无法与土壤紧密接触，从而导致数据失真。一旦遇到传感器周围发生土壤龟裂现象，应用相同土质的土壤进行回填，在回填过程中应加水或其他液态介质并压实，以确保传感器与土壤完全接触。

第三章

探空L波段雷达维修、标定技术指南

本章主编◎王锐昆

第一节 探空L波段雷达的维修

一、天馈线分系统

（一）基本原理

天馈线分系统主要由天线阵、调相器、和差环、调制环、高频旋转关节、环形器、限幅器等组成。为了保证雷达威力，特别设置了一个前置高放，并为保护前置高放而增加了两个外环形器和两个限幅器。为了阻抗匹配，还增加了一个隔离器。其组成如图3-1，和差箱内部位置如图3-2。

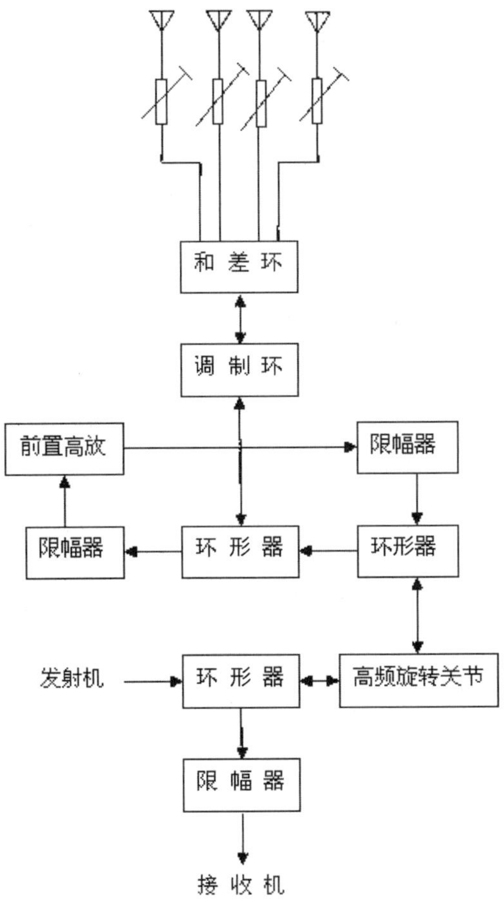

图3-1 天馈线分系统方框图

（二）高仰角经常丢球

1. 原因分析

首先判断是否从建站开始就经常存在高仰角丢球现象，对此，可观察天线在高仰角跟踪时摆幅是否较大，如果是，就得考虑某根馈源极化方向是否不对。其次，可通过观察四条亮线是否一会儿两两不齐，一会儿齐，由此判断程序方波有没有加至开关管套和增益指示是否有跳变现象来确定前置高放是否工作。如果出现这种情况，就得考虑WT9电缆中的程序方波传输芯线和12 V电源传输芯线在天线高仰角时有接触不良现象，可用万用表对WT9电缆进行测量，测量时晃动WT9电缆，可发现上述芯线有开路情况，并据此判断是因WT9电缆芯线断裂造成天线高仰角经常丢球。

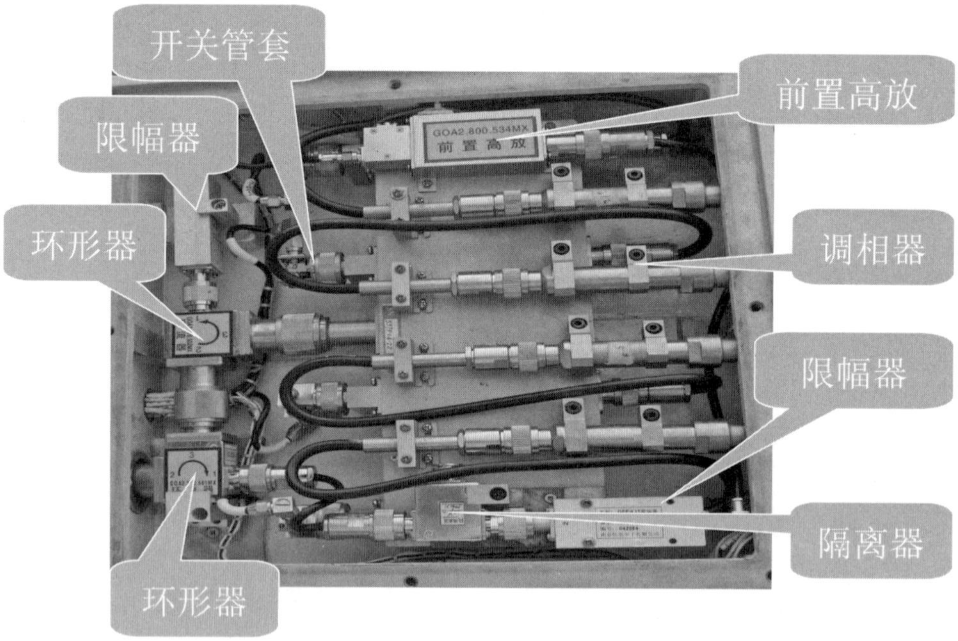

图3-2 和差箱内部位置图

2. **解决方法**

第一种情况可通过调整馈源极化方向来解决，第二种情况可通过更换WT9电缆来解决。

（三）放球信号偏弱，后程飞点多

1. **原因分析**

如果放球信号偏弱，应首先检查接收机的情况，可通过更换接收机备件来判断接收机好坏，如果更换接收机后还是信号弱，那么问题就出在天馈线，这种情况一般不考虑小组天线和小组馈线及和差环，通常来说，是因总馈线信号衰减而造成信号偏弱。总馈线是指从和差环输出端到高放输入端，其中包括环形器、限幅器、前置高放、隔离器、高频旋转关节及连接电缆，其中任何一个环节出现问题，都会造成放球信号偏弱。

2. **解决方法**

首先可用万用表测量连接电缆是否开路、短路，其次可用备件依次更换环形器、限幅器、前置高放来解决。

（四）气高和雷达高度相差大

1. **原因分析**

如果是偶尔出现气高和雷达高度相差大，可能是没有跟在主瓣上，而是跟在旁瓣上，如果确定问题是跟在主瓣上，那么可能是因电轴上下偏移或仰角零度变化造成气高和雷达高度相差大。

2. **解决方法**

首先检查雷达仰角标零情况，其次可通过对三轴一致性进行检查标校来解决。

（五）"四根毛草"不齐，亮线顶部冒"须须"

1. 原因分析

天馈线系统阻抗不匹配是造成"四根毛草"不齐或亮线顶部冒"须须"的主要原因。其中包括天馈线进水，即馈源和小组馈线进水，还有调相器和调相器电缆不正常，高频接插件接触不良及前置高放、环形器、限幅器的个体差异等，这些情况都会造成阻抗不匹配。另外，开关管套的开路、短路，程序方波没有送到开关管套，有时也会造成"四根毛草"不齐（图3–3）。

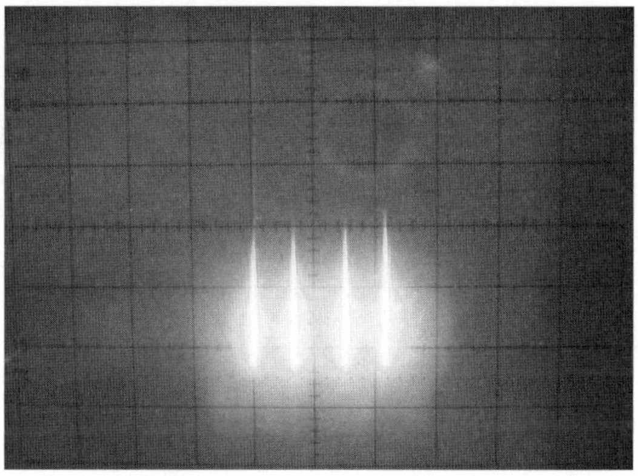

图3–3 "四根毛草"不齐，亮线顶部冒"须须"

2. 解决方法

首先解决天馈线进水问题；其次用L27整形器对L27高频插座的簧片进行整形，可以排除高频接插件接触不良。如果是高频器件个体差异造成的阻抗不匹配，则依次更换前置高放、环形器、限幅器。有时将发射机输出电缆和高频关节电缆对调也可解决该问题。

（六）放球起始过程容易丢球

1. 原因分析

放球起始过程容易丢球，如果不考虑接收机，单从天馈线系统分析，原因一般为天线波瓣扫描规律（也称换相规律）不对。具体而言，当天线波瓣的扫描规律呈仰角上升时，上亮线增高，下亮线变低，左右同时变低，但左右变低的幅度比变小；当仰角下降时，上亮线变低，下亮线增高，左右同时变低，方位的增加、减小规律和上下一致。造成波瓣扫描规律不对的原因有很多，如11-6板输出的上、下、左、右程序方波不正常；程序方波没有送到开关管套上，还有开关管套的开路、短路等。此外，馈源、小组馈线、调相器漏水，也会造成波瓣扫描规律不对。一般来说，两路程序方波同时不正常就会造成丢球。

2. 解决方法

天线波瓣的斜率太小，如果属于和差环、调制环问题，台站无法解决，但一般为天馈线系统中某个部件阻抗不匹配造成，可通过更换前置高放、环形器、限幅器等来试验。程序方波可用示波器检查，程序方波由11-6板产生，送至和差箱中的开关管套程序方波不对，可通过更换11-6板和有故障的开关管套来解决。判断开关管套好坏的方法如下：首先断开WT9电缆，先把万用表打到欧姆（×1K）档，黑表棒接地，红表棒接在开关管套上的电阻脚，电阻应为5～10 kΩ，反接应开路。也可将11-6板拔去，换为转接板，在XP1的3、4、5、6头测量。

（七）四条亮线两两不齐

1. 原因分析

造成这一现象的原因包括：天馈线某根馈源、小组馈线或某根调相器进水；某个开关管套中VK105开关管被击穿；WT9电缆中某根程序方波传输芯线断裂；11-6板某路程序方波产生电路出现故障等。一旦出现四条亮线两两不齐的现象，其中的问题肯定出在高的那两路中，譬如上下齐，左右齐，但上下幅度比左右高，这说明问题应在上下两路中的一路，可用示波器探头对四路程序方波进行检测，具体测量位置为11-6板6XP1插头中的3、4、5、6脚，分别是上、下、左、右四路程序方波。示波器设置幅度档为5 V，扫描档为5 ms，探头×1档。具体波形如图3–4和图3–5所示。

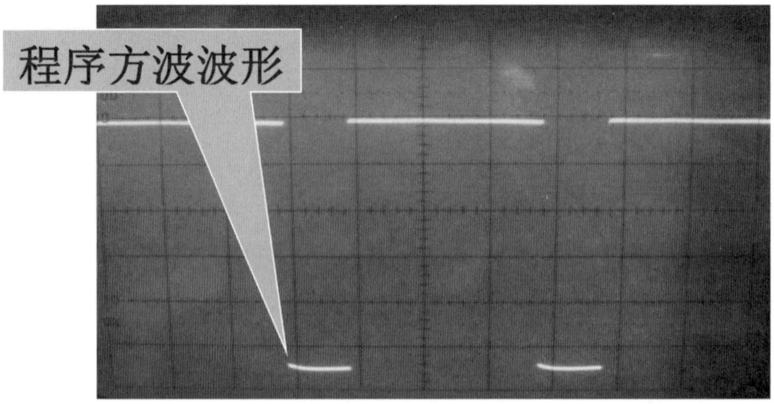

图3–4　程序方波波形

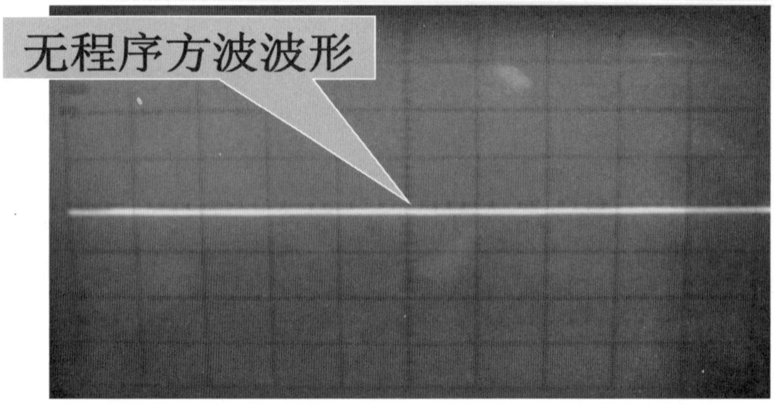

图3–5　无程序方波波形

假如上程序方波没有，从示波器上看是一根直线，则说明不是11-6板上程序方波产生电路故障，就是上开关管套短路所致。程序方波产生电路故障主要出在其放大部分，一般来说，三极管3DK4B和3CK3C损坏的可能性较大，用万用表可测出。开关管套短路，主要是管套中绝缘云母片破裂，未起到绝缘效果，从而造成程序方波短路。还有就是11-6板程序方波产生正常，但未送至开关管套，最大可能性为WT9电缆中传输上程序方波的芯线断裂。最后一种可能性就是开关管套中VK105开关管被击穿而致开路，使得波束无法向上偏扫，直接后果是电轴向下大范围偏移，造成测角不准。依次类推，可检测其他三路故障。

2. **解决方法**

更换有故障的11-6板、损坏的三极管3DK4B和3CK3C、断裂的WT9电缆和有问题的开关管套或其中的VK105开关管，故障可排除。

（八）接收信号弱，有无信号时，增益指示均偏大

1. 原因分析

如果出现四条亮线正常，增益指示偏大的情况，问题可能出在总馈线部分。如果更换前置高放、限幅器等备件后均没有效果，而且跳过前置高放，增益指示反而变小，应怀疑后面有问题，检查主轴电缆，可发现主轴电缆短路。

2. 解决方法

打开主轴电缆插头，可发现有一根铜丝将芯线与外壳短接，如果重新焊接插头，故障可排除。

二、发射分系统

（一）基本原理

发射分系统主要由固态调制器、超高频振荡、交流电源等几部分组成。其基本构成如图3-6。

根据发射分系统框图所示，在大发射机通电后，220 V的交流电压将经过电源变压器进行全波整流，再经LC滤波器输出800 V的直流高压，在测距分系统上的发射触发脉冲控制下，晶闸管被导通，然后利用长线传输原理制成人工仿真线电路，以充放电的变化电压在负载两端形成矩形脉冲，即调制脉冲，调制脉冲经脉冲变压器升压后可达到数千伏，将数千伏的脉冲高压直接加载到磁控管的阴极激励磁控管，便会使之产生1 675 MHz的超高频振荡，输出≥15 kW的功率。

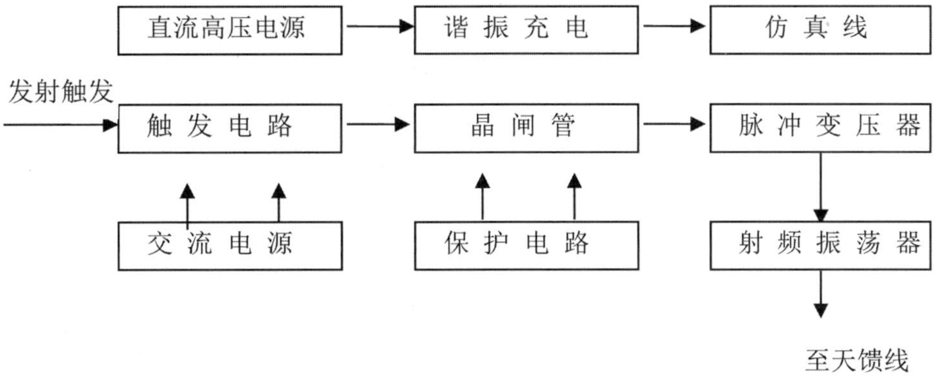

图3-6 发射分系统框图

（二）高压工作正常，全高压加不上

1. 原因分析

①磁控管不正常会导致半高压正常，全高压加不上。造成这一现象的原因，有可能是磁控管所用时间较长，或者被铁器磁化过，使磁控管充磁受到损伤，从而造成全高压时因功率不够而不能正常工作。

②脉冲变压器工作不正常，也会造成此现象。因为脉冲变压器是产生高压的器件，如果脉冲变压器的初次级与地耐压不够而造成打火等原因，也会使全高压加不上。

③仿真线上的高压电容不正常。如果存在高压电容不正常的情况，那么在半高压时，电容能够承受，而在全高压时，仿真线上的某一只非正常电容会因为不能承受高压而被击穿，由此导致全高压加不上。

④在排除大发射机本身故障以后，如果全高压还是加不上，那么就是11-2板全压/半压控制电路出了问题。一般来说为11-2板V8（3DK4B）损坏所致。

2. 解决方法

更换故障器件可解决上述问题，但必须特别强调的是，在拆装磁控管时，应使用不锈钢起子。

（三）半高压工作不正常

1. 原因分析

①发射机上V1、V2、V3、V4、V5、V6、V9整流二极管中的任何一只损坏，都将没有高压输出或高压输出偏低。

②仿真线上的某一只电容被击穿，会造成仿真线上无高压而不能正常工作。

③V16、V17、V18三只晶闸管任何一只损坏也会使发射机不能正常工作。

④发射触发信号没有加到V16、V17、V18晶闸管上，晶闸管将不能导通而使发射机不能正常工作。

⑤11-2发射控制板故障也会使发射机高压加不上，如果自检电路显示过负荷保护，可判断为发射机保护电路出现问题，将D1：74LS77拔掉，用万用表检查10 V稳压管V1，正常情况下，该管正向电阻约1.2 kΩ，反向电阻约6.5 kΩ。若该管完好，就应该是D1：74LS77损坏。如自检电路显示反峰保护，那么就可能是10 V稳压管V2被击穿。

2. 解决方法

更换故障器件，问题便可解决。

故障器件的测量方法可作参考（以下检测均以MF79电表为例）。

①高压电容的检测：将电表的正表笔接入高压电容与线圈相连的公共端（图3-7），负表笔接在电容的另一端，电表打在×1k档测量。电容正常时的阻值为15 kΩ左右，若电容被击穿，则阻值会变小，从几十Ω到几百Ω不等。

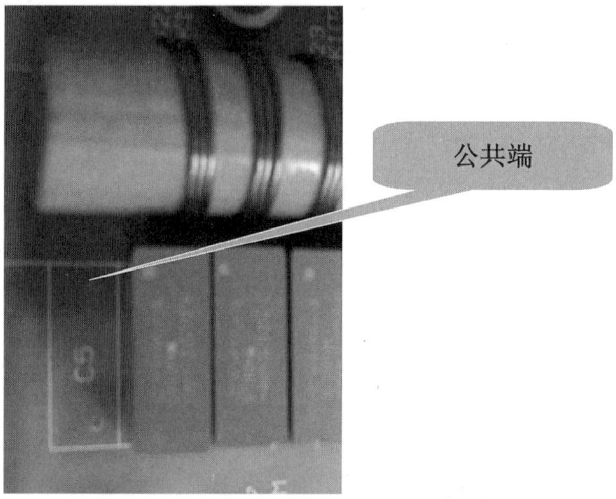

图3-7　高压电容与线圈

②晶闸管的检测：将电表的正表笔接在晶闸管阳极A点，负表笔接在晶闸管触发极B点（A，B点如图3-8所示），电表打在×10k档测量，测得阻值在0.4 MΩ左右，若晶闸管被击穿，则之间会短路。测量触发极与阴极，即BC两端的阻值为40 Ω左右（测量时将两极都拆下来），若损

图3-8 晶闸管

坏，则之间的阻值会变得很大。

③11-2板V8（3DK4B）的测量：在电表打在×1k档时，负极接基极，电表正极接V8的发射极，可测得之间的阻值为9 kΩ左右，反向测量电阻很大；正极接基极，负极接发射极，可测得之间的阻值为400 kΩ左右，反向很大；正极接集电极，负极接发射极，可测得之间的阻值为500 kΩ，反向很大。

④大发射机面板V11（3DK9H）（图3-9）的检测：发射机不工作，有可能是由于发射触发没有加进来，晶闸管没有导通工作。可以先用示波器探头测量接入发射机插头的第二脚有没有脉冲输入（不受高压开关控制），若有，则排除电缆损坏，然后再测量大发射机面板上的三极管V11（3DK9H）是否损坏。将电表（×1k档）正极接入三极管的基极，负极接入三极管集电极，测得之间的电阻值为10 kΩ左右，反向测量阻值为1 kΩ左右；将电表×100档正极接入三极管基极，负极接入发射极，可测得之间的电阻为500 Ω左右，反向测得电阻值为1 kΩ左右；正极接入三极管的集电极，负极接入三极发射极，测得之间的电阻值为750 Ω左右，反向测量之间的阻值为5 kΩ左右。若三极管烧坏，则之间的电阻会有很大的变化。

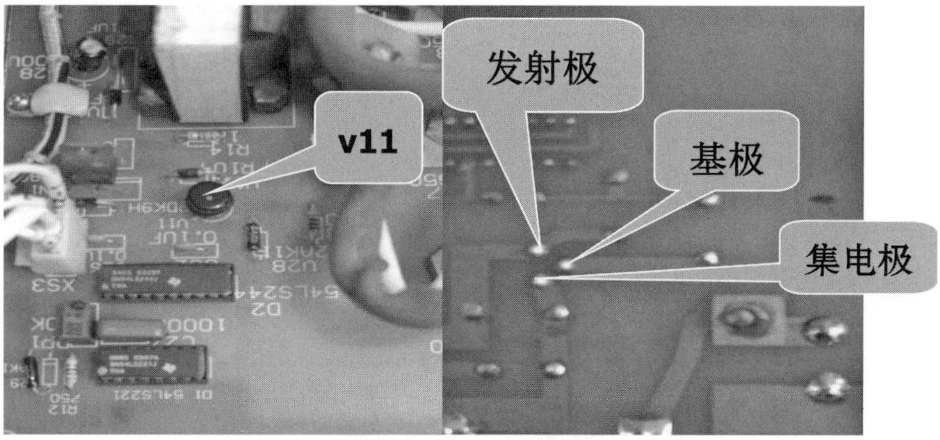

图3-9 大发射机面板上的三极管V11（3DK9H）

（四）磁控管电流指示和增益指示满偏，天控失控

1. 原因分析

此为大发射机出现故障。一般为脉冲变压器损坏所致，导致电流加大，将阻值为15 Ω的R26电阻烧至开路，光线暗时，可看到该电阻中间有打火现象。脉冲变压器1和2头是一组，3和4头是一组，即1、2两头通，3、4两头通，其他两两都不通，可做简单的判断。

2. 解决方法

更换脉冲变压器和R26电阻。

（五）小发射机有主波无回波

1. 原因分析

如果小发射机天线及输出电缆因漏水短路，那么将造成小发射机功率发射不出去，全部反射回来，从而造成有主波无回波现象。

2. 解决方法

对漏水天线及输出电缆进行烘干处理，故障可排除。

（六）小发射机加电使“毛草不齐”或压信号

1. 原因分析

小发射机与天线不匹配，或小发射机本身有自激现象，都会造成上述故障，有时开大发射机也会出现上述现象。可以通过断开小发射机电源来检查并做判断。

2. 解决方法

可以通过更换小发射机来解决。

三、接收分系统

（一）接收分系统的组成

接收分系统由两部分组成，即前端（室外）由前置高放、高频组件等几个单元组成；后端（室内）由中频通道盒及插板11-1单元组成。如图3-10。

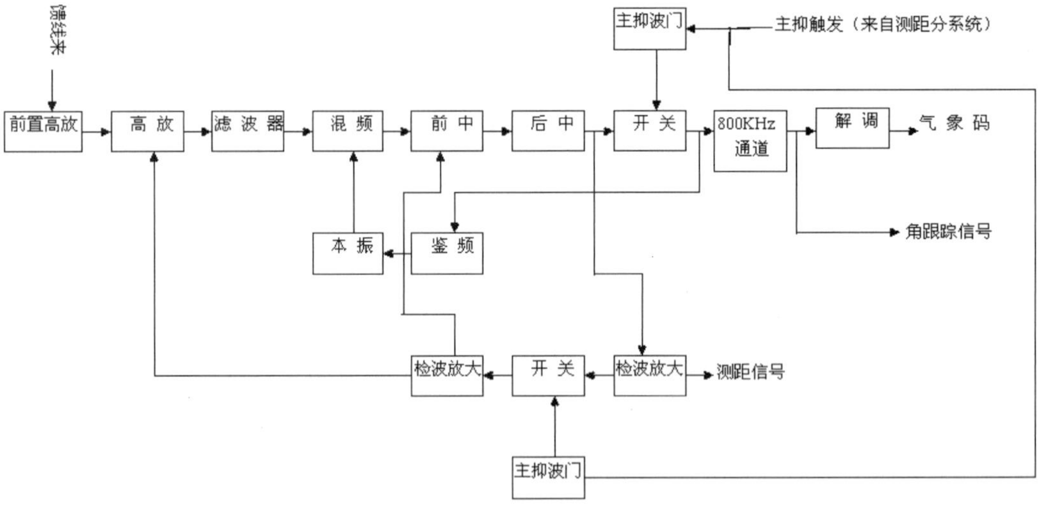

图3-10 接收机组成框图

（二）接收机原理简述

其功能是将天线接收到的探空仪射频信号加以放大、变频、解调，并送到测距、天控分系统，以完成测距和跟踪应答器的功能。此外，将探空仪发回的探空码解调出来，送到数据处理终端得到温、压、湿数据。同时在测距分系统送来的主抑触发脉冲控制下，完成主抑波抑制功能，以消除发射主波和近地回波对AGC、AFC功能的影响。

1. 前置高放

前置高放为低噪声场效应放大器，设置的目的就是为了减小馈线损耗对雷达威力的影响，所以这级场放就置于和差箱内，紧接和差环之后。如图3-11。

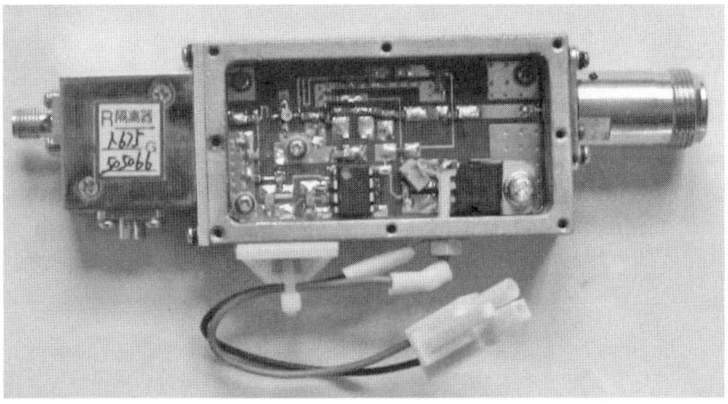

图3-11　前置高放

2. 高频组件

高频组件在天线座里的位置如图3-12。由于雷达在工作过程中所接收的信号动态范围较大，为了保证接收机的线性，在高放中设置了增益控制功能，由PIN管来实现，控制能力约为25 dB；高频带通滤波器采用腔体机械滤波器，其作用是滤除工作频率以外的其他干扰，包括对镜像信号的抑制。在结构上，为了减小连接，增加可靠性，高放与滤波器固定在一个平面上，并用导线直接焊接。如图3-13。

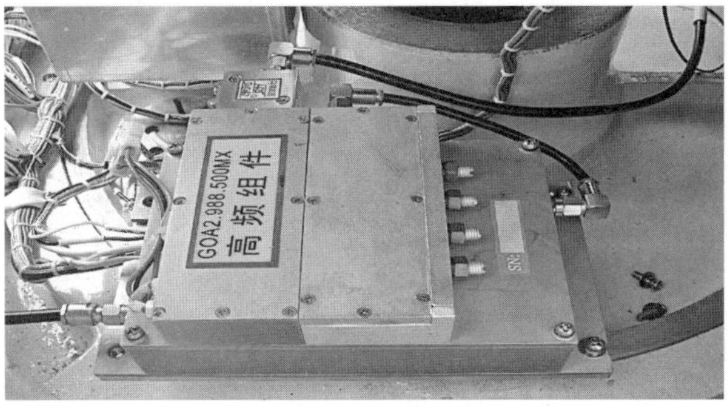

图3-12　高频组件在天线座里的位置

本振为典型的三点式振荡器，频率的调整由变容二极管来实现。振荡出的信号经一定的功率推动后再送到混频器。此外，本振信号还耦合出一部分送到分频器，分频器将1 645 MHz的本振信号分频至25 kHz左右的方波信号，此信号经50 m电缆后送到室内主控箱中的11-4终端板。终端板对其计数再乘以分频数后送到雷达接收控制界面上显示出来，从而实现接收信号的频率指示。

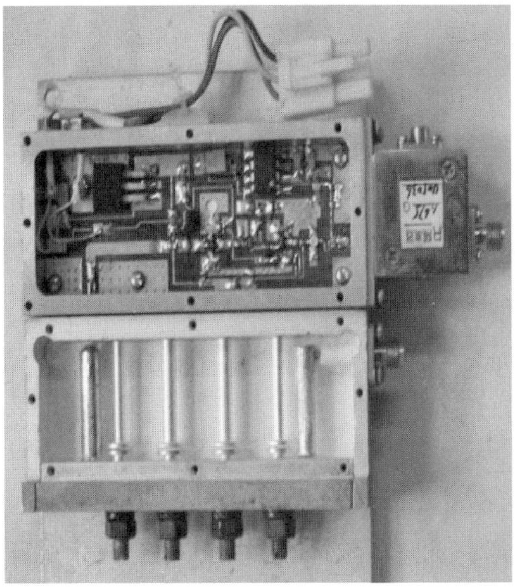

图3-13　滤波器、场放

混频器采用较为流行的双平衡混频器，它具有较高的P-1电平和较低的变频损耗，混频信号经30 MHz滤波器后送到由二级单片放大器及一级可变增益放大器，其增益控制能力在45 dB以上，这样，接收机的增益控制能力将大于70 dB。

本振、分频、混频、前置中放（以下简称前中）都做在同一金属盒内，然后与高放、滤波器紧固在一起，通常称为高频组件，即接收机的前端。如图3-14。高频组件特性见表3-1。

分频板

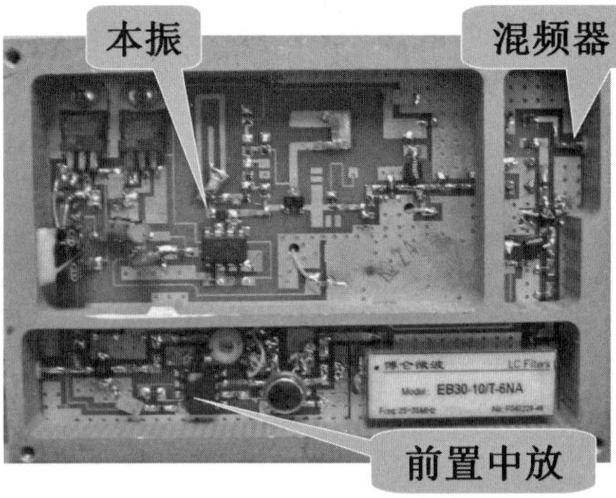

本振、混频、前置中放

图3-14　高频组件

表3-1　高频组件特性

序号	组件	特性
1	+15 V	
2	GND	地
3	AGC自动增益控制	随着探空信号强弱，电压在0～10 V变化
4	AFC自动频率控制	随着探空仪频率变化，电压在5～9 V变化， 1 675 MHz一般指示7 V
5		空头
6	GND	地
7	DFO分频输出	当频率指示在1 675 MHz时，应在示波器上有25.1 kHz脉冲波形，如图所示 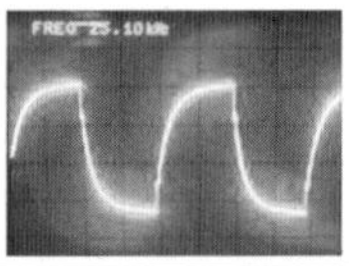

3. **中频通道盒（表3-2）和探空通道单元11-1**

由前中输出的中频信号经50 m电缆送至室内主控箱中的中频通道盒，经三级单片放大后经功分器分成两路。

一路称测距支路。在此支路中，信号被放大到一定电平后，解调出800 kHz视频脉冲，并送到测距分系统，以完成测距功能，其幅度为2~3Vpp，同时再将此信号检波、放大后得到AGC电压，分别送到高放和前中，完成自动增益控制的功能，可使整个放球过程中输出信号电平不随回答器的远近而产生变换，即保持输出电平恒定。另一路则称为角支路。在此支路中，信号被放大、鉴频，并将此鉴频电压送到高频组合中的本振，以消除由于回答器频率漂移而造成的失谐，使得中频频率始终保持为30 MHz。值得提出的是，接收机的频率控制有两种状态，即自动、手动。在手动状态时，本振的频率调整完全由人工控制，鉴频电压不起作用；而自动状态时，本振的频率调整由手动电压和鉴频电压共同控制，也就是手动电压和鉴频电压叠加后形成了本振控制电压，这样一来，在实际操作中，频率控制在自动状态，手动电压也可以任意调整，直至主信号最佳。

表3-2 中频通道盒

序号	特性	
1	地	
2	角信号	
3	主抑触发	
4	+15 V	
5	AFC鉴频出	
6	AGC检波出	
7		
8		
9		
10		

此外，角支路中的中频信号还被分出一部分检波后，送入11-1板800 kHz通道，经放大解调后得到气象码送到数据终端系统。同时角跟踪信号也从800 kHz通道引出，其幅度为2～3 Vpp，此信号在放球过程中始终保持线性，不失真地将回答器相对雷达的角度偏差反映出来。（图3-15、表3-3、表3-4）

图3-15 11-1探空通道单元

表3-3　探空通道单元XS1

<table>
<tr><th>序号</th><th>特性</th><th colspan="2"></th></tr>
<tr><td>1</td><td>GND</td><td colspan="2">地</td></tr>
<tr><td>2</td><td>GND</td><td colspan="2">地</td></tr>
<tr><td>3~6</td><td></td><td colspan="2">空头</td></tr>
<tr><td>7</td><td>AGC检波</td><td colspan="2">连接在系统内不易检测</td></tr>
<tr><td>8</td><td>AFC鉴频</td><td colspan="2">发码时有3 ~4 V的交变信号</td></tr>
<tr><td>9</td><td>角信号</td><td colspan="2">连接在系统内不易检测</td></tr>
<tr><td>10~18</td><td></td><td colspan="2">空头</td></tr>
<tr><td rowspan="2">19</td><td rowspan="2">MGC/AGC</td><td colspan="2">当增益控制手动时为低电平0 V</td></tr>
<tr><td colspan="2">当增益控制自动时为高电平5 V</td></tr>
<tr><td rowspan="2">20</td><td rowspan="2">MGC</td><td rowspan="2">手动时</td><td>增益指示值在0~255变化</td></tr>
<tr><td>电压在0~10 V变化</td></tr>
<tr><td rowspan="2">21</td><td rowspan="2">MFC/AFC</td><td colspan="2">当频率控制手动时为低电平0 V</td></tr>
<tr><td colspan="2">当频率控制自动时为高电平5 V</td></tr>
<tr><td rowspan="2">22</td><td rowspan="2">MFC</td><td rowspan="2">手动时</td><td>频率在1 660~1 690 MHz变化</td></tr>
<tr><td>电压在2~10 V变化</td></tr>
<tr><td>23</td><td></td><td colspan="2">空头</td></tr>
<tr><td>24</td><td>+5 V</td><td colspan="2"></td></tr>
<tr><td>25</td><td>+5 V</td><td colspan="2"></td></tr>
</table>

表3-4　探空通道单元XS2

<table>
<tr><th>序号</th><th>特性</th><th colspan="2"></th></tr>
<tr><td>1~2</td><td>+15 V</td><td colspan="2"></td></tr>
<tr><td>3</td><td></td><td colspan="2">空头</td></tr>
<tr><td>4~5</td><td>-15 V</td><td colspan="2"></td></tr>
<tr><td>6</td><td></td><td colspan="2">空头</td></tr>
<tr><td rowspan="2">7</td><td rowspan="2">高频VGC</td><td rowspan="2">增益手动时</td><td>指示值在0~255变化</td></tr>
<tr><td>电压在0~10 V变化</td></tr>
<tr><td rowspan="3">8</td><td rowspan="3">中频VGC</td><td rowspan="2">增益手动时</td><td>指示值在0~255变化</td></tr>
<tr><td>电压在0~8 V变化</td></tr>
<tr><td colspan="2">当高频VGC为8 V时，中频VGC应为6 V</td></tr>
</table>

续表

序号	特性		
9	本振VC	频率手动时	指示值在1 660~1 690 MHz变化
			电压在6~9 V变化
10~15		空头	
16	气象码		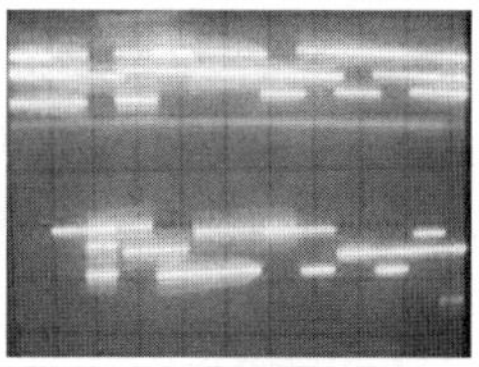
17	后中VGC	已取消不用	
18~22		空头	
23	角跟踪	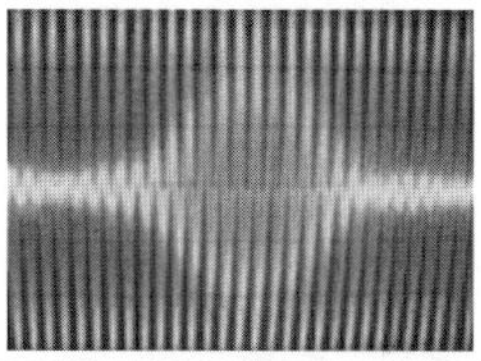	
24~25	GND		

接收机还有主波抑制功能，其作用是除发射机主波和近地物回波对AGC、AFC及气象码解调造成的影响。其实现方法是：在距离支路和角支路分别接有电子开关，开关的导通、关断由主抑波门来控制，即在发射机在工作期间，开关断开，发射主波、近地物回波就不会漏入相关电路，也就不会造成对其的影响。在具体电路上，距离支路和角支路的主波抑制有所不同，距离支路中电子开关与信号路是关联的，关断时间为200 μs；而角支路中的电子开关是串联在其中的，关断时间为50 μs。

（三）接收机与雷达各分系统的关联（图3-16）

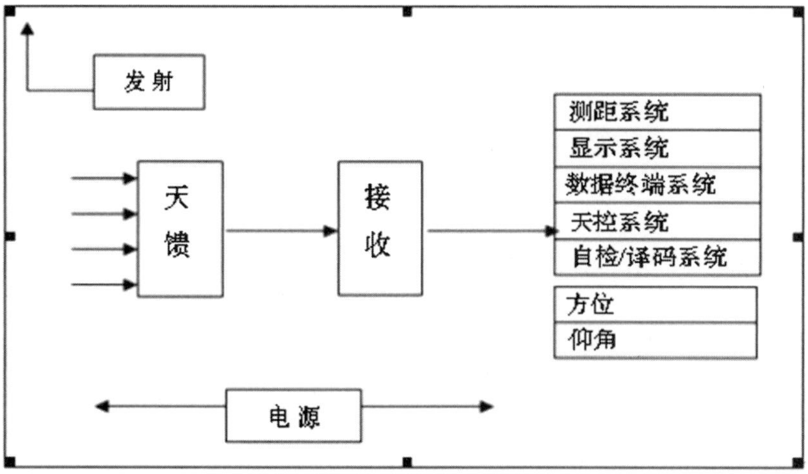

图3-16　接收机与雷达各分系统的关联

（四）故障的排除

1. 接收不到信号

现象：当探空仪工作时，示波器上无信号也无杂波。

可能原因与排除方法：

①中频通道输入电缆松动，接触不好。重接电缆线。

②中频电缆被压坏或损坏，信号不通。用三用表检查电缆的好坏，若坏，更换中频电缆。

③增益电压设置太小。重新设置增益电压。

④高放盒没有电源电压。用三用表按图检查输入插头各点电压是否正常。查实后排除。

⑤高放盒不正常。用备用高放盒代换。

2. 能收到信号，但幅度太小

现象：探空仪工作时，示波器上幅度很小（小于1），四条亮线很矮。

可能原因与排除方法：

①本振频率不对。对探空仪信号进行重新调整。

②频控电路工作不正常。仔细检查11-1插板和中频通道盒，核实有故障后更换。

③限幅器工作不正常。更换限幅器。

④天线、馈线系统中电缆不通或接触不好。更换电缆。

3. 增益电压或频调电压不受控制

现象：在对探空仪信号调整增益或频率时，示波器上信号不变。

可能原因与排除方法如下：

①11-1插板增益电压或频调电压没送出。用三用表检查11-1板和11-4板，若两电压未能随按键变化而变化，更换11-1插板或11-4插板。

②中频通道盒工作不正常。更换中频通道盒。

③频控电路工作不正常。细查11-1插板，核实有故障后更换。

④连接线或电缆芯线不通。用三用表按图检查，核实后更换相应连接线。

4. 信号太强，有严重饱和现象

现象：转动雷达天线的方位角或仰角指向，示波器上的四条亮线高矮不变化，亮线顶部有淡而高的细线条。

可能原因和排除方法：接收机增益太高并且频率不对。将接收到的探空仪信号在示波器上展宽后，一边降低接收机增益，一边调整其频率，直至接收到探空仪信号幅度最大为止。

5. 在增益设置为“自动”时，幅度仍随信号变化

现象：在接收机增益设置为“自动”时，接收信号幅度不为3 V左右，并且不能保持为恒定值。

可能原因与排除方法如下：

①11-4插板自动增益指令没有送出。更换11-4插板。

②11-1插板AGC电路工作不正常。更换11-1插板。

6. 发射机工作后接收机收不到探空仪信号

现象：发射机不工作时接收信号正常，一开发射机接收信号就被“压死”，或变得很弱。

可能原因与排除方法如下：

①11-3插板主抑触发脉冲没有送出。用示波器检查“主抑触发”的波形，应有大于3 V的脉冲波形。否则，更换11-3插板。

②中频通道盒上距离支路主抑脉冲宽度不合适。重新调整电位器，使主抑脉冲宽度为200 μs左右。

③限幅器工作不正常。用备用限幅器更换。

④中频通道盒D1 74LS221损坏或性能不良。更换D1 74LS221。

7. 气象码问题

①探空码飞码多，首先检查测距信号是否正常，四条亮线是否饱满，如果测距信号正常，用示波器检查探空通道单元（11–1）电阻R26右端，信号输出幅度应在5 ~ 6 V。如果幅度不够，可以调整电位器RP9、RP11。用三用表检查电阻R66左端与地之间的电压是否为–0.4 ~ –0.35 V，如果不正常，可以调整电位器RP2。如有条件，可检查选频支路是否调谐在32.7 ± 0.5 kHz，如有偏差，可以适当调整选频电路的电容容量，或更换探空通道板（11-1）。如中频通道盒角信号输出幅度小，也会造成飞码。补救措施可以在C26上并联一个50 ~ 100 P的电容。如测距信号幅度小，可将中频通道盒的中频放大器级间的衰减网络电阻进行调整。否则更换中频通道盒。如测距信号差，飞码多，可更换高频组件。

②探空码的录取，经过接收机解调，得到气象探空码，可以直接送去计算机进行温、压、湿转换，但在信号较弱时，接收机的噪声及其他一些干扰会严重影响探空码的质量，这样的探空码是不能直接送给数据处理终端的。为了降低误码率，提高探空精度，把接收机解调出的探空码送到该分系统，在软件上采用容错技术，对探空码进行智能判断，将得到的低误码率的21个字节探空码和2个字节的故障检测结果，通过串口送给数据终端系统。

探空仪加电，雷达接收机对其调谐，如果界面左下角有模拟探空码在进行，且在界面的探空录取显示窗口有温、压、湿三条曲线不断加长，则说明该分系统的译码部分工作正常。如74LS04性能不佳或损坏，也可导致无气象码输出。

四、测距分系统

（一）基本原理

测距分系统的功能是对探空仪的应答器信号进行自动和手动距离跟踪，以完成对探空仪斜距的测定，并将距离数据送往数据终端。同时，本系统还将产生一系列与时间相关的脉冲作为基准送往其他分系统，以协调全机的工作。该分系统的工作原理如图3-17。

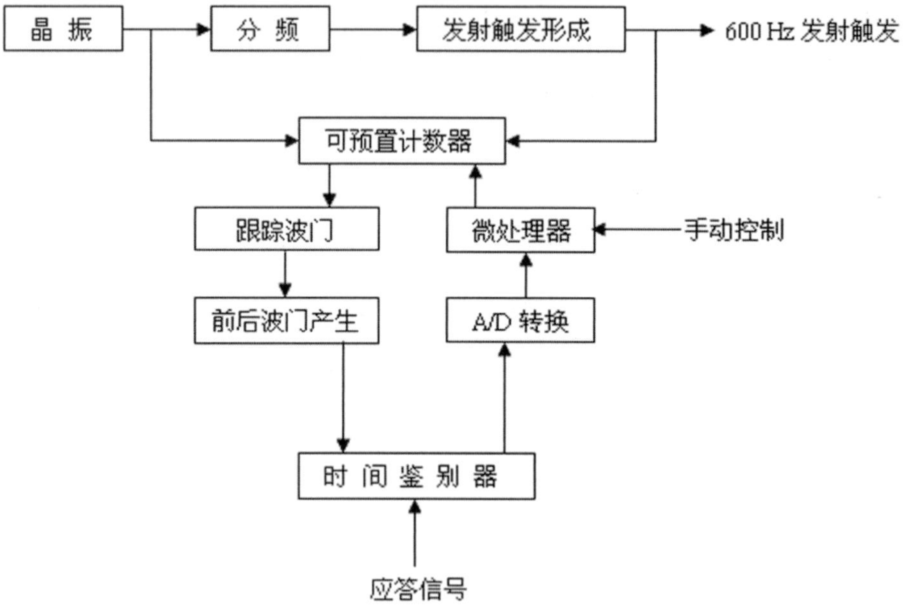

图3-17　测距分系统工作原理框图

测距就是测量应答信号对主波的延时，而时间的测量，又可转化为对具有一定重复频率的脉冲的计数来求得。显然，脉冲周期的长短，将直接影响测距的精度，周期越短，测距精度就越高；反之则越低。在本系统中，计数脉冲的频率为37.477 MHz，每个脉冲代表的距离是4 m，即量化精度为4 m。

当发射脉冲加到可预置计数器时，该计数器被打开，并与事先预置的值x进行比较。在计数溢出时，产生一个脉冲，这个脉冲就是跟踪脉冲，由它去触发一个触发器，并产生前后两波门（前波门的后沿与后波门的前沿为一个时刻），用前后两波门将回波信号在时间上分为两部分，并分别送到两个积分电路，很显然，如果两波门的交接时刻与回波中心不一致（但差值不大），则会被分裂成面积不等的两部分，因而积分电路输出的电压也就不等，两者的差值就代表了波门与回波原偏离程度，差值的极性就代表了偏离的方向。该误差电压经A/D转换变成数字量，经微处理器处理后将改变为可预置计数器的x值，从而产生延时可变的跟踪脉冲，改变波门位置，直至消除误差，完成自动跟踪的功能。回答信号、跟踪脉冲、前后波门的时间关系如图3-18。

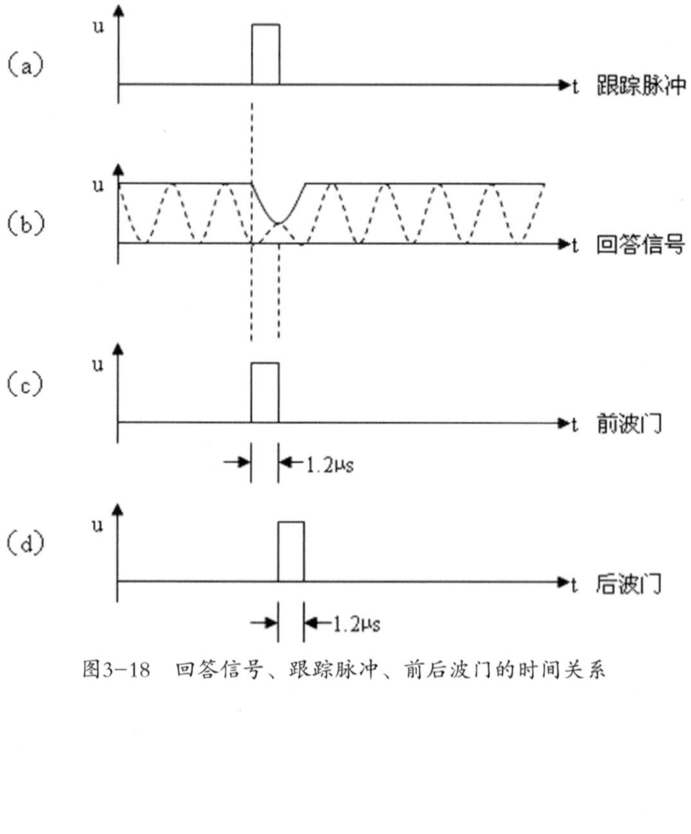

图3-18　回答信号、跟踪脉冲、前后波门的时间关系

需要指出的是，由于GFE（L）1型二次测风雷达设置了两个发射机。虽然归属一个分系统，但在电路形式器件选择，甚至在结构安装上都有很大的差异，因而两个发射机对同一个探空仪的测距值就会有很大的差别（相对主波的延时不一样），因此测距的标定必须根据两个发射机分别进行。

测距分系统的有关电路设计在一块插板上，代号为11-3，装放于室内的主控箱中。在11-3插板上设有两个8位的拨盘开关，其实际位置如图3-19。

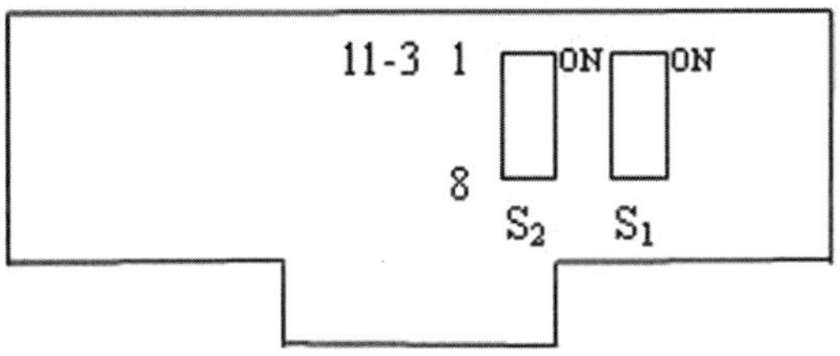

图3-19　11-3插板上设有两个8位的拨盘开关

其中，S_2为发射机距离标定拨盘开关，S_1为近程发射机距离标定拨盘开关。“1”号位为低位，“8”号位为高位，当开关拨向“ON”时，距离显示值减小；反之则增大。

（二）主要技术指标

测距范围	100 k ~ 200 km
距离跟踪精度	≤20 m
跟踪速度	0 ~ 200 m/s
发射触发频率	600 Hz

（三）功能的检查

该分系统的功能检查可按以下步骤进行：

①将探空仪通电，并置于距离天线100 m以外的空旷处。

②打开雷达电源，将天线大致对准探空仪，然后调整接收机频率对其调谐。

③打开近程发射机，再将示波器切换为距离显示状态，此时应能看到两条扫描基线，其上一条为2 km扫描基线，下面一条为32 km扫描基线。在2 km扫描基线上，应能看到应答信号“凹口”，在32 km扫描基线上，应能看到一条暗线。

④置距离跟踪为手动，点击接收控制界面上的距离慢动（分别向前、向后）图标，使得“凹口”离开两暗点间的中心位置约200 m，再将距离跟踪设置为“自动”，此时“凹口”应能迅速回到两暗点的中心，且距离显示值与实际值相近。

⑤放球时，斜距1 km后，发射机切换为大发射机，斜距应无跳变。

⑥当距离不准确时，应通过标定开关S_1、S_2进行距离标定。每个拨盘开关标定值为4 m。当拨动拨盘开关时，距离应有相应的变化。

如果以上没有任何问题，则说明该分系统功能正常。

（四）故障的排除

1. 开机时或工作一段时间后，无2 km扫描线

（1）原因分析

此故障为11–3板（测距板）出了问题。11–3板产生的精扫触发脉冲送给11–2板显示电路会产

生精方波，再生成锯齿波送至示波器X轴产生2 km扫描线。如果11–3板没有产生精扫触发脉冲，从而也不会有2 km扫描线。11-2板显示电路出故障的概率很小。用示波器探头检测11-3板上的D23：74LS244的第14脚，应有幅度为TTL电平的精扫触发脉冲信号，如没有，说明74LS244有损坏现象。

（2）解决方法

更换D23：74LS244，故障可排除。

2. 大发射机高压加不上

（1）原因分析

首先更换11-3测距板，故障消除，说明原先那块11-3板有问题，应该是发射触发脉冲（B）没有输出，故而大发射机无法工作。可以将示波器探头接在11-3板XS1插头的第7脚上，或者接在 D23：74LS244的第3脚，如果没有看到幅度为TTL电平的发射触发脉冲，可判断D23：74LS244损坏。

（2）解决方法

更换D23：74LS244，故障可排除。

3. 小发射机不工作

（1）原因分析

首先更换11-3测距板，故障消除，说明原先那块11-3板有问题，应该是发射触发脉冲（A）没有输出，故而小发射机无法工作。可以用示波器探头接在11-3板XS1插头的第8脚上，或者接在D23：74LS244的第7脚，如果没有看到幅度为TTL电平的发射触发脉冲，可判断D23：74LS244损坏。

（2）解决方法

更换D23：74LS244，故障可排除。

4. 没有任何触发信号

（1）原因分析

此故障肯定为11-3板出了问题，可以用示波器对11-3板上的晶振进行检查，将示波器探头接至晶振的输出端，如果没有看到幅度近3.5 V、很密集的正弦波，则可判断晶振已损坏。

（2）解决方法

更换晶振。

五、终端分系统

（一）基本原理

本系统的主要功能，是完成各分系统与计算机之间的通信，即一方面从其他分系统读取数据送往计算机显示和处理；另一方面接收计算机发出的指令，控制其他分系统的工作状态。实际上它就是雷达的控制中心，也是雷达和计算机之间联系的唯一通道。其工作原理如图3-20。

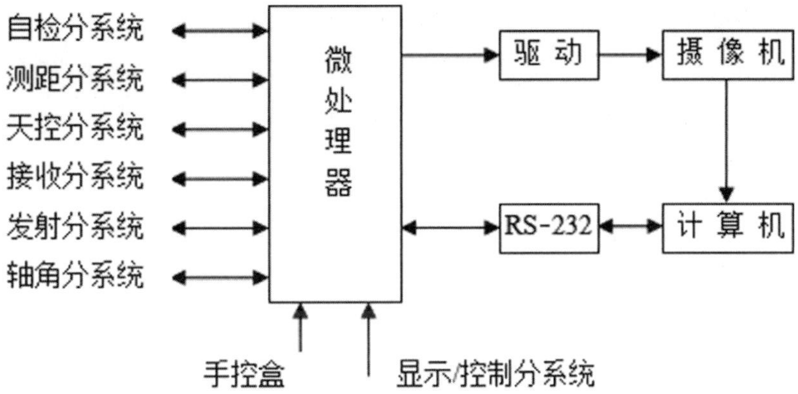

图3-20 终端分系统工作原理框图

从框图中可以看出，终端分系统是控制枢钮，是信息中转站，它与计算机之间仅用一个RS-232串口，完成雷达和计算机之间大量的信息交换。该分系统采用轮循的方法，分别和自检/译码分系统、测距分系统、天控分系统、接收分系统、发射分系统、发射/显示控制分系统、计算机等进行通信。

（二）主要功能

（1）实现与自检/解码分系统之间的通信

终端分系统采用串口方式和自检/解码分系统通信，读取自动检测的结果和21字节的探空气象数据。

（2）实现与测距分系统之间的通信

终端分系统控制距离手动/自动的切换，距离波门的前进/后退及快进、快退，并采用串口通信的方式实现与测距分系统通信，读取斜距数据。

（3）实现与天控分系统之间的联系

终端分系统控制天控手动/自动跟踪的切换，手动控制的方向、速度，还可以控制天控分系统是否输出程序方波，即打开、关闭基测开关。

（4）实现与接收分系统之间的联系

终端分系统控制接收机手动/自动增益的切换，手动/自动频率调整的切换，并提供手动增益电压及手动频调电压给探空通道板，同时把送往接收机前端高放增益控制电压进行A/D变换，变成相应的数字量，作为接收机的增益指示，在计算机的屏幕上显示出来。此外，终端分系统还将接收机前端送来的本振分频信号进行计数，换算成相应接收信号的频率送给计算机在屏幕上显示出来。

（5）实现与发射分系统之间的联系

终端分系统控制近程发射机的开、关，发射机的开、关及发射机的半高压、全高压的切换，同时还将发射机的磁控管电流进行A/D转换，送到计算机在屏幕上显示出来，以监视发射机的状况。

（6）实现与测角分系统之间的通信

终端分系统用串口与测角分系统之间进行通信，读取方位、仰角的角度数据并实时地传送给计算机。

（7）实现与发射/显示控制分系统之间的联系

终端分系统对发射/显示控制分系统进行控制，以决定示波器是作角跟踪状态显示，还是作距离跟踪状态显示，即是显示四条亮线，还是显示距离回答信号。

（8）实现与手控盒之间的联系

在天控为手动状态时，终端分系统将实时读取手控电压并送到天控分系统控制天线的转动。

（9）实现与计算机之间的通信

终端分系统采用RS–232标准接口与计算机进行通信，它实时地将从各分系统读来的数据及各分系统的工作状态送给计算机。同时也接受计算机发出的控制命令，控制各分系统的工作状态。

（10）对摄像机的控制

终端分系统根据接收到的指令，送出高低电压，并通过驱动电路，带动摄像机中的微型马达，改变镜头中的焦距、光圈、景深等。

从以上叙述可以看出，终端分系统是雷达的神经单元，它工作正常与否直接影响雷达的工作状态。为此，在计算机的接收控制界面上专门开辟了一个窗口，在这个窗口，如果从雷达图标不断有蓝色的模拟脉冲串向计算机图标行进，则表示终端分系统与计算机之间通信正常。

（三）功能的检查

终端分系统是雷达的信息中转站，也是雷达主机与计算机之间的桥梁。它的正常与否，对整机工作有着至关重要的作用，下面根据其各功能分别检查。

（1）检查终端分系统与自检/译码分系统之间的通信

在整机其他各分系统正常的情况下，如果打开基测开关（此时四路程序方波将无输出），则在雷达接收控制界面下简称“界面”与“帮助”的图标将会闪动；在探空仪通电、调谐雷达接收机后，界面的左下角会有模拟探空码脉冲在行进，且探空码曲线不断增长。如果这两项内容检查没有问题，则说明终端分系统与自检/译码分系统之间通信正常。

（2）检查终端分系统与测距分系统之间的通信

将距离跟踪设置为“手动”，点击界面上的“前进”“后退”图标，界面上的距离数值将发生相应的变化，若点击“快进”“快退”图标，则距离将有更快的变化。如果此检查没有问题，则说明终端分系统和测距分系统之间的通信正常。

（3）检查终端分系统与天控分系统之间的联系

点击界面上的“基测”图标，将基测开关打开，则天控分系统无程序方波输出，这一点可从自检结果看出，也可用示波器检测11-6插板的6XP1：3、6XP1：4、6XP1：5、6XP1：6看出。此外，点击界面上的“天控”图标，天控方式应在“手动”“自动”方式之间切换，即在“手动”时，天线的转动由天线操纵盒控制，而在“自动”时，天线的转动由天线与探空仪之间的偏差控制。

如果以上检查没有问题，则说明终端分系统与天控分系统之间的联系正常。

（4）检查终端分系统与接收分系统之间的联系

点击界面上的“增益”图标，接收机的增益控制应在“自动”“手动”之间切换，若设置增益控制为“手动”，再点击增益“增加”“减少”图标，则接收机的增益将随之变化，如果示波器显示的是四条亮线，则四条亮线应产生高、低变化；若置增益控制为“自动”，则无论探空仪是远，还是近，示波器上的四条亮线高度始终在2.5 V左右。同样，点击界面上的“频率”图标，接收机的频率控制应在“自动”“手动”之间切换，若置频率控制为“手动”，再点击频率“增加”“减少”图标，接收机的频率将随之变化，此时从界面上的频率指示表中也应该看到频率的变化。

如果以上检查没有问题，则说明终端分系统与接收分系统之间的联系正常。

（5）检查终端分系统与发射分系统之间的联系

点击界面上的“近程发射机”图标，则近程发射机应能正常打开。此时若有加电的探空仪，应能看到应答标志“凹口”，如无加电的探空仪，则在示波器上（此时示波器工作在距离显示状态）应能看到发射主波。

点击界面上的“发射机”图标，发射机应能正常打开（3 min延时后），此时界面上的磁控管电流指示表头应有指示，指示值在3.2 V左右。同时，在示波器亦能看到主波及较强近地物回波。

如果以上检查没有问题，则说明终端分系统与发射分系统之间的联系正常。

（6）检查终端分系统与测角分系统之间的通信

慢速连续转动方位、俯仰，界面上的方位角度指示、俯仰角度指示应连续、均匀变化，方位角的变化范围是0°～360°，俯仰角的变化范围是–6°～92°。

如果以上检查没有问题，则说明终端分系统与测角分系统之间的通信正常。

（7）检查终端分系统与发射/显示控制分系统之间的联系

点击“显示切换”图标，则示波器应在距离显示和四条亮线显示两种状态中切换（发射控制与显示控制设计在一块插板11-2上，其中发射控制的检查已在第（5）项中说明）。

如果以上检查没有问题，则说明终端分系统与发射/显示控制分系统之间的联系正常。

（8）检查终端分系统与天控操纵盒之间的联系

点击界面上的“天控”图标，置天控为“手动”状态，摇动操纵杆，天线应运转自如（说明天控操纵盒上电位器的电压被该分系统正确读取），如果这样，则说明终端分系统与天控操纵盒之间的联系正常。

（9）检查终端分系统对摄像机的控制

点击界面上摄像机控制的有关图标，摄像机的焦距、光圈、景深均有相应的变化，这说明终端分系统对摄像机的控制正常。

如果以上九项检查均全部正常，则说明终端分系统与计算机之间的通信完全正常。

（四）故障的排除

1. 每次雷达开机，频率指示跳至1 682 MHz

（1）原因分析

当前频率指示值是存放在11-4终端板上的集成电路2817中，每次开机后，频率指示的值是上次关机时的频率，如果不是，而是一个固定值，可判断11-4终端板上的集成电路2817损坏。

（2）解决方法

更换集成电路2817，故障可排除。

2. **雷达与计算机之间不通信**

（1）原因分析

11-4终端板是雷达与计算机通信的唯一通道，一般来说，11-4板中单片机系统损坏的可能性较大，即8031、74LS373、2764中的某一个集成电路坏的可能性大一点。

（2）解决方法

依次更换集成电路8031、74LS373、2764，问题可得到解决。

六、天控分系统

（一）基本原理

本系统的功能是根据和差环所获取的角误差信号或手动信号完成对天线的控制，以达到跟踪探空仪的目的。其工作方式有两种，即手动和自动。采用手动方式时，由人工操纵手动盒，天线可上、下、左、右转动，当示波器上的四条亮线两两对齐时，即对准了探空仪。处于自动方式时，由软、硬件结合的控制单元将调制在载波上的角误差信号解调下来，使天线朝着误差减小的方向运动，从而实现自动跟踪的功能。其工作原理如图3–21。

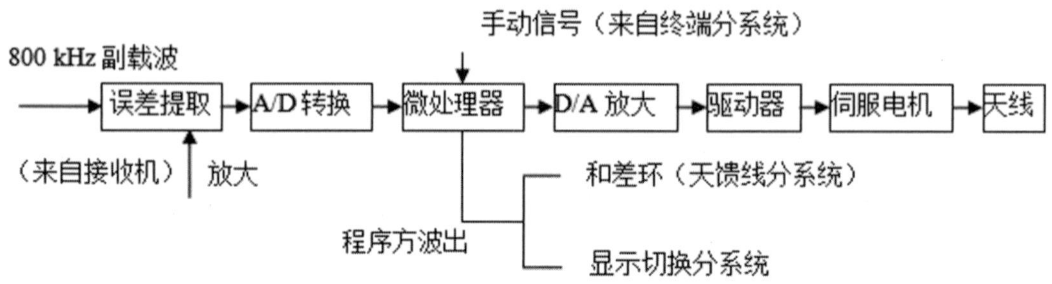

图3–21　天控分系统工作原理框图

在手动状态时，终端分系统采样到手控盒的手控电压，将其转换成代表速度的数字信号，通过串口传给微处理器，然后再通过D/A转换成相应的速度电平送给驱动器，由驱动电机带动天线转动。

在自动状态时，检波电路将调制在800 kHz副载波上的角误差信号解调出来，经放大后送给A/D转换器将其转变成数字量，微处理器将这个数字量滤波、平滑后，再将其通过D/A转换器转换成代表角误差大小、方向的速度电压，然后经直流放大器放大后送给驱动器驱动天线朝着减小误差的方向转动。

在该分系统中，带动天线转动的是交流电机，而与之配套的则是交流数字化驱动器。这种伺服系统的特点是：动态特性非常优良，体积小、耗电少、功能多、智能化程度高，有完善的故障检测及报警功能，如过速、过力矩等。

此外，微处理器通过扩展并口输出50 Hz的程序方波，其作用是按5 m/s的时间间隔依次导通和差箱中的PIN开关管，将差环获取的角误差信号调至和差信号上，即完成相当于换相扫描的功能。但由于TTL逻辑电平不能驱动PIN开关管，因此在该分系统中设置了四路完全相同的驱动电路，送至和差箱中的程序方波，波形如图3-22所示。

同时扩展并口输出的TTL逻辑电平的程序方波还送到显示、切换分系统，作为x扫描，完成测角状态四条亮线的显示。该分系统的印制插板代号为11-6，置于室内的主控箱内。

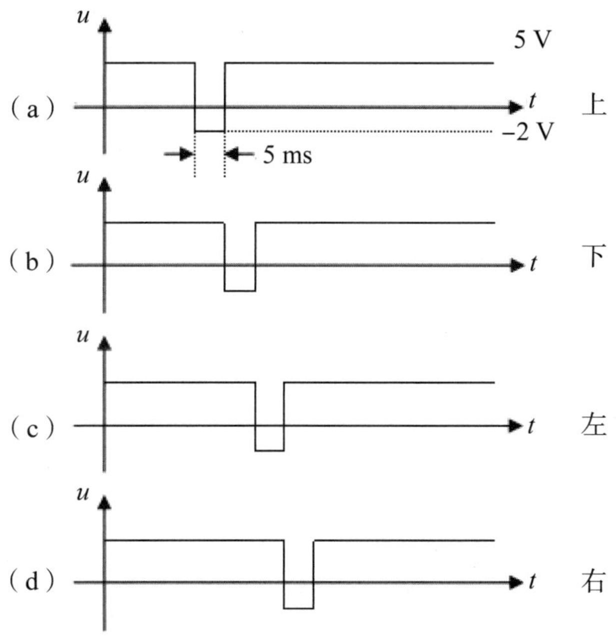

图3-22　和差箱中的4路程序方波图

（二）主要技术指标

手动跟踪速度　　方位0°～20°/s 仰角0°～15°/s

自动跟踪速度　　方位0°～20°/s 仰角0°～15°/s

跟踪加速度　　$15°/s^2$

控制精度　　≤0.02°

跟踪精度　　≤0.08°

（三）功能的检查

该分系统的功能可按以下步骤进行检查。

1. TTL电平程序方波检查

打开雷达主机和示波器电源，如屏幕上出现四个亮点，位置处于示波器中间下方，则说明送到2号板（XS2的19～22头）的程序方波正常，此方波同时送到5号用于自检。

2. 送到和差箱的程序方波检查

送到和差箱开关管套上的程序方波在XS1的3～6头检测。此方波幅度为+5、−2 V。此方波幅度一方面决定于6号板是否正常，同时还决定于开关管套是否正常。如某一路程序方波幅度异常，更换6号板后现象依旧，可能为开关管套故障。

3. 天控手动功能检查

将天控置于手动状态，操纵内控盒手柄，天线角度应随之变化。说明天控手动功能正常。如不正常，可能为天控板或内控盒故障。

4. 天控自动功能检查

①将一通电的探空仪置于100 m外楼顶、平台或铁塔之上，并且确保雷达天线在对准探空仪时仰

角在6°以上。

②调整雷达接收机频率，对探空仪进行调谐。

③将雷达天线置于“手动”状态，在大致对准探空仪的情况下（可以从摄像机的画面中观察），如果上、下、左、右各偏离中心3°左右，示波器上的四条亮线（此时示波器应工作在四条亮线显示方式）应有相应的变化，其规律是：当天线向上抬时，上亮线变长，下亮线变短；反过来，当天线偏下压时，下亮线变长，上亮线变短；同样，当天线左右偏离时，左右变化的规律与上下类同。

④在天线任意偏离探空仪后，再将天控控置为“自动”，则天线应迅速跟踪上探空仪，且跟踪平稳。

如果以上检查没有任何问题，则说明天控分系统功能正常。

（四）故障的排除

1. 放球过程中，仰角频繁告警（台站俗称“死位”）

（1）原因分析

在雷达运行过程中，雷达转到某个方位时，仰角告警，天线仰角不动，驱动分机的“E告警”亮红灯，“E准备好”灯不亮，打开驱动分机的盖板，可以看到仰角驱动器显示22#（大部分情况下都是22#）告警。出现这种情况，主要是汇流环长期使用以后上面出现一些污垢，刷架与汇流环接触不好，从而导致驱动电机的编码器连接出错。

（2）解决方法

用浓度为95%以上的酒精擦洗汇流环，但用量不能太多。

2. 放球过程中，方位频繁告警

（1）原因分析

开高压时，发射机高频信号干扰方位驱动电机，使得方位产生过速告警，天线方位不动，驱动分机的“A告警”亮红灯，“A准备好”灯不亮，打开驱动分机的盖板，可看到仰角驱动器显示26#（大部分情况下都是26#）告警。

（2）解决方法

在方位驱动电机上加一个屏蔽罩，注意要把编码器线和控制线的插头也一起包在屏蔽罩里。

3. 仰角卡死

（1）原因分析

在雷达处于不开机状态，断开W6电缆，用手去上下扳动天线，如果无法扳动，可判断为仰角谐波损坏。出现这种状况，大多是在平时的操作过程中，没有严格按照操作规范操作，操作动作过猛，使得仰角谐波被损坏（机械传动部分）。

（2）解决方法

由厂家更换仰角谐波。

4. 没有任何触发信号

（1）原因分析

此故障肯定为11-3板出问题，可以用示波器对11-3板上的晶振进行检查。其方法是将示波器探头接至晶振的输出端，如果没有看到幅度近3.5 V、很密集的正弦波，据此可判断晶振损坏。

（2）解决方法

更换晶振。

七、轴角分系统

（一）基本原理

轴角分系统的主要功能是对天线方位、俯仰的角度进行测定，并实时传给数据终端。该分系统测得的角度数据与测距分系统测得的距离数据相结合构成目标球坐标。其工作原理如图3-23。

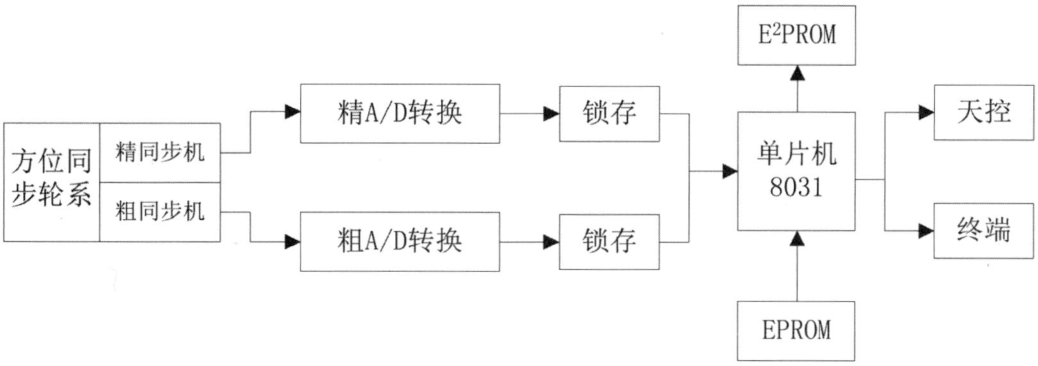

图3-23　轴角分系统工作原理框图

在L波段雷达中，方位测角、俯仰测角的原理完全一样，以图3-1来叙述其工作原理。天线的方位轴（或俯仰轴）转动，通过同步轮系来带动精、粗两个自整角机（精、粗自整角机速比为36∶1）转动，它输出的三相模拟电压代表了天线的几何位置，将该模拟电压通过室内、室外的连接电缆送给轴角数据变换模块，而模块则将代表角位置的电压转换成二进制码送给锁存器，微处理器读取锁存器的二进制码后，将其变成十进制码，然后再通过精、粗搭配，零点标定后即得到方位角（俯仰角）值，并通过串口通信将数据实时传送给数据处理系统，并在计算机屏幕上显示出来。

（二）主要部件的工作原理

轴角分系统主要由方位（俯、仰）同步轮系、同步机、数据采样电路、单片机处理电路、粗精搭配电路、标定电路、与终端及天控分系统相连的通信电路、激磁电压变压器等组成。方位同步轮系位于天线座内，俯仰同步轮系位于天线头内，其余电路在主控箱11-7、11-8板上，激磁电压变压器位于主控箱电源盒内。下面对其主要部分进行介绍。

1. 同步轮系及同步机

L波段雷达方位同步轮系位于天线座内，由一组铜齿轮组成。其传动原理如图3-24。

图中，Z1为天线座主传动齿轮，Z2为方位同步传送齿轮。Z3~Z7组成同步轮系。为消除传动回差，Z3、Z6采用带弹簧的双片齿轮结构。M3为粗同步机，M2为精同步机。同步机和同步轮系之间通过联轴器进行连接。相关齿轮特性见表3–5。

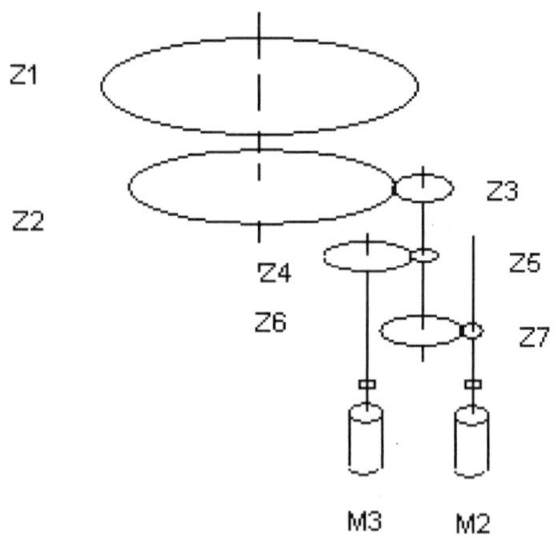

图3–24 方位同步轮系传动原理示意图

表3–5 方位同步轮系的相关齿轮特性

齿轮	齿数	模数	齿轮	齿数	模数
Z2	192	1	Z5	30	0.5
Z3	32	1	Z6	132	0.5
Z4	180	0.5	Z7	22	0.5

粗同步机减速比为

$$i=\frac{Z2}{Z3}*\frac{Z5}{Z4}=\frac{192}{32}*\frac{30}{180}=1$$

精同步机的减速比为

$$i=\frac{Z2}{Z3}*\frac{Z6}{Z7}=\frac{192}{32}*\frac{132}{22}=36$$

由此可以看出，粗、精同步机的转速比为1：36。

同步机与同步轮系连接采用的是45KF5B，共有5个端子。2个为励磁输入，3个为同步电压输出。励磁输入为交流110 V，输出为0 ~ 90 V的交流电压。

$U=U\text{m}\cos\omega t$

式中：$U\text{m}$——振幅，110 V

ω——角频率　$\omega=2\pi f$（f=50 Hz）

当转子上加有激磁电压时，其定子绕组上会产生感应电压，感应电压的角频率和激磁电压的角频率相同，它们的振幅是转子转角θ的正弦函数，三相感应电压在空间上相差120°，可以从下面公式反映：

$U1=KU\text{m}\sin\theta\cos\omega t$

$U2=KU\text{m}\sin(\theta+120^\circ)\cos\omega t$

$U3=KU\text{m}\sin(\theta-120^\circ)\cos\omega t$

式中：K——定子绕组与转子绕组的变压比，通常＜1

θ——转子随天线的转角

天线所处位置（角度）的信息就隐含在以上各信号的公式中。轴角转换模块必须输入上述$U1$、$U2$、$U3$信号。

2. 轴角变换电路

轴角变换电路采用的是12ZSZ755（实为759）。这种转换器应用二阶伺服回路，输出与TTL电平兼容的并行自然二进制码，且在数字输出端包含三态锁存器。转换器外部引脚共24个。其中，直流供电引角有4个，分别为+5 V、+15 V、–15 V、GND。输入模拟信号引脚有5个，分别为定子输出电压$S1$、$S2$、$S3$，励磁电压RH、RL，作为参考电压。控制信号有3个，M（BUSY）为“忙”脉冲输出端，INH、VEL分别为选择信号（外部施加的禁止信号）、模拟速度量（与同步机转速成比例的直流电压），在本机中不用。数字输出脚共12个，引脚“1”代表最高有效位（MSB）。

同步机的三相电压$U1$、$U2$、$U3$输入转换器，经其中的斯科特变压器变成两路正交的信号$V1$、$V2$，这两个电压经高速乘法器后输出的电压是一个振幅恒定且随同步机转角而变的一个信号U。

$U=E\mathrm{mcos}(\omega t+\theta)$

相敏解调器把此信号和激磁电压（基准信号）比较出一个相位差θ，这个θ是以数字量出现的。其中有一个二阶伺服回路，回路中有一个可逆计数器，它的数字始终高速追随因同步机转角θ造成的相移角所代表的数字而变，从而达到动态平衡。这种伺服系统在同步机转速为36 rps时仍跟踪很好，跟踪速率高。

轴角变换电路方位、仰角各用两个，分别安装在11-7（仰角）、11-8（方位）轴角转换单元电路板中。其中M1为精同步机电压转换，M2为粗同步机电压转换。

3. 锁存器

锁存器由D12（74LS123）、D15、D18（74LS374）、D17、D16（74LS173）等集成电路组成。74LS173和74LS374分别为4位、8位锁存器。74LS123为单稳态电路，受单片机P1.0、P1.1和“M”信号控制，产生C1、C2脉冲对精、粗轴角转换模块送来的数据进行锁存，再由74LS154经数据总线分时（Y1-Y4）读取锁存的数据。“M”信号为高电平时，表示正在进行数据变换和数字跟踪；“M”信号为低电平时，允许数据传输。

4. 单片机处理电路

单片机处理电路由D1（8031）及外围接口电路组成。单片机采用11.059 2 MHz的晶体为时钟，D20（MAX813）为看门狗电路，当程序运行异常时，自动对单片机电路进行复位。

单片机外围电路包括：地址分离电路D6（74LS373）、程序存储器D3（2764）、读写存储器D2（6264）、4-16线译码器D8（74LS154）等。来自D1的PSEN（29脚）为程序存储器的选通信号，ALE为数据线和低八位地址线的分离信号加到D6的第11脚LE上，当8031输出低8位地址信号的同时，输出ALE使D2锁存低8位地址数据。D3（EPROM）为储存运行的工作软件。程序运行的中间结果暂存在读写存储器（RAM）2764中。

译码电路由D4：A（74LS08）、D9：A（74LS14）、D5（74LS244）等组成。地址线A3-A6输入到D8输入端，当8031的P2.5为高电平时，而D4：A输入WR、RD中任一一个为低电平时，D8产生译码信号Y0-Y10去读或写各I/O口地址。其中，Y1、Y2为精数据锁存器的取数脉冲，Y3、Y4为粗数据锁存器的取数脉冲，Y16送到粗、精搭配电路，作为D10（74LS244）的选通脉冲，读取预置数。

5. 粗、精搭配电路

由于受到粗、精自整角机安装随机性的影响，其零点不一定正好对准，甚至相差很大，这样角度数据在天线全程转动范围内会出现不连续，甚至有很大的跳动。为此，设置粗、精搭配的电路由D10（74LS244）、拨码开关D13（SW-DIP8）、排阻R15等组成。74LS244受Y16控制，当Y16为低电时，单片机将粗、精搭配预置值取走。

D13共有8位，只用了前四位。四位分别代表1、2、4、8。搭配方法为当S_1开关的第一位拨到"ON"时，单片机第8脚P1.7为低电平，此时角度显示为粗、精搭配状态。此时计算机屏幕上的角度显示为"××.××"，其中小数点左侧为粗读数，右侧为精读数，实际上表示粗、精同步机对应角度的个位和十分位。其差值应不小于20，也就是2°。如显示角度为82.36，则说明粗同步机超前精同步机4.6度。为使差值小于20，应将8位拨码开关的第1、第2位拨至"ON"，即粗同步机的数值减去3°，搭配后的数值显示为52.36，差值小于20。在360°范围任意摇到某一点，其差值均应小于20，粗、精搭配工作完成。之后，将S_1开关第1位再拨回"OFF"，再检查一下角度指示值，如不对，重新进行角度零点标定。

粗、精搭配的工作在雷达出厂前已全部做好，只有在以后的检修、维护过程中，更换自整角机或拆卸重新安装时才需做此工作。

6. 零点标定电路

零点标定电路由D11（2817）、单片机及开关S_3组成。D11（2817）是一种在线时有随时擦除/写入的一种存储器。由于同步机安装的随机性，当天线指向正北或仰角处于机械零点时，这时应将该位置所显示的方位、角度值保存下来，以便每次送出数据时可以减去该值。

当需要角度标零时，将8031的第6头P1.5对地（MAX813集成块右侧两个空的焊盘）短接，8031的地址P2.7选通2817，P1.4为8031的位控口，通过判断P1.4的电位将该时刻的角度值存入相应的单元中。

7. 通信电路

一是俯仰轴角变换单元和天控单元之间的通信电路。天线俯仰角度值送到天控单元，可作为天线跟踪状态调整的依据。如天线过顶时，需提高方位转速等。方位轴角变换单元与天控之间没有通信。

D0～D7均与单片机数据总线相连。数据经片选信号控制将数据锁存到天控单元D6（74LS374）中，当天控分系统需要这些角度值时，可通过OE控制将它们取走。

另外，单片机还通过TXD、RXD对外进行串行通信联系。TXD把球方位、俯仰数据发往终端接口电路。

（三）主要技术指标

量化精度 0.01°

工作范围 方位 0°～360°

仰角 −6°～92°

（四）功能的检查

该分系统的功能检查比较简单，当天线在360°范围内，俯仰在−6°～92°范围内连续匀速转动时，角度变化也应连续变化，在微动天线时角度变化的分辨率应达到0.01°。

（五）故障的排除

1. 放球过程中，方位角度指示有时变化，有时不变

（1）原因分析

方位的粗、精搭配不对，会造成方位角度指示有时变化，有时不变化的现象。

（2）解决方法

对11-8进行粗、精搭配，将S_1拨码开关第一位拨至“ON”状态，检查方位粗读数减精读数是否在10~20，若不在此范围内，则需通过S_2拨码开关的前4位重新搭配。

2. 上下或左右摇动天线时，影响四条亮线

（1）原因分析

上下或左右摇动天线时，影响四条亮线，是由同步机激磁绕组打火造成。同步机打火是由于激磁绕组接触不良所致，打火会产生丰富的高频成分而被雷达接收机接收，从而干扰正常信号，并影响四条亮线。用示波器探头分别检查11-7板精、粗模块S_1，S_2，S_3的波形，示波器上正弦波形的幅度应随着天线的转动而变化，如果发现精模块上的波形或者粗模块的波形有毛刺，即可断定同步机打火。

（2）解决方法

更换或修理打火同步机。

3. 俯仰角度显示不对，不能从0～90变化

（1）原因分析

从此故障现象可以推断出是仰角轴角变换分系统有问题，包括11-7和俯仰同步轮系，首先更换11-7备份板，如故障依旧，可判断为同步机出了问题，将11-7板用转接板升起来，把S_1开关的第一位拨至“ON”状态（搭配状态），慢慢转动天线，观察粗读数和精读数是否均匀地变化，如果粗读数不变，说明是粗同步机不好；精读数不变，就是精同步机不好。

图3–25 同步机

（2）解决方法

拆下和差箱，打开俯仰同步轮系舱盖，拆下故障同步机，更换或者修理。此故障多为同步机激磁绕组不通。修理时，拆开同步机有机玻璃盖板，用镊子对激磁绕组簧片进行整形，使其充分接触激磁绕组轴（注：面对同步轮系舱，左边的是粗同步机，右边的是精同步机）。

4. 放球时，仰角角度乱跳

（1）原因分析

模块（SDC）和粗同步机不好，都会出现角度乱跳现象。将11-7板S_1开关第一位拨至“ON”状态，缓慢转动天线，观察粗读数是否有规律变化，如果读数不变化或者无规律变化，说明粗同步机不好。

（2）解决方法

更换故障模块和故障粗同步机。

5. 天线动，角度不动

（1）原因分析

天线动，角度不动，一般来说只有两种可能，不是轴角转换板（11-7板或11-8板）故障，就是精同步机激磁绕组不通。还有一种可能就是同步轮系轴断裂，但这种情况相对较少。轴角转换板出现故障（主要是单片机系统）将无法对采样来的模数转换信号进行处理，故而角度不会变化。用示波器探头测试11-7或者11-8板的粗、精模块S_1，S_2，S_3的端子，示波器上显示的正弦波幅度应随着天线的转动不断变化。如果粗、精模块上的波形不变化，那就要检查一下同步轮系的轴是否断裂，如果同步轮系轴断裂，可使天线转动带动不了同步机旋转，故而产生不了变化的模拟信号给模块SDC，所以角度也不会变化。

（2）解决方法

更换故障轴角转换板（11-7板或11-8板）；更换或修理故障精同步机；更换同步轮系。

（六）如何检查同步机好坏

检查同步机，分别将粗、精同步机的激磁绕组拆下一根导线，用万用表×100 Ω档分别测量粗、精同步机的Z1，Z2端，正常情况下，应有1.2 kΩ左右的阻值，并且在转动天线时，应阻值不变。如果开路，或时有阻值时开路，就说明该同步机激磁绕组不通或接触不良。

八、整机

雷达整机框图如图3-26。

1. 示波器显示一个亮点

（1）原因分析

排除11-6板的问题，那就只能是11-2板阶梯波产生电路出了问题。四路程序方波经1D1：74LS08与门分压后送至1N1：LM741和1N2：AD811放大，送往示波器*X*轴，此信号就是阶梯波信号。当

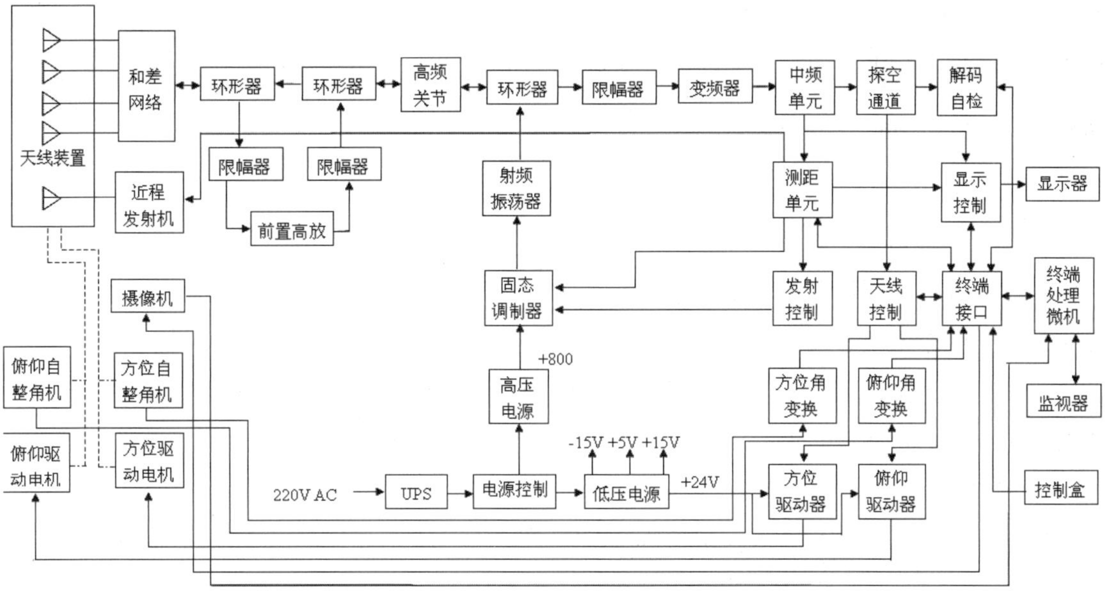

图3-26　雷达整机框图

1D1：74LS08损坏，即产生不了阶梯波，故而只显示一个亮点。

（2）解决方法

更换11-2板上故障1D1：74LS08。

2. 示波器无测距扫描基线显示

（1）原因分析

排除11-3板的问题，故障就集中在了11-2板显示单元部分。11-3板产生的精扫触发脉冲和粗扫触发脉冲送至11-2板显示单元，产生精方波和粗方波，再形成精锯齿波和粗锯齿波，送至示波器X轴产生精扫描基线（2 km）和粗扫描基线（32 km），当精粗方波产生电路和锯齿波电路出现故障，将不能形成精、粗扫描基线，故示波器无测距扫描基线显示。

（2）解决方法

更换故障11-2板或通过电路图来检查具体故障部位，更换相应故障器件。

3. 开驱动箱电源，干扰摄像画面

（1）原因分析

L波段雷达使用的是交流驱动电机，会产生很强的干扰信号，由于地线隔离不好，干扰信号通过地线送到很多不该到的地方，譬如摄像头视频信号线上，尤其在视频信号线的屏蔽地线没有接好的情况下，更容易受到干扰，产生严重的网纹，大大影响画面质量。通过检查摄像头视频传输线的地线有无接好，寻找故障点，主要部位有低频旋转关节（汇流环）第一脚和刷架刷头之间是否接触良好等。某台站因为室内搬家，主控箱连接电缆重新接过，接电缆时将主控箱XS10插座第一脚插针插弯，导致其没有和电缆头第一脚相连，此为摄像头视频信号线的地线，造成地线不通，从而导致摄像画面受到驱动电机干扰。

（2）解决方法

排除接触不良的相应接插件，故障现象可消失。

（四）摄像头无画面（蓝屏）

（1）原因分析

有三种可能：

①视频信号采集卡损坏或其驱动程序丢失；

②视频信号传输电缆芯线开路；

③12 V没有加至摄像头上，这种可能只会是WT9电缆中+12 V电源芯线断裂所致，不仅摄像头上没有电源，连前置高放都不能工作，从而造成放球信号很弱。

（2）解决方法

①更换故障视频信号采集卡，重新安装驱动程序；

②用万用表检查视频信号传输电缆连接情况并修复；

③用万用表检查WT9电缆芯线，确定开路，否则更换WT9电缆。

5. 摄像头图像不清晰

（1）原因分析

此现象为摄像头调整不当所致，多为运输后摄像头镜头和CCD连接紧固螺钉松动而造成镜头和CCD之间位置变动。

（2）解决方法

选择干燥环境，将摄像装置卸下，拧下紧固螺钉，刮开703胶，从尾部拔出摄像头，松开内部紧固螺钉，将摄像头对准某一景物，把亮度调节至最亮，调节镜头和CCD之间的距离，使其达到最清晰，再调节聚焦使其两端模糊程度一致。也就是说，最清晰时在聚焦调节的中间位置，将摄像头镜头和CCD连接螺钉紧固，再紧固其余螺钉，用胶带裹紧，插入镜筒中，拧紧螺钉，并将缝隙用703胶封住即可。

6. 低仰角经常丢球

（1）原因分析

有两种情况，一为球的落点方向有通信转发台产生的干扰影响；二为雷达天线架得太高，接收到的地物很强，尤其在低仰角，地物显示很宽，主抑波门如果调得很窄，就会影响自动增益控制电路和自动频率控制电路，从而影响角跟踪造成丢球。

（2）解决方法

第一种情况，只要频率设置在手动状态，一般来说不会丢球；第二种情况，将中频通道盒打开，用示波器测量D1：74LS221第12脚，雷达出厂时，其主抑波门宽度设置在200 μs，根据台站情况，应有所改变，如地物很强的地方，可调节RP3电位器，将主抑波门适当加宽至300 μs或400 μs即可。

7. 5 V电源故障

（1）可能造成的现象

①四条亮线与测距显示状态，在无人干扰情况下来回切换；

②测角、测距转换后，测距归零；

③高压电流和频率指示不断波动；

④雷达—计算机之间不通信，进入“放球软件”后，雷达不工作；

⑤开机后天控失控，方位、仰角乱转，角度显示不动。

（2）解决方法

调整5 V电源输出电压，在单板上测量，其电压应大于5 V（5 ~ 5.1 V），在开关电源输出处应小于5.5 V，否则应检查大底板电源插头是否接触不良，如电压调不到5 V，可能开关电源负载能力差，应更换5 V开关电源。直流输出电源如图3-27。

还有一个故障现象，就是用万用表检查电压正常，但以上故障现象时有存在，可用示波器检查电源纹波，如纹波太大，则应对开关电源进行修理或更换开关电源。

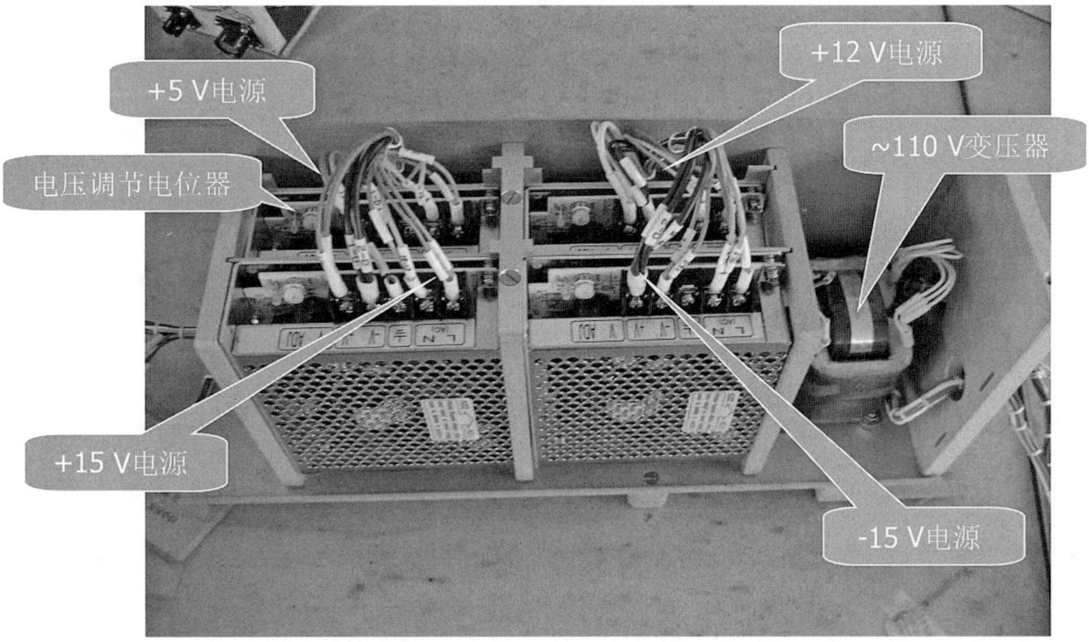

图3-27　直流输出（+5 V、+12 V、+15 V、−15 V）电源

第二节 探空L波段雷达标定

一、雷达标定

（一）水准器的安装及对天线水平的检查与校正

主轴上的水准器是用来调整主轴与水平面垂直用的。调整时由两人进行，一人在工作台前，将雷达通电，控制天线转动；另一人在天线装置处，两人互相用耳机通信。先转动方位角，使主轴上某一个水准器正好停在和某两个千斤顶连线相平行的位置上。调整其中一个千斤顶，使水准器的气泡正好处于横线中央，调整第三个千斤顶，使另一个水准器的气泡也正好处于横线中央。然后将方位角旋转180°，若气泡仍在中央，就说明水准器安装正确，若气泡不在中央而有一差值，则说明水准器不在正确位置，需要进行校正。这时可用调水准器的专用工具调整水准器两端螺母，使气泡向中央移动差值的一半，再用千斤顶修正差值的一半，然后按上述方法重新检查、校正，直至差值为零。两个水准器最好分别进行校正，校好后将水准器两端的螺母固紧。

（二）仰角零度的标定

完成上述校正后，在天线侧面数十米处，架一经纬仪并调好水平。接通雷达电源，转动天线仰角，这时转动经纬仪的仰角，观察天线桁架边缘线是否垂直。如基本垂直，说明天线仰角处于水平位置，如不垂直，则应根据经纬仪的观察，微微转动天线仰角使其垂直，将俯仰角测量板的标定孔对地短路即可。

（三）方位角零度的标定

方位角零度是在天线水平调整完后，瞄准镜安装正确（即光轴与机械轴一致）的情况下进行的，标定方法有下面两种。

①距雷达数十米外的一高处，架一经纬仪（高度比瞄准镜高），用磁针标定好方位（注意标定时应当将当地的磁偏角计算在内）。转动雷达天线和经纬仪，使两者相互瞄准，然后读取经纬仪的方位角α_0，雷达方位角为α_1，摇动天线使雷达方位角在α_1的基础上增加（180-α_0），保持仰角为零度。将方位轴角板上的标定孔对外短路，方位读数为零。

②在天气晴朗的夜间，利用雷达瞄准镜对准北极星来标定零点（由于北极星的位置在一夜之间也有所变化，要使标定更加精确，可以向气象部门查对天文年历进行校正，也可以每隔一定时间（如2 h）瞄准北极星测一次方位角，共测3～4次，最终取观测记录的平均值来标定。

注意：

本机使用的水准器精度较高，检查校正时不要用手摸、呵气，并避免太阳辐射。

标定方位角、仰角后，最好在不同的方向上找几个不同的近距离固定目标，用瞄准镜记下它们的方位角、仰角读数，以备参考。

在距离零点定好后，最好找几个比较孤立的地物回波，记下它们的仰角、方位角和距离，以备参考。

（四）粗、精搭配

将方位测角板或俯仰测角板的4位拨码开关（S_1）拨到“ON”位置，则终端显示屏上方位角指示为××.××，前面两位代表粗读数，后两位代表精读数，在天线整个范围转动时，拨动拨码开关（S_2）使两个读数差值小于20，这样精、粗搭配就调整好了。

（五）距离零点的标定

GFE（L）1雷达的测距采用了自动跟踪回答信号的数字测距法，其标定可以采用已知距离法。将探空仪放在距离雷达100～200 m的地方，用其他方法精确测出探空仪与雷达天线之间的直线距离。由于探空仪之间回答延时有一定的差异，用不同的探空仪来标定，则会出现较大的误差，因此，应选2～3只探空仪，取其平均值。具体标定方法如下。

（1）近程发射机

把探空仪放于离雷达一定的距离（如200 m）处，用鼠标点击控制画面上距离手/自动按钮，置于“手动”状态，再点击距离“前进”或“后退”按钮，使距离显示值在200 m左右处，这时应能看到距离显示屏上回波的位置，拨动测距板上的拨码开关（S_1），使回波回到显示2 km扫描线上的两个暗点之间，再把距离置“自动”状态，观察控制画面上距离显示值，是否在200 m左右跳动，反复上述过程，达到标定的目的。

（2）发射机

步骤同上，探空仪距雷达的距离要在450 m以上，拨码开关为（S_2）。

二、光轴、机械轴与电轴一致性的检查和校正

所谓光轴是指瞄准镜在正常工作位置时，其物镜中“十”字线交点所对方向的射线。所谓机械轴是指天线中心（方位轴、仰角轴的交点）向天线所指方向的射线。所谓电轴是指波瓣交点所指方向的射线。

光轴、机械轴和电轴的一致性，在雷达出厂时就已经调好。但由于长途运输或长期使用，会造成瞄准镜的调整螺钉松动等现象，从而引起光轴和机械轴不平行，或由于天线拆装、电缆线长度的变化等因素而使电轴和机械轴不重合。因此，在经过长途运输或使用2～3个月后应检查、校正一次，校正分两步进行。

（一）光轴、机械轴一致的检查和校正

（1）检查光轴与仰角轴垂直

将瞄准镜从正常的工作位置上取下，逆时针转90°，将目镜从左向右插入（注意：在装卸瞄准镜

时，只能拧动翼形螺母）。把天线仰角摇至0°，转动方位角，寻找并使瞄准镜对好一远距离（2 km以外）目标，记下目标坐标（x_0、y_0）。然后保持方位角不动，将仰角由0°转到90°，观察同一目标，记下坐标（x_{90}、y_{90}）。若原来光轴与仰角轴垂直，则瞄准镜转过90°后，光轴与仰角轴平行，对2 km以外的目标，（x_0、y_0）与（x_{90}、y_{90}）应很靠近，几乎是同一个点。若原来光轴与仰角轴不垂直，则目标的轨迹是一个90°的圆弧，根据（x_0、y_0）、（x_{90}、y_{90}）两个点可以确定此圆弧的圆心坐标。如果（x_0、y_0）、（x_{90}、y_{90}）两点间的距离小于0.1°（1.67密位），则不一定要调整；若大于0.1°，就需要调整。调整时，将天线转至0°，用扳手调节瞄准镜架三角板上的三个螺钉，使目标坐标移到圆心的坐标（x、y）〔x、y计算公式为：$x=(x_0+x_{90})/2+(y_0-y_{90})/2$，$y=(y_0+y_{90})/2+(x_0-x_{90})/2$〕。每调一次，检查一次，直到合格。

如果雷达站周围找不到2 km外的目标，则可人工制作一设备（如图3-28）。调整时，此设备置于天线左侧数10米处，L（900 mm）的指向与天线的指向平行，H约与瞄准镜等高。天线在0°时，观察左标牌圆心；90°时，观察右标牌圆心，计算与调整同前述方法。

（2）检查光轴与电轴的一致（如图3-28）

选择一个天气晴朗，能见度较好的白天，在放球约10 min后，分别用雷达和瞄准镜同时观察回答器，检查至少要三个人同时配合，室内的观测员负责观察示波器的四条亮线，在四条亮线两两对齐（上下对齐，左右对齐）的瞬间，通知室外瞄准镜观测员，立即确定回答器在瞄准镜中的位置，并记下回答器偏离“十”字线中心的数值，经过多次观察（10次以上），如果回答器在瞄准镜内的位置与“十”字线中心的偏离小于0.1°，则认为合格，即光轴与电轴一致，若偏离大于0.1°，就需进行调整。

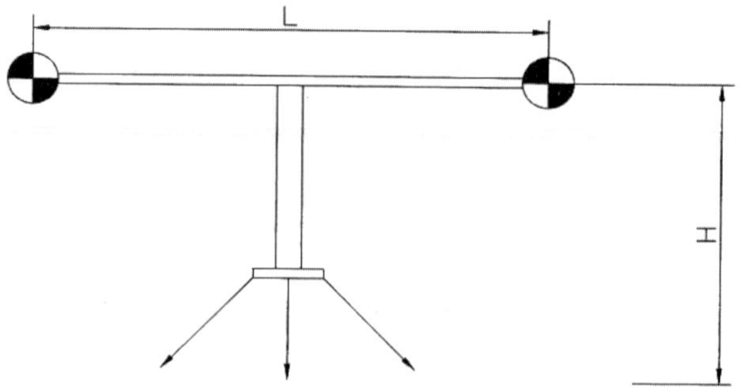

图3-28　光轴与电轴一致性检查

调整的手段就是调整移相器的长短，使电轴与光轴一致，调整时，先将天线装置中的和差箱打开。其调整方法是：自动跟踪时，若目标偏上，上调相器缩短，下调相器加长，偏下反之；目标偏左时，左调相器缩短，右调相器加长，偏右反之。

第四章

自动气象站蒸发量传感器现场校准指南

本章主编◎杨卫洁

第一节

自动气象站蒸发量传感器现场校准方法

一、范围

本方法适用于利用超声波测距原理测量蒸发器内水面高度变化的超声波蒸发传感器（电压输出型）的首次检定、后续检定及修理后的检定。

二、规范性引用文件

JJF1017——2000 《国家计量校准规范编写规则》

JJF1001——1998 《通用计量术语及定义》

QX/T1——2000 《Ⅱ型自动气象站》

《自动气象站现场校准方法》（中国气象局监测网络司）

三、术语和定义

（一）术语和定义

1. 蒸发 evaporation

蒸发是指液态或固态物质转变为气态的过程，在气象学上主要是指液态水转变成水汽。

2. 蒸发量evaporation amount

蒸发量是指在一定时段内水由液态变为气态的量。

3. 测量仪器的准确度

测量仪器的准确度是指测量仪器给出接近于真值的响应能力。

注：准确度是一个定性概念，只能用等或级来表示。

4.准确度等级

准确度等级是指符合一定的计量要求，使误差保持在规定极限以内的测量仪器的等别、级别。

注：准确度等级通常按约定注以数字或符号，并称为等级指标。

5.测量仪器的误差

测量仪器的误差是指测量仪器的示值与对应输入量的真值之差。

注：① 由于真值不能确定，实际上用的是约定真值；

②此概念主要用于与参考标准相比较的仪器；

③就实物量具而言，示值就是赋予它的值。

四、计量单位

蒸发传感器的计量检定用“mm”作为计量单位。

五、计量特性

（一）蒸发传感器概述

蒸发传感器由超声波发生器和不锈钢圆筒组成。根据超声波测距原理，选用高精度超声波探头，对蒸发器内水面高度的变化进行连续检测（水面高度的变化量为：$H=C_w \cdot t/2$，试中：H为水面高度；C_w为水中声速；t为超声波脉冲往返于水面高度经历的时间）。水面高度的变化量通过数据采集器自动计算出每小时和一日（当日20：00至次日20：00）的累计蒸发量。

（二）计量性能要求

测量范围：0 ~ 100 mm

分辨力：0.1 mm

最大允差：±1.5% FS；　环境温度：　0 ~ 50 ℃

输出电压：0 ~ 5 V；最大电流5 mA

输出电压：0 ~ 10 V；最大电流10 mA

输出电流：　4 ~ 20 mA；最大负载电阻500 Ω

六、计量标准器具

（一）标准器功能要求

测量范围：0 ~ 100 mm；

最大允差：0.04 mm。

（二）校准工作环境条件

气温4 ~ 35 ℃；湿度≤90%RH；风速≤6 m/s。

七、AG型蒸发量传感器的现场校准方法

在AG型蒸发量传感器现场处于正常安装状态下，对其进行测量准确度的校准。

（一）外观检查

按照通用技术要求进行外观检查。首先目测传感器是否受到过剧烈震动、碰撞、腐蚀等损坏现象；再检查传感器的信号电缆和接头处是否清洁，有无松动现象发生。一旦传感器发生故障，应进行维修后才能进行检定。

（二）示值误差校准

按照校准方法对AG型蒸发传感器进行示值误差校准，校准项目见表4-1。

表4-1　AG型蒸发传感器示值误差校准项目

校准项目	首次校准	后续校准	使用中校准
外观检查	+	+	+
示值误差校准	+	+	+

注：“+”表示必须校准的项目

（三）校准方法

1. 校准前准备

量取蒸发水位，然后舀出水至传感器零刻度线以下。

2. 校准点的选择

蒸发传感器的校准点为：0 mm、20 mm、40 mm、60 mm、80 mm和90 mm。

3. 示值误差校准

校准前，首先将72 mm的模块放入蒸发传感器的圆筒内，从采集器上记录蒸发零位值（电流或电压值），然后用蒸发模块组依此组成10 mm、30 mm、50 mm、80 mm、100 mm的标准高度值放入蒸发筒内，再分别读取蒸发传感器的示值（将蒸发传感器输出的电压、电流信号转换成蒸发量mm值）。《蒸发传感器校准记录表》参见附录A。示值误差校准的操作流程如图4-1。

量取蒸发水位，然后舀水至零刻线以下

依次将模块放入传感器内，然后读取示值并记录，校准完后将水位恢复至初始状态

图4-1　示值误差校准的操作流程

4. 示值误差计算

根据蒸发模块组测出的高度显示值，按下式4-1计算出各校准点的相对误差值Δh。

$$\Delta h = \frac{(h - h_0) - h_s}{h_s} \times 100\%$$

式中：h 为各模块高度示值（mm）；

h_0 为零位值（mm）；

h_s 为标准高度值（mm）。

以各校准点的相对误差均不超过±1.5% FS视为合格，否则视为不合格。

5.校准结果的处理

经校准合格的超声波蒸发传感器发给校准证书。

6. 校准周期

超声波蒸发传感器的校准周期一般为两年。但出现以下情形之一时，须提前进行校准。

①新建站点或重新启用及更换蒸发传感器后。

②自动气象站数据采集器经过维修或更换后。

③当发现蒸发测量值出现异常时。

④大雨过后及每月正常维护时。

蒸发传感器标准记录表如表4–2。

表4–2 蒸发传感器校准记录表

校准证书号： 校准记录流水号： 第 页 共 页

校准环境	项目	校准开始	校准结束	平均
	温度（℃）			
	湿度（%RH）			
	气压（hPa）			
标准模块组	被检蒸发传感器			
名称： 型号/规格： 生产单位： 编号： 准确度等级/最大允差：	名称： 生产单位： 送检单位 准确度等级/最大允差：	型号/规格： 编号：		

续表

校准点 / mm	标准值 / mm	传感器输出值 / mm	相对误差 / %
0			
20			
40			
60			
80			
100			
最大相对误差			
校准依据			
校准结论			

校准人：　　　　复核人：　　　　校准日期：

第五章

ZQZ-CⅡ型自动气象站技术保障指南

本章主编◎王　欣

第一节 概　述

自动气象站是一种能自动进行地面气象观测、存储和发送观测数据，并能根据需要将观测数据转换成气象电报和编制成气象表报的地面气象观测设备。按用途，可分为气候站网用自动气象站、天气站网用自动气象站、中小尺度自动气象站等；按设备规模，一般可分为单要素自动气象站、两要素自动气象站、四要素自动气象站、多要素自动气象站等；按采集器工作条件，可分为室内型自动遥测气象站、室外型自动气象站；按人工干预情况，可分为有人值守自动气象站和无人值守自动气象站。

为确保自动气象站系统稳定运行，并不断提高运行质量，自动气象站的技术保障主要通过以下工作来实现，一是对自动气象站系统运行状态进行连续监控，及时发现问题；二是对设备故障要快速反应、快速诊断、快速排除，最大限度地缩短停机时间，最大限度地避免丢失观测数据；三是及时进行计量校准，确保观测质量；四是保证备件储备充足，供应及时，确保维修需要；五是进行设备质量评比，为管理部门和生产商提供决策信息和反馈信息。

第二节 ZQZ-CⅡ型自动气象站的结构和工作原理

一、系统结构

自动气象站由硬件和业务软件组成。硬件包括传感器、采集器、通信接口、系统电源、计算机等（图5-1）；系统软件有采集软件和地面测报业务软件。

二、主要功能及工作原理

（一）数据采集

自动气象站的数据采集功能就是采集要观测的气象要素值。通常是由传感器将气象要素量（如气温）感应转换成一种电参量信号（如电压、电流等），再由采集器按一定的采集速率（假设1秒钟采集1次）获得代表这个采集时刻气象要素量（如气温）的电信号值（如电压或电流采集值）。

（二）数据处理

自动气象站的数据处理功能，就是将采集到的代表气象要素量（如气温）的电信号值（如电压或电流采集值）经运算处理后转换成要观测的气象要素值（如气温采样值和气温观测值）。这种运算处理一般包括测量、计数、累加、平均、公式运算、线性处理、选极值等。这种运算处理都由采集器完成。

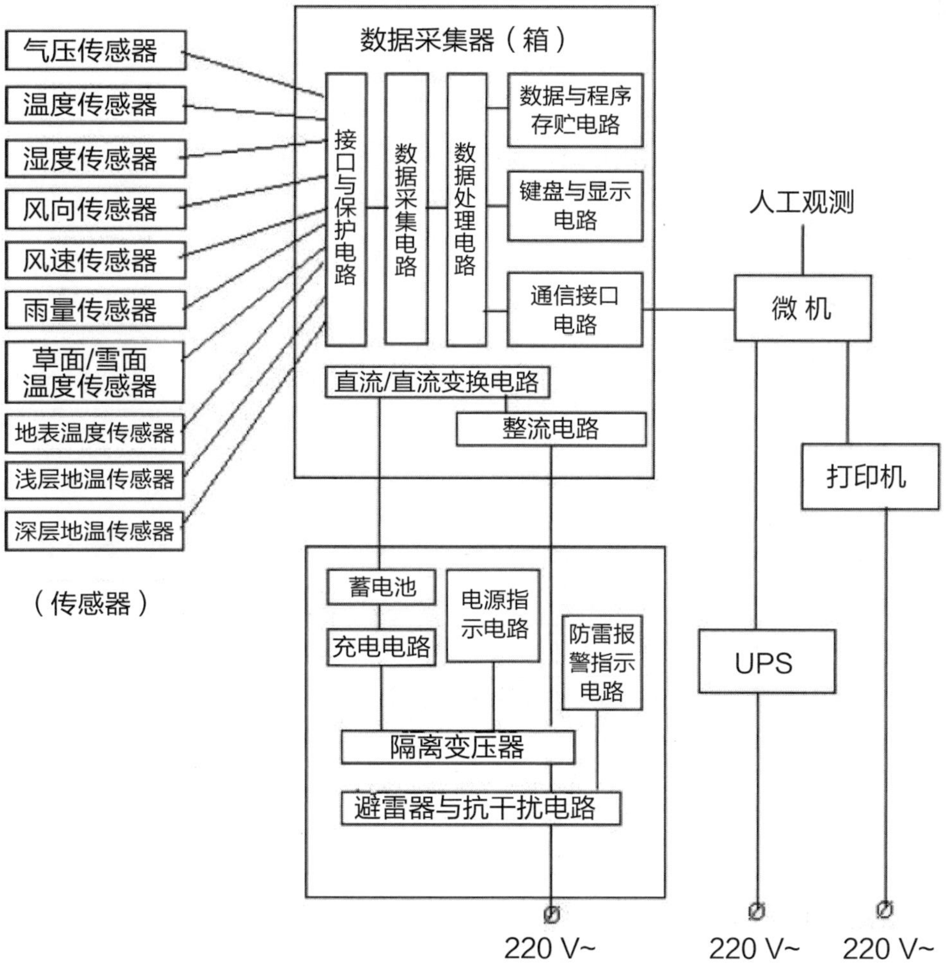

图5-1 自动气象站硬件系统框图

自动气象站将观测数据传输给计算机终端后，通过计算终端的业务软件对观测数据作进一步的业务处理（如数据显示、存储和质量控制、编发气象报告、编制气象报表等）。

（三）数据存储

自动气象站的数据存储功能是将经数据处理获得的各气象要素采样值和气象要素观测值按规定的数据格式存储在存储器内。ZQZ-CⅡ型数据采集器按随机文件的格式存储7天的正点气象观测资料和3天的分钟资料。在市电停电后又恢复供电等情况下，计算机可收集到停电期间的正点气象观测资料。

（四）数据传输

自动气象站的数据传输功能是将各种观测数据按照规定的格式编制成数据文件、报文，通过采集器通信接口将观测数据传送给连接的终端设备，也可经连接的各种通信传输设备传送给指定的用户。

（五）数据质量控制

数据质量控制功能是为保证观测数据质量，采集器所要完成的观测数据差错检测和标示工作一般包括采样值的质量控制和观测值的质量控制。通常是检查数据的合理性和一致性，再根据检查的结果对被检查的数据按规定的条件做出取舍和标示处理。

三、数据采集器

（一）数据采集器概述

1. 数据采集器的组成

数据采集器是自动气象站的核心。采集器从传感器采集数据，然后由内部的微处理器按照规定的算法进行运算处理和质量控制，生成各气象要素的观测值，再以规定的数据格式将这些观测值存储在存储器内，并能按照规定响应传输要求。

数据采集器主要功能单元都安装在主板上，配置有存储电路、通信电路、模数转换（A/D）电路、输入通道多路模拟开关控制电路、通道量程控制电路、通道测量类型控制电路、通道激励源控制电路、主运算放大器、数字量信号输入/输出锁存电路、计数器电路、电源控制电路等。

2. 数据采集通道

传感器的输出信号通过信号输入通道接入数据采集器，根据传感器输出信号的不同，接入相应类型的通道，对于通用的采集器来说，输入通道一般分为三种类型，即模拟通道、数字通道和计数通道。

（1）模拟通道

模拟通道可以用于采集模拟电压、电路、电阻和频率信号。一个模拟通道通常由参考地、激励源输出和差分输入端组成。一个模拟通道可以采集两个单端输入的电压信号和电流信号，一个双端输入的电压信号，以及四线制热电阻的测量等。模拟通道的测量组合十分丰富，可根据实际测量需要变换。对于气象要素传感器而言，温度传感器输出为热电阻信号；湿度传感器输出为电压信号；气压传感器输出信号为电压或频率信号。

（2）数字通道

数字通道可以用于采集开关量数字信号、数字电平信号及输出控制信号。对于气象传感器，只有风向传感器输出信号是数字电平信号，即格雷码信号，一般是6位或7位格雷码。

（3）计数通道

计数通道可以用于采集处理脉冲频率信号的计数，其处理方式包括：计数处理或频率采样，一般一个计数通道对应一个14～16位的二进制计数器，计数器可以对脉冲信号进行计数测量。风速传感器输出的信号是最典型的脉冲信号，另外，雨量传感器输出信号在经过整形之后也是低速的脉冲信号。所以风速和雨量数据采集要各占一个计数通道。

3. 数据采集软件

数据采集软件是在采集器内部运行，用于完成气象观测数据的采集、质量控制、数据处理、数据存储、运行状态检测和观测数据传送。

采集器要以设定的时序和时间间隔对多个传感器测量通道进行数据采集，并对采集到的多个气象要素信息按照规定的算法进行加工处理，形成多个气象要素观测数据，并执行外部发送来的命令进行数据交换。要完成这样的观测过程，通常采集软件将由一个实时多任务操作系统和能完成具体处理任务的软件组成。实时多任务操作系统是按照时钟的节拍调度和管理任务来运行；应用软件则在实时多任务操作系统的调度下执行确定的任务。 通过采集软件的这种运行过程，实现采集器对各个气象要素的数据采集、处理、存储、传输等功能，完成地面气象观测业务。

为了使自动气象站具有升级扩充能力，采集软件应能提供一个比较灵活的软件环境，即对一些系统配置设定的参数不在软件中固定成不可修改，而是设置成可按需要进行修改的设定。另外，在内存设置、数字代码设定等方面也要事先考虑未来扩充的需要，留有一定的余量作为扩充空间。

（二）ZQZ-CⅡ型自动气象站数据采集器的结构

ZQZ-CⅡ型自动气象站数据采集器机箱内部的主要部件，包括主板、电源板、显示板、变压器、气压传感器（图5-2）。主板是数据采集器的核心部件，数据采集、计算、存储、显示、通信等均由主板来控制及实

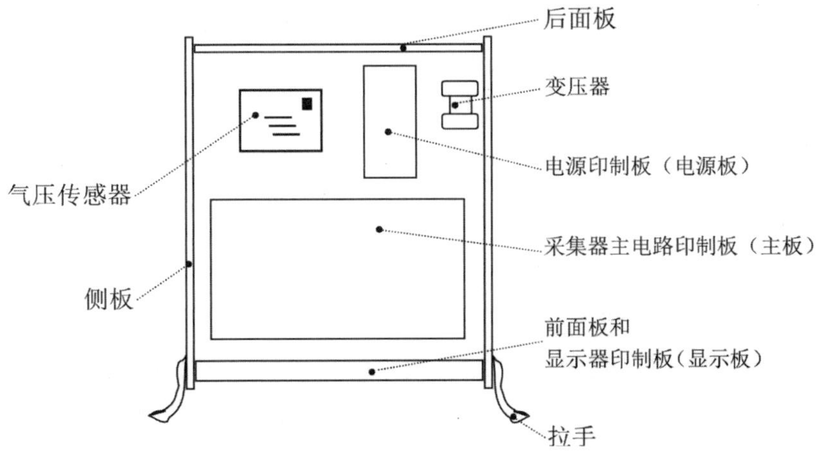

图5-2 ZQZ-CⅡ型自动气象站数据采集器结构图

现。变压器的功能是将220 V交流电变换成14 V交流电，向电源板的交流/直流电路提供输入电源。电源板的功能是实现交流/直流变换和直流/直流变换，输出+5 V、+12 V、−12 V三组直流电源给采集器和传感器使用。

ZQZ-CⅡ型自动气象站数据采集器机箱的前面板（显示板）上装有键盘、显示接口器件，使前面板具有按键和显示操作功能，前面板上有LED数码管显示器、运行指示灯及多个数据查询键和功能键（图5-3）。

数据采集器后面板主要布置有交流电源插座、直流电源插座、保险丝座、电源开关、风向风速传感器电缆插座、温湿度传感器电缆插座、地表温（草温）传感器电缆插座、浅层地温电缆插座、深层地温电缆插座、雨量传感器电缆插座、本地终端接口、备用通信口、0—1开关等（图5-4）。

图5−3　ZQZ−CⅡ型自动气象站数据采集器前面板示意图

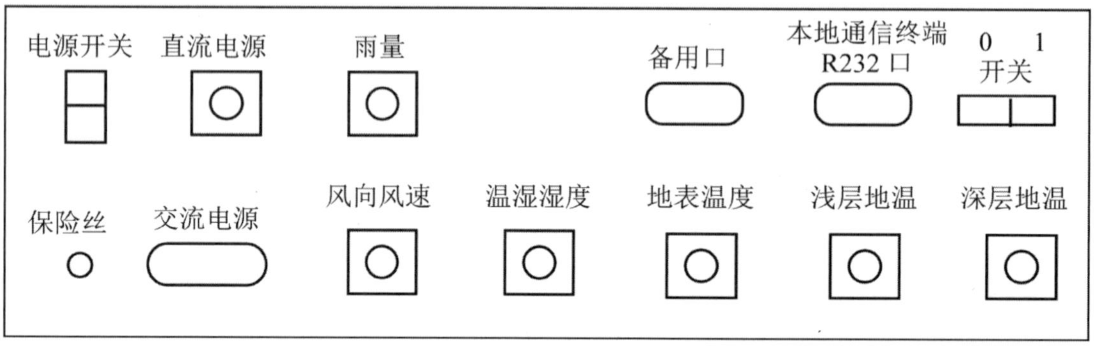

图5−4　ZQZ−CⅡ型自动气象站数据采集器后面板示意图

四、传感器

（一）传感器概述

1. 传感器的组成

传感器是指能感受规定的被测量并按照一定的规律转换成可用输出信号的器件或装置（图5-5）。

由于电信号便于测量、传输、变换、存储和处理，因此气象传感器一般为电信号输出。输出的

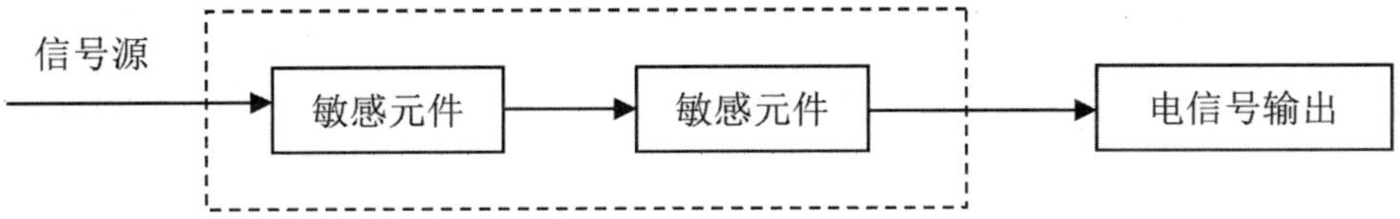

图5-5　传感器的组成

电信号通常有电压、电阻、电容、电流、频率等。

气象传感器是直接从信号源（大气中）获得信息的前沿装置，传感器是否准确、可靠，是影响自动气象站观测结果的关键。

传感器一般由敏感元件、变换元件组成。变换元件也称为变换器，有时也将变换器作为传感器的一部分。

敏感元件是指能直接感受（响应）被测量并输出与被测量成确定关系的电的或非电的信号元件。

变换器是指能接受敏感元件输出的信号并将其转换成标准电信号输出的元件。

并非所有传感器都包括敏感元件和变换器两部分，例如热敏电阻将被测量温度直接转换成电阻输出，因此热敏电阻同时兼有变换器的功能。

传统的传感器、变换器是单独的一部分，而新型固态电路传感器常将变换器与敏感元件集成在一块半导体芯片上。

2. 自动气象站常用传感器信号变换原理

光／电、电／磁：风速、风向、雨量。

机／电：气压。

电容：湿度、感雨、气压、雨量。

电阻：温度。

热电偶：辐射。

超声波：风、蒸发等。

光学测量：能见度仪、云高等。

3. 传感器的种类

传感器可分为模拟传感器、数字传感器和智能传感器三种类型。

①模拟传感器：是将感应到的气象要素值转换成电阻、电容、电压等模拟信号输出的传感器。

②数字传感器：是将感应的被测气象要素值转换成脉冲或频率等串行计数信号或并行数字电码信号输出的传感器。

③智能传感器：是一种带有微处理器的传感器，具有一定的采集和处理功能，能直接输出被测要素的采样值或观测值。

4. 传感器的特性

（1）线性度

理想情况下，输出与输入应该为直线关系，线性的特征便于显示、记录和数据处理。但通常传感器的输出与输入关系并非直线，一般可以用多项式方程确定：

$y=a_0+a_1x_1+a_2x_2+\cdots+a_nx_n$

式中，a_0为零位输出；a_1为传感器的灵敏度；$a_2\cdots a_n$为非线性特定系数。

实际应用中，若非线性项方次不高或非线性项的系数很小，且输入量程不大时，常用一条称为拟合直线的割线或切线来代替实际的特性曲线。但更多的是使用变换器使之线性化，或用计算机直接计算。

（2）灵敏度

传感器在稳态工作时，输出量变化值Δy与相应的输入量变化值Δx之比，称为传感器的灵敏度K。

$K=\Delta x/\Delta y$

（3）响应时间

通常传感器用来测量某一被测参数时，都不能立即响应参数的真实情况，它总是逐渐接近被测参数的真实情况，这种滞后现象被称为传感器的滞后性或惯性。

（4）分辨率

传感器测量时能给出被测量量值的最小间隔。

（5）量程

传感器测量时能给出被测量值的最大范围。

（6）漂移

传感器特性发生变化称为漂移，一般分为时漂和温漂两种。时漂是指当输入量不变时，传感器输出量在规定的时间内发生的变化；温漂是外界环境温度变化引起传感器输出量的变化。温漂又分零点漂移与特性（例如灵敏度）漂移。

（二）气压传感器

ZQZ-CⅡ型自动气象站采用的气压传感器为芬兰VAISALA公司PTB220型全补偿式数字气压传感器（图5-6）。

图5-6 PTB220气压传感器

1. 结构原理

PTB220是完全补偿的数字气压表，具有较宽的工作温度和气压测量范围。感应元件采用VISALA研制的硅电容压力传感器BAROCAP。BAROCAP具有很好的滞后性、重复性、温度特性和长期稳定性。

PTB220的工作原理是基于一个先进的RC震荡电路和三个参考电容，电容压力传感器和电容温度传感器连续测量，微处理器进行压力线性补偿和温度补偿获得精确的气压值。在全量程范围内有7个温度点，每个温度点有6个全量程压力调整点。所有调整参数均存储在EEPROPN内，用户无法改变出厂设置。

PTB220有四种输出方式：软件可设的RS232串行输出；TTL电平输出；模拟（电压、电流）输出、脉冲输出。

ZQZ-CⅡ型自动气象站气压传感器与采集器之间通过RS232串口连接，管脚定义为：2脚接收数据，3脚发送数据，5脚为地，7脚为电源负，9脚为电源正。

2. 技术规格

测量范围：500 h ~ 1 100 hPa

分辨率：0.1 hPa

准确度：±0.25 hPa

工作温度：-40 ℃ ~ +60 ℃

供电电压：10 ~ 30 V DC，反接保护

3. 电路原理

气压传感器内有微处理器，属智能传感器，通过RS-232串行通信口将气压测量数据传送给采集器。气压信号输入和变换电路如图5-7所示。

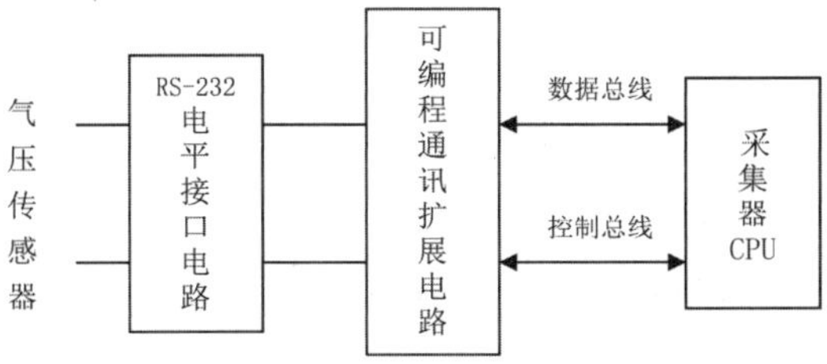

图5-7　气压信号输入和变换电路方框图

ZQZ-CⅡ型自动气象站采集器扩展了一片通信接口芯片，它是一种通用的同步/异步接收/发送器，其工作方式可通过编程设定，内部有并行数据变为串行数据和串行数据变为并行数据功能。它一方面将气压传感器通过串行口送来的经电平变换后的串行数据变为并行数据送给CPU；另一方面又将CPU发给气压传感器并行命令数据变为串行数据通过电平转换后发给气压传感器。

（三）气温和湿度传感器

气温和湿度传感器对气温的测量一般用铂电阻传感器，对湿度的测量一般用湿敏电容传感器。

ZQZ-CⅡ型自动气象站采用的测量气温和相对湿度的传感器为芬兰Vaisala公司HMP45D温湿度传感器，其温度和湿度感应元件装在传感器头部带有滤膜的保护罩内（图5-8）。HMP45D温湿度传感器可同时测量空气温度和相对湿度，测湿元件是聚合物薄膜电容传感器HUMICAP180，测温元件是铂电阻传感器（Pt100和Pt1000）；湿度输出为0 ~ 1 V直流电压，温度输出为无源输出（电阻Pt100）。

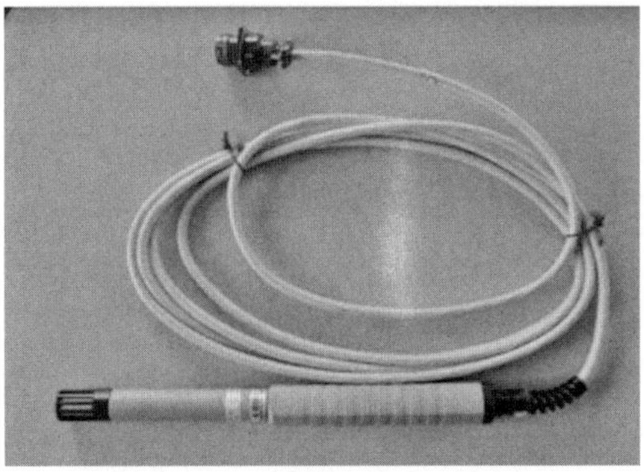

图5-8　HMP45D温湿度传感器

1. 铂电阻温度传感器

（1）结构原理

铂电阻温度传感器是根据铂电阻的电阻值会随温度发生变化的原理来测定温度。铂电阻丝烧制在细小的石英棒或磁板上，外面有金属保护管。其采用四线制测温原理如图5-9所示：由恒流源提供的恒定电流I_0流经铂电

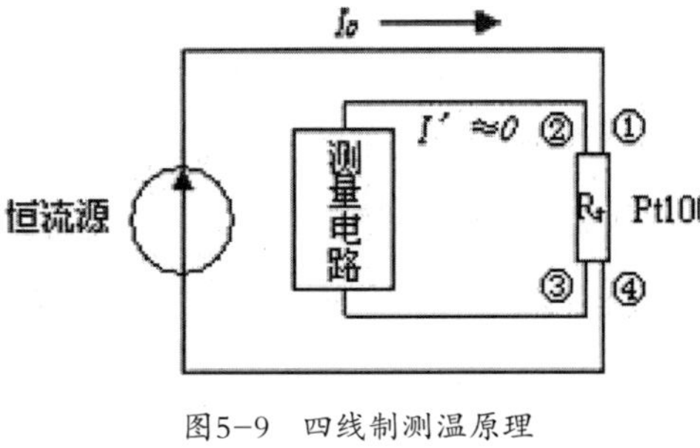

图5-9　四线制测温原理

阻R_t，②、③为电压引线，电压（$I_0 \times R_t$）通过②、③引线传送给测量电路，只要测量电路的输入阻抗足够大，流经②、③引线的电流将非常小，引线的电阻影响可忽略不计。所以，在自动气象站中，温度电缆的长短与阻值大小对测量值的影响可忽略不计。

铂电阻在0 ℃时的电阻值R_0为100 Ω，以0 ℃作为基点温度，在温度t时的电阻值R_t为：

$R_t=R_0(1+at+bt^2)$

式中，a、b为系数。经标定，可以求出其值。

（2）技术规格（HMP45D温湿度传感器）

测量范围：−50 ℃～+60 ℃

输出：标准四线制测温铂电阻

灵敏度：0.385 Ω/℃

准确度：优于+0.08 ℃（0 ℃时）

元件类型：Pt100

2. 湿敏电容湿度传感器

（1）结构原理

湿敏电容湿度传感器是用有机高分子膜作介质的一种小型电容器。整个感应器由两个小电容器串联组成，基板是玻璃，其上电极是一层多孔金膜，能透过水汽，下电极为一对刀状或梳状电极，引线由下电极引出（图5-10）。

湿度传感器置于空气中，当空气中的水汽透过上电极进入介电层，介电层吸收水汽后，介电系数发生变化，导致电容器电容量发生变化，电容量的变化正比于相对湿度。

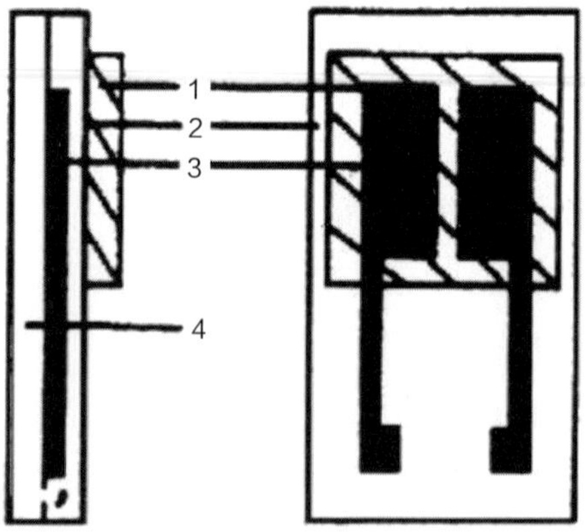

1.上电极；2.高分子膜；3.下电极；4.基板

图5-10　湿敏电容湿度传感器

（2）技术规格（HMP45D温湿度传感器）

测量范围 0.8%～100% RH

输出信号 0～100% RH 对应0～1 V DC

准确度　±2% RH（＜90% RH），±3 % RH（≥90% RH）

温度依赖性 ±0.05% RH/℃

+20 ℃时响应时间（90%）带薄膜滤器15 s

工作温度范围 −40～+60 ℃

供电电压 7～35 V DC

（3）电路原理

湿度信号（0～1 V电压信号）经抗干扰和滤波电路后通过模拟开关切换至A/D转换电路，直接进行A/D转换，它与温度传感器共用一个A/D转换器。湿度信号输入和转换电路如图5-11。

图4-10 湿敏电容湿度传感器

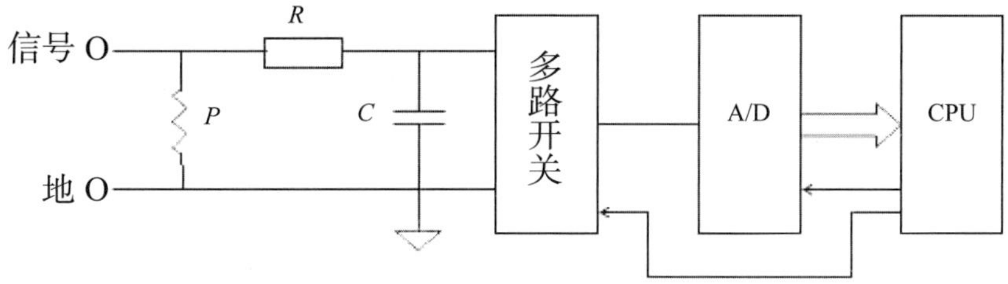

图5-11 湿度信号输入和变换电路方框图

（四）风传感器

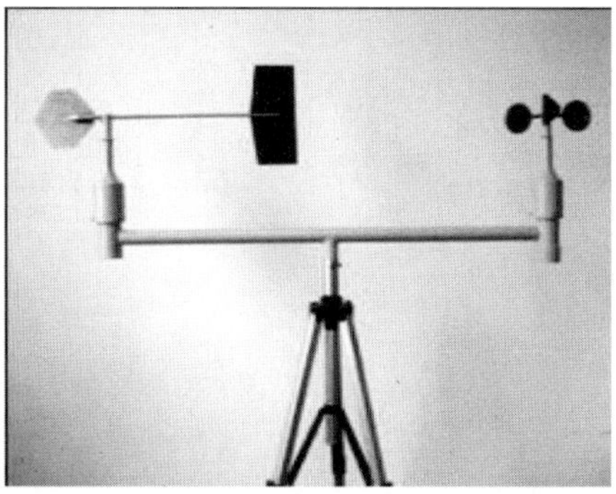

图5-12 ZQZ-TF型风向风速传感器

ZQZ-CⅡ型自动气象站采用的风向、风速传感器为长春气象研究所EC9-1型和江苏无线电科学研究所有限公司ZQZ-TF型，由风向传感器、风速传感器及传感器支架三部分组成，（图5-12）。风向、风速传感器用于测量距地10 m处的地面风的速度及方向值，并转换为电信号，此信号可以直接传送到显示仪器或记录设备进行处理。

1. 风向传感器（ZQZ-TF型）

（1）结构原理

ZQZ-TF型风向传感器由江苏省无线电科学研究所生产。ZQZ-TF型风向传感器的感应元件为风向标组件，角度变换采用7位码盘及D/A转换电路。当风向标组件随风向旋转时，会带动转轴下端的风向码盘一同旋转，此码盘按7位格雷码进行光电扫描输出数字编码信号，该信号再经D/A转换电路转换，最终输出连续变化的电压信号。

（2）技术规格

测量范围：0～360°

分辨率：取决于数据采集器

起动风速：≤0.5 m/s

准确度：±5°

输出信号：DC 0～2.5 V

工作电压：DC 5 V（DC 12 V可选）

阻尼比：≥0.4

（3）电路原理

风向传感器输出的信号是7位并行格雷码。风向信号输入和变换电路如图5-13，原理如图5-14。

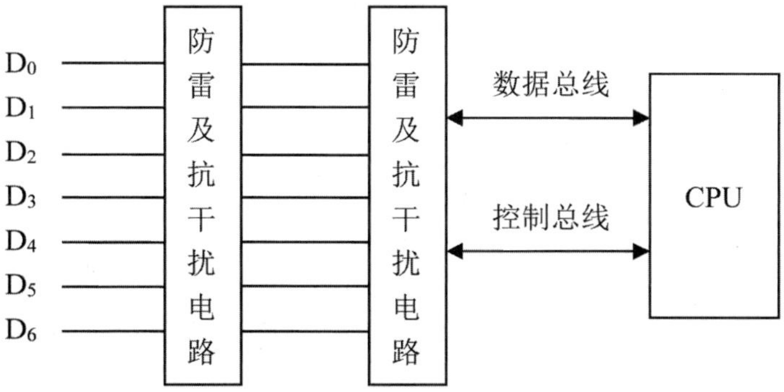

图5-13 风向信号输入和变换电路方框图

该电路主要由两块TTL集成电路74LS257组成，74LS257为数据选择电路，每块74LS257有4个2选1数据选择

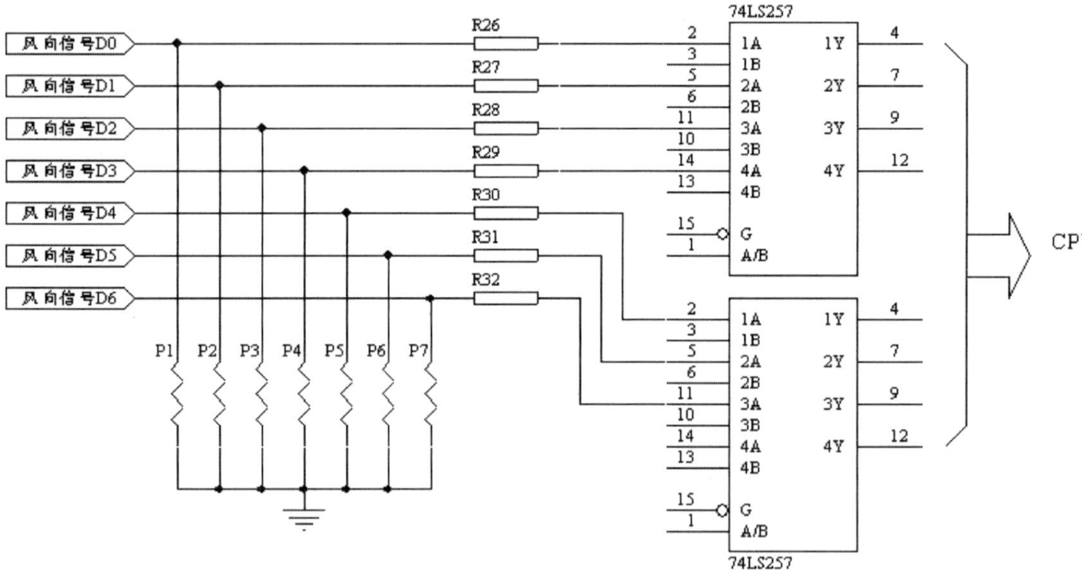

图5-14　风向信号输入和变换电路原理图

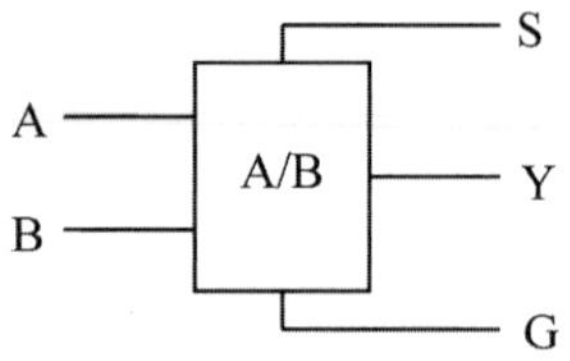

G	S(A/B)	A	B
0	0	Y	X
0	1	X	Y
1	X	X	X

a.单个数据选择器　　　　b.功能逻辑图

图5-15　74LS257功能图

器，并且是三态输出。通过输出控制线（G）和选择线（S）来控制其工作状态（图5-15）。

线路中将每个数据选择电路的A接到风向传感器的输出端，Y接到CPU相应的数据总线上（高低位相对应），两块74LS257共有8个数据选择电路，用其中7个选择电路。G和S控制线接到CPU的I/O控制线上。当CPU要读风向值时，只要使G和S控制线分别为0（低电平），读出CPU数据总线上的值，即是风向传感器输出的格雷码数据。不读风向值时，G为高电平，数据选择器处于高阻悬空状态。只要CPU控制线G=0（低电平），S=1（高电平）即可读到B口的内容。

2. 风速传感器（ZQZ-TF型）

（1）结构原理

ZQZ-TF型风速传感器由江苏省无线电科学研究所生产。它由三个压塑成型的碳纤维增强塑料风杯、磁性圆圈和霍尔开关元件组成。风速传感器的感应元件为三杯式风杯组件，信号变换电路为霍尔开关电路。在水平风力的驱动下，风杯组旋转通过主轴带动磁棒盘旋转，其上的36只磁体形成18个旋转的小磁场。风杯组每旋转一圈，在霍尔开关电路中感应出18个脉冲信号，其频率随风速的增

大而线性增加，测出频率就可以计算出风速，其校准方程为：$V=0.1F$

式中：V为风速（单位：m/s），F为脉冲频率（单位：Hz）。

（2）技术规格

测量范围：0 ~ 75 m/s

分辨率：0.1 m/s

起动风速：≤0.5 m/s

准确度：±（0.3+0.02V）m/s

输出信号：脉冲频率

工作电压：DC5V（DC12V可选）

（3）电路原理

风速传感器为三杯式风杯组件，通过风杯旋转，霍尔元件感应，然后输出脉冲信号，脉冲的频率与风速成正比。CPU读出其脉冲频率即可计算出风速。风速信号输入和变换电路如图5-16，原理如图5-17。

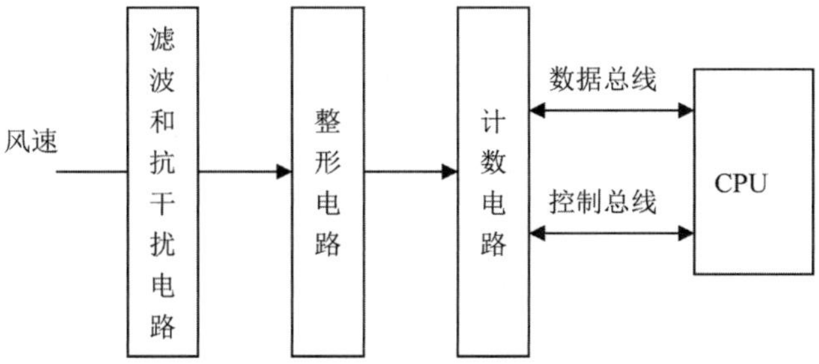

图5-16　风速信号输入和变换电路方框图

线路中的P16为压敏电阻，可防止过高电平通过风速传感器及其电缆窜入损坏线路；R16和C11是RC滤波电路，通过一反相施密特触发电路，起整形输入脉冲波形的作用。为测量风速脉冲频率输入，扩展了一片可编程计数器8253。8253具有三个功能相同的16位计数器，每个计数器的工作方式及计数常数分别由软件编程选择。风速测量计数用了三个计数器中的一个（另外两个分别用于雨量和温度的测量）。

风速传感器输出的脉冲信号通过电缆传到采集器，经滤波和整形电路后，由可编程计数器计数，CPU通过控制线，每秒钟读取计数器中内容获得风速值。

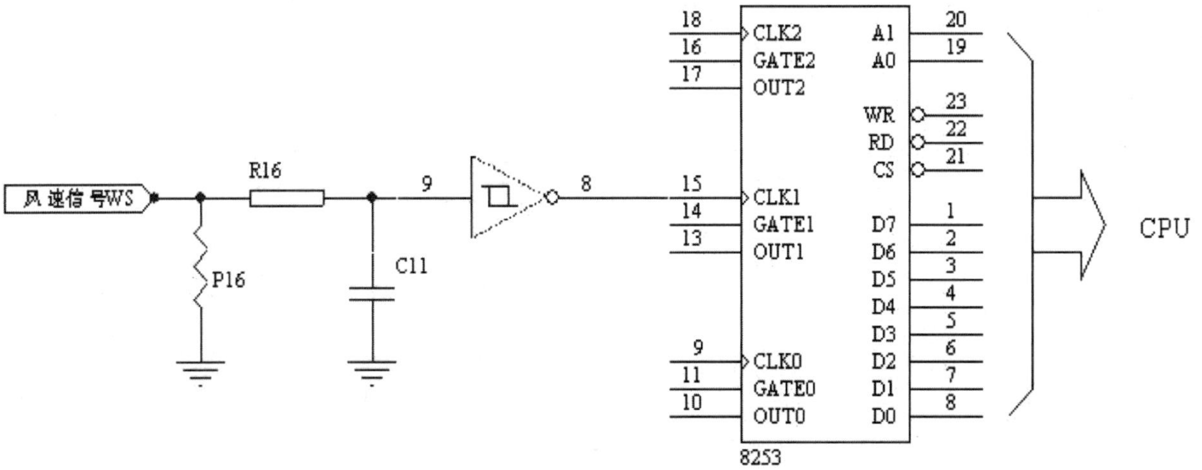

图5-17　风向信号输入和变换电路原理图

（五）地温传感器

ZQZ-CⅡ型自动气象站草面/雪面温度、地表温、浅层地温（5 cm、10 cm、15 cm、20 cm）和深层地温（40 cm、80 cm、160 cm、320 cm）传感器均为标准四线制铂电阻测温（图5-18）。深层地温（40 cm、80 cm、160 cm、320 cm）应配有套管。

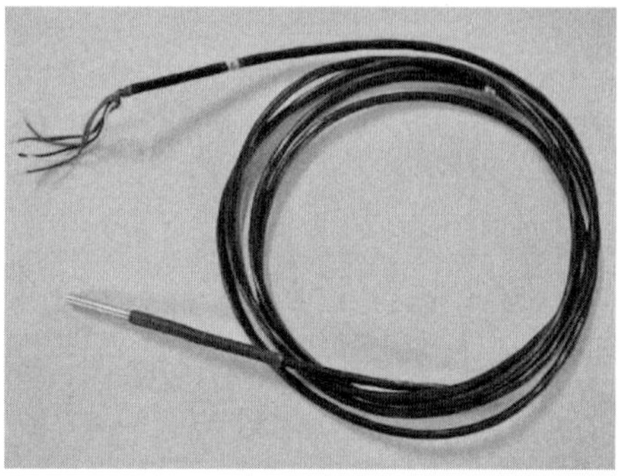

图5-18 地温传感器

1. 工作原理

铂电阻地温传感器的测量原理与铂电阻气温传感器相同，也是采用四线制铂电阻测温，温度升高或降低1 ℃，电阻增加或降低0.385 Ω。可参考温湿度传感器中温度部分。

2. 技术规格

测量范围：－50～＋50 ℃

分辨率：0.1 ℃

准确度：±0.2 ℃

输出：80.31～119.40 Ω

测温元件型号：Pt100

3. 电路原理

温度信号输入和变换电路由多路信号选择电路、信号测量电路、信号放大电路和A/D转换电路组成，其电路原理如图5-19。

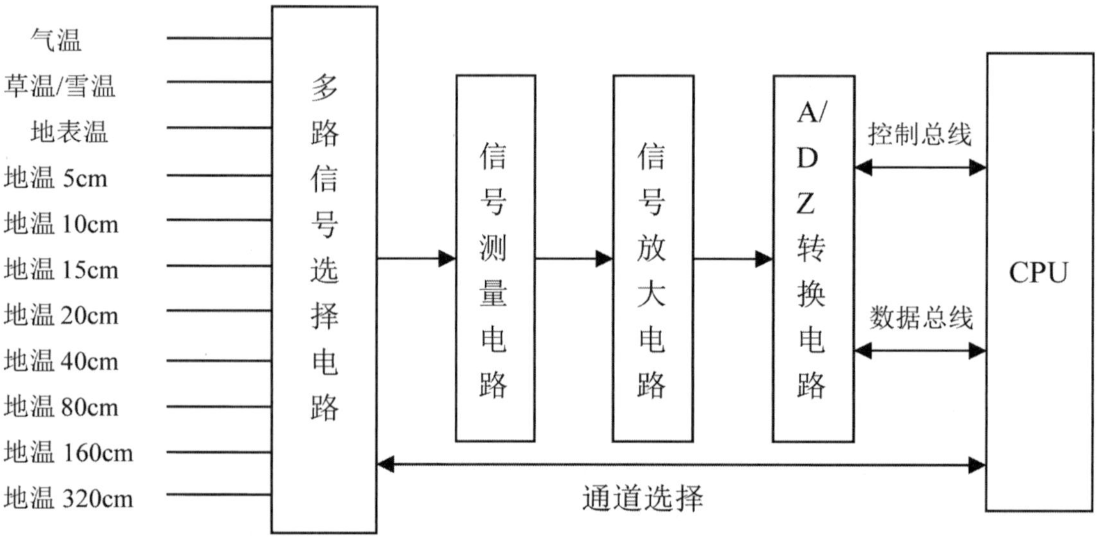

图5-19 温度信号输入与变换电路方框图

（1）多路信号选择电路

多路信号选择电路原理如图5-20。

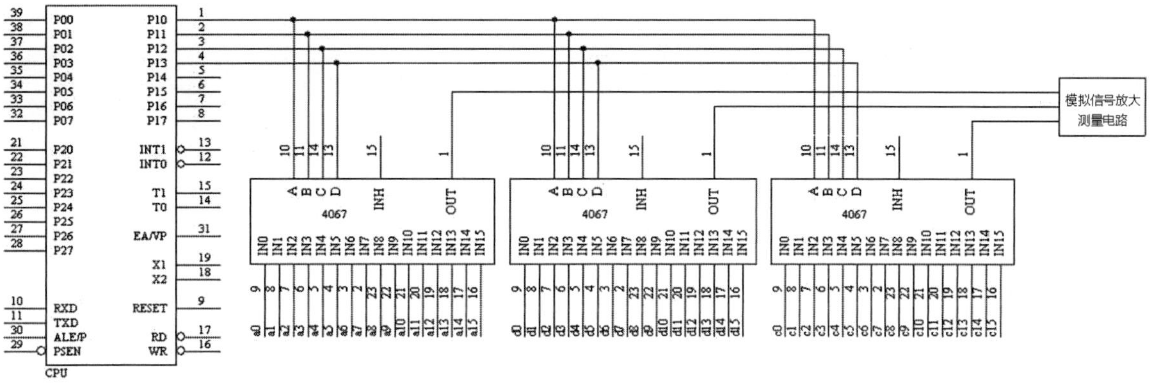

图5-20　多路信号选择电路原理图

多路信号选择电路由三块16通道模拟开关组成，分别引入各个温度传感器的激励电源a端、信号c端、信号地d端；另一个电源地线b为公共接入，完成对各个温度传感器信号的多路选择。

多路模拟开关在CPU通道选择线的控制下，选中某一路传感器作为输入测量信号。16通道模拟开关选择功能如图5-21。其中，X1～X16分别接到传感器，A、B、C、D为CPU的通道选择控制线；A、B、C、D输出一组值，输出端Y将接通相应的输入端X。

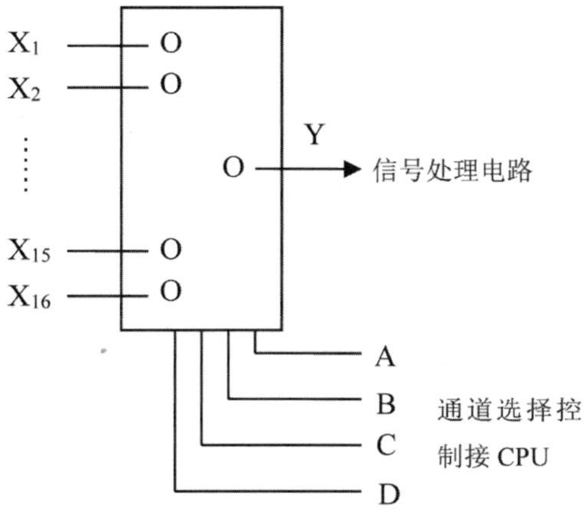

D	C	B	A	Y=
0	0	0	0	X_1
0	0	0	1	X_2
⋮				⋮
1	1	1	1	X_{16}

图5-21　多路信号选择电路原理图

（2）信号测量电路

信号测量电路原理如图5-22。

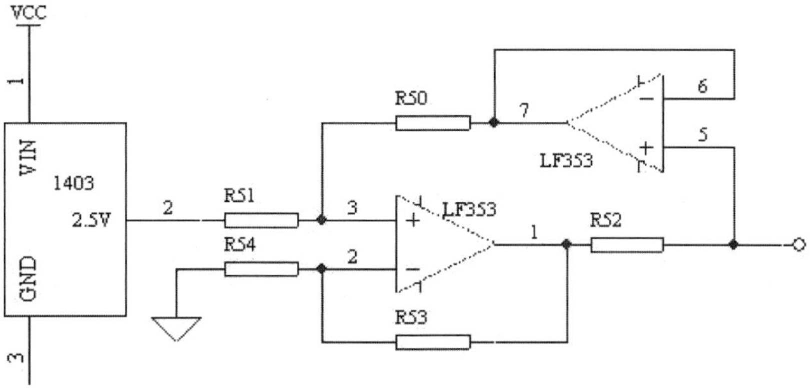

图5-22　信号测量电路原理图

在信号测量电路中，2.5 V精密电压基准源MC1403、运放LF353与相关阻容元器件组成恒流源，作为温度传感器的激励电源（即传感器a端和b端），起到*R*/*V*转换目的，即将温度–电阻量变化转变为温度—电压量变化。

（3）信号放大电路

信号放大电路原理如图5-23。

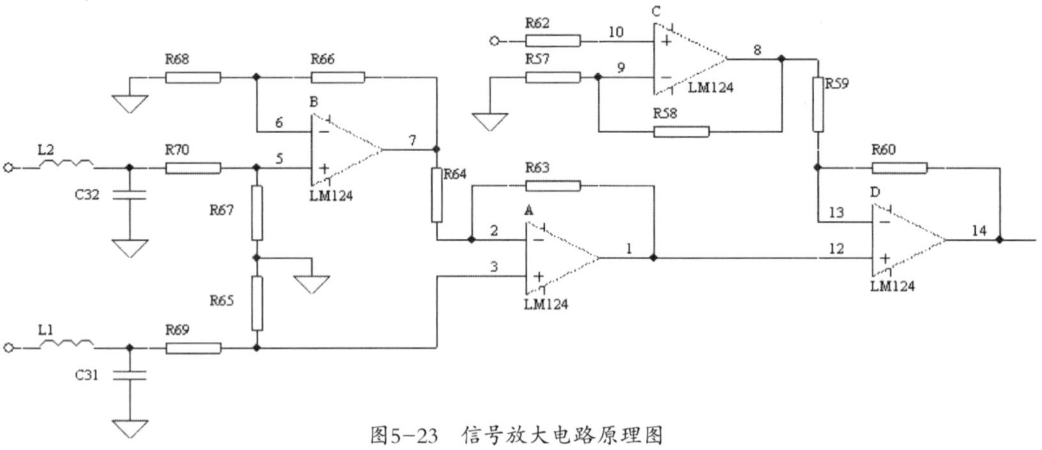

图5–23 信号放大电路原理图

信号放大电路主要由一块LM124组成，LM124内含四个运算放大器，组成二级差分放大电路，当温度从–50～+80 ℃变化时，在铂电阻上c、d端产生的电压在0～150 mV之间变化，放大器的作用是将测量范围内的传感器信号放大到0～5 V的电压信号，供A/D转换电路转换。

（4）A/D转换电路

ZQZ-CⅡ型自动气象站采用硬件与软件组合的一个双积分A/D转换电路，双积分A/D电路由电子开关、积分器、比较器、计数器和控制逻辑等部件构成。其组成如图5-24。

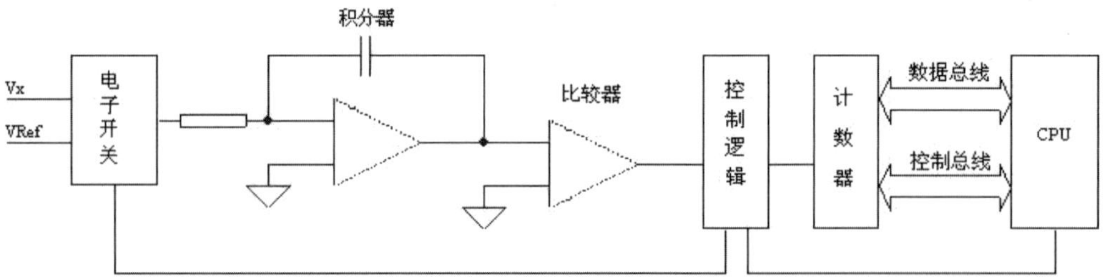

图5–24 A/D转换电路原理图

在进行一次A/D转换时，控制逻辑使电子开关把被测电压*Vx*加到积分器的输入端，在固定时间*T*内对*Vx*积分，接着，控制逻辑电子开关将积分器的输入转接极性和*Vx*相反的基准电源进行反积分，反向积分时，积分器输出斜率是恒定的，比较器检测到积分的输出过零时停止积分器工作，求出反向积分时间T_1就测量出*Vx*，反向积分时间*T*由计数器计数得到。这种A/D转换器，转换速度较低，比较适合像温度信号这类变化较慢的信号，而且它精度较高，抗干扰性能较好。其原理如图5-25。

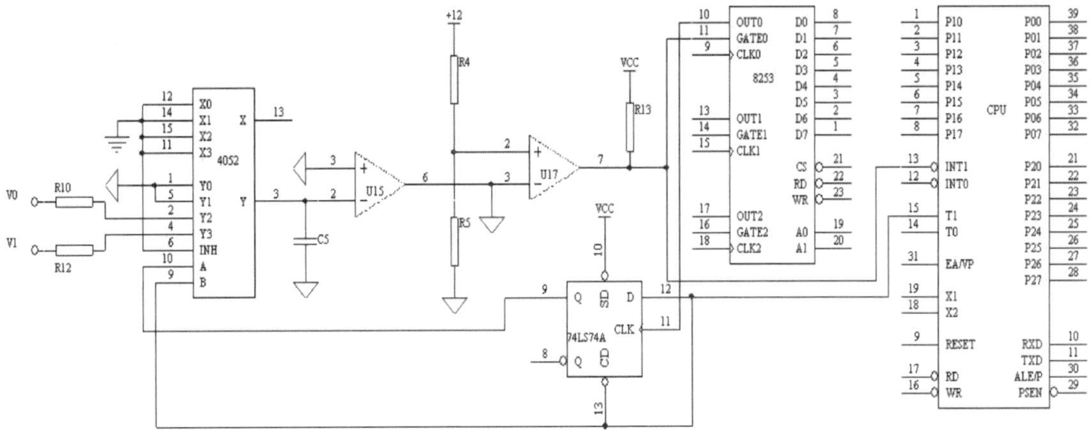

图5-25 A/D转换电路原理图

图中，CD4052是一个双4选1模拟开关，选择积分器的输入，积分器由运算放大器LF356与相应积分电容组成。LM311为一电压比较器，74LS74为一双D触发器，用其中一个D触发器作为A/D转换中心的控制逻辑电路，计数采用8253可编程控制计数器中的计数口1（其中计数口2用于风速，计数口3用于雨量）。转换结果由8253通过数据总线传给CPU。

（六）雨量传感器

ZQZ-CⅡ型自动气象站使用的雨量传感器为上海气象仪器厂生产的SL3-1型双翻斗雨量传感器。

1. 结构原理

SL3-1型双翻斗雨量传感器主要由承水器（常用口径为20 cm）、上翻斗、汇集漏斗、计量翻斗、计数翻斗和干簧管等组成（图5-26）。

图5-26 SL3-1型双翻斗雨量传感器

承水器收集的降水通过漏斗进入上翻斗，当雨水积到一定量时，由于水本身重力作用使上翻斗翻转，水进入汇集漏斗。降水从汇集漏斗的节流管注入计量翻斗时，就把不同强度的自然降水，调节为比较均匀的降水强度，以减少由于降水强度不同所造成的测量误差。当计量翻斗承受的降水量为0.1 mm时，计量翻斗把降水倾倒到计数翻斗，使计数翻斗翻转一次。计数翻斗在翻转时，与它相关的磁钢对干簧管扫描一次。干簧管因磁化而瞬间闭合一次。这样，降水量每次达到0.1 mm时，就送出去一个开关信号，采集器就自动采集存储0.1 mm降水量。

2. 技术规格

承水口径：ϕ 200 mm

测量降水强度：≤4 mm/min

测量分辨率：0.1 mm

最大误差：±4 mm（降水量≤10 mm）、±4%（降水量≥10 mm）

3. **电路原理**

雨量信号输入及变换电路与风速信号输入及变换电路类似。雨量传感器的计数翻斗翻转一次，输出一个脉冲信号，雨量脉冲信号被滤波和整形后被计数器计数，CPU每隔一分钟读取该计数器的内容获得雨量值。雨量信号输入及变换电路如图5-27，其电路原理如图所示如图5-28。

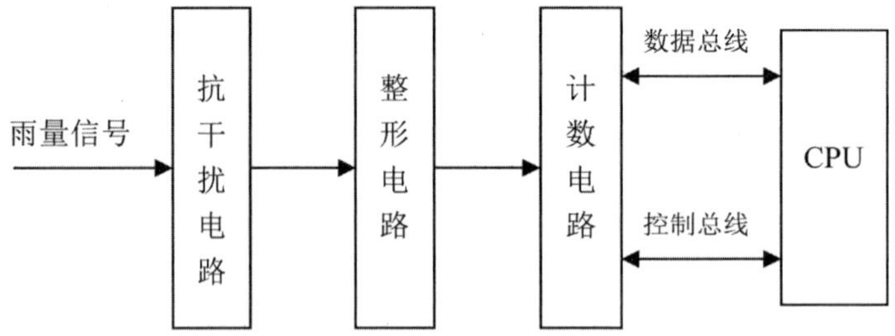

图5-27　雨量信号输入及变换电路方框图

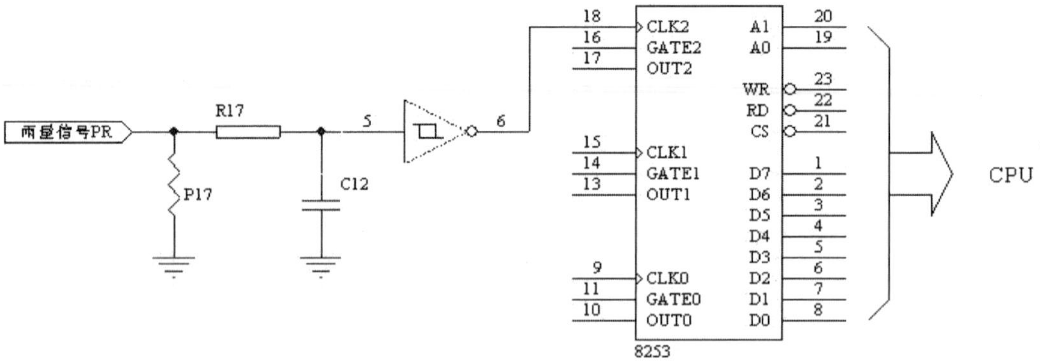

图5-28　雨量信号输入及变换电路原理图

（七）供电系统

ZQZ-CⅡ型自动气象站供电系统具有较高的稳定性、安全性和良好的抗干扰能力，负责对自动气象站数据采集器、传感器供电。市电正常时，起安全隔离和抗干扰作用；市电异常时，后备电源在蓄电池蓄电能力正常情况下，可保证数据采集器、传感器工作三天。

1. **结构原理**

ZQZ-CⅡ型自动气象站的供电系统分为两部分：一部分为后备电源，由市电（交流220 V）避雷及抗干扰电路、12 V免维护蓄电池及其充电电路组成；另一部分为采集器内部的电源变换电路，位于采集器机箱内，由AC-DC、DC-DC变换电路组成如图5-29。

220 V市电进入数据采集器后备电源，先通过电源避雷及抗干扰电路和隔离变压器，以防止雷击和电源端进入的各种干扰，分为两路220 V市电。一路通过充电变压器、充电电路、免维护蓄电池，输出一组+12 V直流电源进入采集器DC-DC变换电路；另一路直接输出进入采集器，通过AC-DC

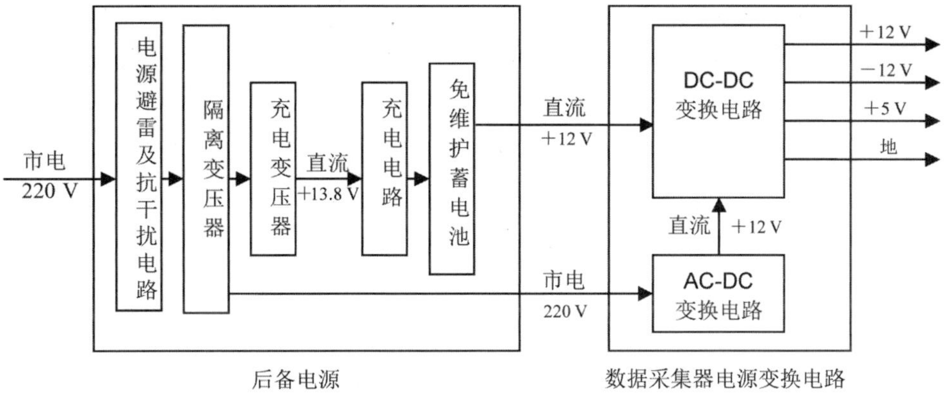

图5-29　ZQZ-CⅡ型自动气象站供电系统结构图

变换电路，经变压、整流后也输出一组+12 V直流电源进入采集器DC-DC变换电路。两组都可通过DC-DC变换电路，输出+5 V、±12 V三组直流电源给数据采集器和传感器使用。自动气象站电源系统采用类似UPS输出转换开关的功能，市电正常（指220 V交流电）时，后备电源用市电供电，起安全隔离和抗干扰作用；无市电时，将自动切换到蓄电池供电。

2. 后备电源

ZQZ-CⅡ型自动气象站的后备电源有ZQZ电源（图5-30）和ZQZ-PD型电源（图5-31）两种。早期的ZQZ-CⅡ型自动气象站多采用ZQZ电源，目前则多采用ZQZ-PD型电源。

图5-30　ZQZ型电源

图5-31　ZQZ-PD型电源

（1）ZQZ型电源

ZQZ型电源机箱内装有带通滤波器、隔离变压器、避雷器、蓄电池、充电变压器、充电印制板、指示灯和保险丝等。其工作原理如图5-32所示。

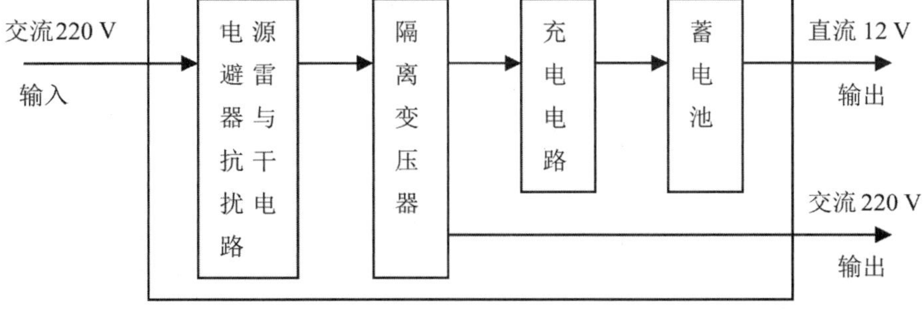

图5-32　ZQZ型电源工作原理图

ZQZ型电源电路采用了电源避雷器、瞬态二极管、电源滤波器、隔离变压器等抗干扰措施，以防止雷击及电源端进入的各种干扰。

（2）ZQZ-PD型电源

ZQZ-PD型电源具有电涌冲击保护、输出过压过流及直流欠压告警电路等保护功能，交、直流电压均有电压表指示。其工作原理如图5-33。

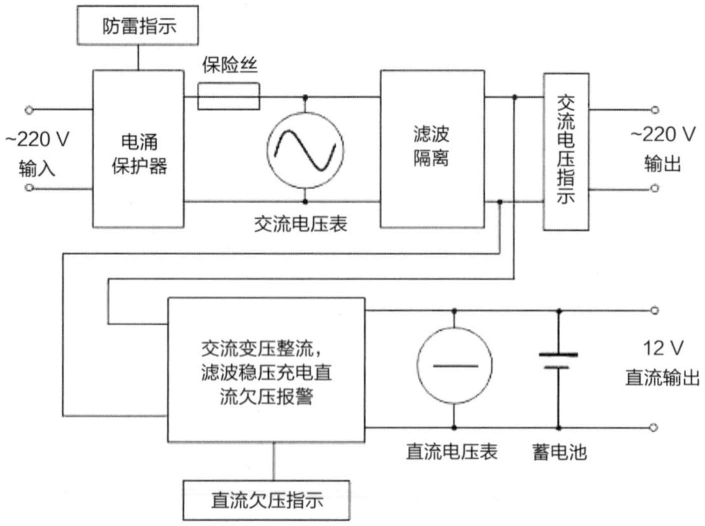

图5-33　ZQZ-PD电源工作原理图

ZQZ-PD型电源箱前后面板说明如下：

• 输入交流电压表：显示输入交流电的电压。当交流输入断电时，显示为0 V。

• 输出直流电压表：显示输出直流电源的电压，即蓄电池两端的电压。

• 交流电压指示灯：交流电压输出正常时，该指示灯亮（绿色）；没有交流电输入或电源本身故障时，该指示灯灭。

• 直流欠压指示灯：当输出的直流电压低于欠压保护设定值（11 V）时，该指示灯亮（闪烁）。

• 防雷第一级第一组故障指示灯：第一级第一组防雷器件正常时，该指示灯灭；第一级第一组防雷器件损坏时，该指示灯亮（红色）。

• 防雷第一级第二组故障指示灯：第一级第二组防雷器件正常时，该指示灯灭；第一级第二组防雷器件损坏时，该指示灯亮（红色）。

• 防雷第二级正常指示灯：第二级防雷器件正常时，该指示灯亮（绿色）；第二级防雷器件损坏时，该指示灯灭。

• 保险丝：交流输入保险丝安装在后面板上，出厂配置为2.5 A/250 V的熔丝管。

（3）蓄电池

ZQZ-PD电源箱和ZQZ电源箱中均配备有38 AH/12 V的阀控式铅酸蓄电池。有市电时，后备电源箱用市电供电，蓄电池处于浮充状态；无市电时，蓄电池处于放电状态，可保证采集器和传感器在停电情况下连续工作三天。

蓄电池应该定期进行维护，以延长其使用寿命。蓄电池如果长时间不放电，会使电池极板硫化，引起内阻增大、容量减少、负载能力下降。维护时可采用“人为放电”的方法，即每隔2～3个月，对后备电源停供市电一天，让蓄电池对外供电。在放电过程中，应注意电池的放电深度，避免过度放电。

3. 数据采集器电源变换电路

后备电源提供交流220 V和直流12 V的电源给数据采集器，经数据采集器电源变换电路进行电源变换为主板和传感器所需要的+5 V、+12 V和−12 V三组工作电压。数据采集器电源变换电路AC-DC、DC-DC变换电路组成如图5−34所示。

交流/直流变换电路中，220 V交流电经变压器降压为14 V的交流电，然后进入一个由4只整流二极管组成的桥式整流电路，使交流电变为直流脉动电流，再经滤波电路和稳压电路，输出+12 V直流电压。

直流/直流变换电路将后备电源箱中的蓄电池和交流/直流变换电路输出的+12 V直流电压变换为自动气象站系统中所需的+5 V、+12 V和−12 V三路电压。

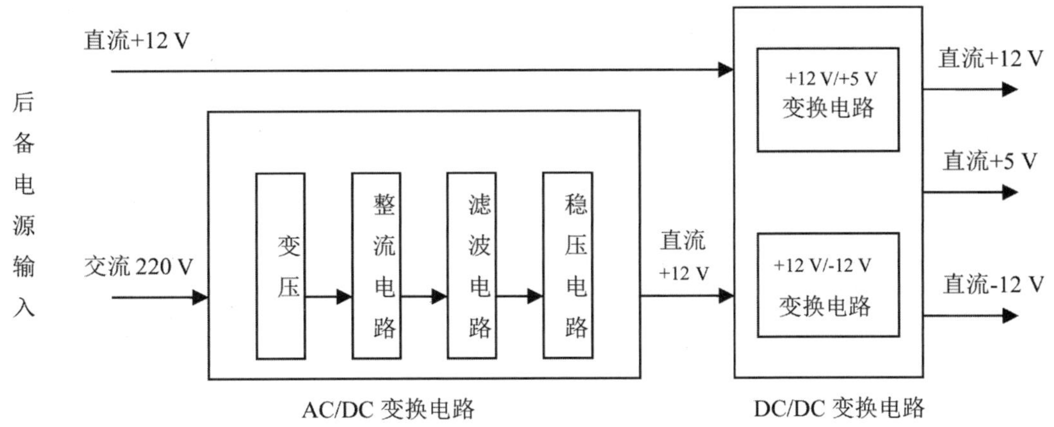

图5−34　数据采集器电源变换电路原理图

第三节

常规维护

常规维护是设备管理、使用、维修等各项工作的基础，也是台站观测技术人员的主要职责之一，是保证自动气象站设备处于正常工作状态的重要手段，是一项积极确保设备正常运行的预防工作。

由于自动气象站设备在野外长时间、全天候工作，难免会出现诸如连接松动、端口锈蚀等不正常现象，如果不及时处理，这些隐患就会造成设备故障，甚至停机，严重影响设备的正常运行效率。做好设备的常规维护工作，及时处理可能出现的各种隐患，改善设备的运行条件，就能防患于未然，避免不应有的损失。实践证明，设备运行的好坏，在很大程度上取决于常规维护的力度。因此，必须加强对设备的常规维护，并严格督促检查，强调“预防为主、养为基础”。

一、供电系统的维护

（一）市电的维护

①每月查看台站配电箱一次，如发现隐患及时排除。

②每周检查室内给采集器供电的接线板是否正常，电线是否有发热现象。

③每周检查采集器供电电源是否正常，插座是否松动。

④台站安装新的设备时，要请专业电工进行电源连接，严禁私拉乱接。

（二）自动气象站后备电源和计算机UPS维护

①应正确使用自动气象站电源系统和计算机UPS。建议台站在市电进入自动气象站电源系统前，加装一个稳压电源，保证市电供电质量。对于计算机UPS，应按照产品使用手册正确开机、关机，禁止频繁关闭、开启UPS；UPS应专机专用，只能连接一台自动气象站工作用计算机，以免过载；禁止接入电感性负载，如打印机、电风扇等，以免因电感性负载启动电流过大引起UPS电源瞬时过载。

②安装自动气象站供电系统的房间应保持清洁，对自动气象站后备电源和计算机UPS主机要注意防尘、除尘，防止灰尘在机内沉积，造成器件散热不好，而且当空气潮湿时，沉积的灰尘常引起电源控制紊乱，造成电源系统工作失常，所以应每季度用吹风机（冷风）除尘一次。

③经常检查供电系统各部分运行状态，检查各电源插头有无松动或接触是否良好；检查自动气象站后备电源工作指示灯或输入交流电压、输出直流电压指示表是否正常；检查计算机UPS主机工作指示灯是否正常；检查供电系统各部分接地是否良好。

④使用汽油或柴油发电机时，注意一定要在发电机输出电压、频率、波形较为稳定后再接入供电系统。

⑤蓄电池在供电质量高，较少发生停电的使用环境中，由于长期处于浮充电状态，会造成电池极板腐蚀减低电池容量，缩短使用寿命，一般宜2～3个月进行一次充放电，即断开市电，以蓄电池供电运行24 h左右，再恢复市电，以延长蓄电池使用寿命。应注意，后备电源仅为蓄电池直流供电时，后备电源不会发出报警声，要随时注意放电时间，以免造成蓄电池长时间过放电后无法恢复。

（三）发电机的维护

①每周将发电机开启一次，检查运行是否正常；

②定期检查燃油备用情况是否正常。

二、采集器的维护

为保证自动气象站能良好的运行，应定期对采集器进行维护、检查，一般每月进行一次。如遇灾害性天气，应及时检查采集器，随时了解运行状态，以便维修。

ZQZ-CⅡ型自动气象站采集器安装在室内，其维护方法如下：

①保持采集器的整洁，上面无覆盖物。

②不要随意搬动，以免拉松后面板上的接线。

③不要随意操作后面板上的电源开关、0-1开关和前面板上的复位键，以免形成误操作。

④每天都要察看采集器状态灯显示是否正常，发现问题及时处理。

⑤保证计算机时间准确，发现采集器数据异常应及时对采集器复位，如果复位不能解决问题，应对采集器内存进行清除。

⑥每周将数据采集软件和计算机关闭一次。

⑦每年春季应按照《自动气象站场室防雷技术规范》（QX 30 — 2004）对场室防雷设施进行全面检查，对采集器接地电阻进行复测。

⑧每两年对自动气象站整机进行一次校准，校准方法严格按照中国气象局自动气象站校准方法进行。

注意事项：

不要带电插、拔传感器插头，不要带电撤换或安装传感器。

三、传感器的维护

（一）PTB220气压传感器的维护

ZQZ-CⅡ型自动气象站使用PTB220气压传感器实时测量气压要素探测数据，其维护方法如下：

①采集器应避免放置在靠近空调出风口的地方使用，以使气压传感器气嘴口空气与周围环境空气保持一致。

②每两年对气压传感器进行一次校准，校准方法严格按照中国气象局规定的《自动气象站现场校准方法》进行。

（二）HMP45D温湿度传感器的维护

ZQZ-CⅡ型自动气象站使用HMP45D温湿度传感器实时测量空气温度和相对湿度要素探测数据，其维护方法如下：

①安装自动气象站传感器的百叶箱不能用水洗，只能用湿布擦拭或毛刷刷拭；百叶箱内的温、湿传感器也不得移出箱外。

②在冬季巡视观测场时，要小心用毛刷把百叶箱顶、箱内和壁缝中的积雪和雾凇扫除干净；百叶箱内不得存放多余的物品。

③湿敏电容传感器的头部有保护滤膜，防止感应元件被尘埃污染；每月应拆开传感器头部网罩，若污染严重应更换新的滤膜；禁止手触摸湿敏电容，以免影响正常感应。

④定期检查温湿传感器与数据传输线的连接，发现松动或生锈要及时处理；更换温湿传感器时要小心插、拔，避免造成不必要的损失。

⑤每两年对温湿度传感器进行一次校准，校准方法严格按照中国气象局规定的《自动气象站现场校准方法》进行。

（三）风传感器的维护

ZQZ-CⅡ型自动气象站使用的是EC9-1和ZQZ-TF这两种测风传感器实时测量风向和风速要素。这两种风向、风速传感器的维护方法基本相同，具体维护内容如下：

①要保证传感器轴与水平面垂直，风杆与地面垂直。

②保持风杯和风标板不变形。

③经常观察风杯和风向标转动是否灵活、平稳，发现异常时，换用备份传感器并将故障器件送回上级维修单位。

④定期检查风杆拉绳是否紧固、是否防锈腐；风杆底座固定螺丝和活页螺丝应注意上油防锈、防腐；防止观测场中的草覆盖到风干底座。

⑤每年定期维护一次风传感器，检查、校准风向标指北方位。

⑥每两年对风向、风速传感器进行一次校准，校准方法严格按照中国气象局规定的《自动气象站现场校准方法》进行。

（四）雨量传感器的常规维护

ZQZ-CⅡ型自动气象站使用SL3-1型雨量传感器实时测量雨量要素探测数据，其具体维护方法如下：

1. 维护

仪器每月至少定期检查一次，保持传感器器口不变形，器口面水平，器身稳固。定期清除承水器滤网上的杂物（入口滤网可取下清洗），检查漏斗通道是否有堵塞物，发现堵塞要及时清洗干净，特别要注意保持节流管的畅通。必要时可用中性洗涤剂清洗翻斗表面，但严禁用手触摸翻斗内壁。

可按下列操作对雨量传感器做常规维护：

①松开地盘两侧的固定螺钉，向上取下外筒。

②从安装板上断开电缆线。

③拿出防堵罩和长过滤网，用清水将外筒、防堵罩和长过滤网冲洗干净，再按原样装好防堵罩和长过滤网。

④小心取出翻斗和短过滤网，用清水冲洗干净后再按原位小心放回，注意不能用手触摸翻斗内壁。

⑤取下出水口上的防虫罩，用清水冲洗干净后装回。

⑥观察传感器底盘上的水平器中的水泡是否居中，通过调整支架底盘上的三个调整螺钉，将传感器调成水平状态。

⑦按原位接好二芯电缆，安装上外筒，拧紧固定螺钉。

无雨或少雨季节，可将承水器口加盖，但注意在降水前及时打开。翻斗内壁禁止用手或其他物体抹试，以免沾上油污。结冰期长的地区，应在初冰前将感应器的承水器口加盖，不必收回室内，并拔掉电源。

2. 调整

新仪器（包括冬季停用后重新使用或调换新翻斗）工作一个月后的第一次大雨，应做精度对比，即将自身排水量与计数、记录值相比，如发现差值超过±4%时，应首先检查记录器工作是否正常，计数与记录值是否相符，干簧管有无漏发或多发信号现象。如确是由于仪器的基点位置不正确所造成时，应做基点调整。

调整方法：旋动计量翻斗的两个定位螺钉，将一个定位螺钉旋动一圈，其差值改变量为3%左右；如两个定位螺钉都往外或往里旋动一圈，其差值改变量为6%左右。例如，差值是负2%时，可将其中的一个定位螺钉往外旋动2/3圈；差值是正6%时，可将两个定位螺钉都往里旋动一圈。

为使调节位置准确，在松开定位螺帽前，需在定位螺钉上作位置记号。调节好后，需拧紧定位螺帽。

每一次降水过程都应将计数值与自身排水总量进行比较，如多次发现10 mm以上降水量的差值超过±4%，则应及时进行检查，必要时应调节基点位置。

3. 标准

每两年对雨量传感器进行一次校准，校准方法严格按照中国气象局规定的《自动气象站现场校准方法》进行。

（五）地温传感器的维护

ZQZ-CⅡ型自动气象站使用的地温传感器均采用PT100的铂电阻，其具体维护方法如下：

①保证地温变送盒清洁，并密封良好。

②地温传感器的接线要确保牢靠，没有锈迹，屏蔽线要可靠接地。

③每日查看地面温度传感器和浅层地温传感器的埋设情况，保持地面温度传感器一半埋在土内，一半露出地面；擦拭沾附在上面的雨露和杂物；浅层地温安装支架的零标志线要与地面齐平 。

④保持安放地面温度传感器和浅层地温传感器的裸地地面疏松、平整、无草，雨后即时耙松板结的地表土；安放深层地温传感器的场地应与观测场地面一致。

⑤铂电阻地面温度传感器被积雪埋住时仍按正常流程观测，但需在观测簿备注栏注明。

⑥雨后和雪融后应检查深层地温硬橡胶套管内是否有积水，如有积水，应用头部缚有棉花或海棉的竹杆插入管内将水吸干，如发现套管内经常积水，则应检查原因并进行维修。

⑦当草株高度超过10 cm时，应修剪草层高度。

⑧观测雪温期间，应经常巡视雪温传感器，使其置于积雪表面上。其操作方法与人工观测地面温度表有积雪时的操作方法相同。

四、线缆的维护

线缆及其接头的损坏常常会引起自动气象站设备故障，其具体维护方法如下：

①每月检查各连线外皮是否有老化破损现象，对容易遭受人为或动物破坏的线缆要隐蔽放置。

②自动气象站系统内的所有连线要规整有序，不可乱拉乱扯。

③要定期检查线缆接头是否松动，检查各接线端子是否腐蚀，发现问题及时处理。需要挪动线缆时，要轻拿轻放，切勿造成强拉扯断现象。

④拆卸线缆接头，要注意标记线序，对原有标记线序的符号要注意保护。

五、通信设备的维护

通信设备的维护工作，分为设备的特性维护与设备的环境维护两部分。

①设备特性维护的目的主要是保证设备的电特性处于良好的运行状态；如果出现监测系统告警，应按照故障指示灯显示的单元更换故障单元。

②设备环境维护的目的是提高设备的可靠性。维护内容包括设备的环境温度维护、设备的防尘维护、供电电压稳定维护、防干扰维护、防静电维护、设备防雷维护，如加装有防雷设备，要妥善处理好防雷地线、机房地线、电源地线三者关系，使其达到既防雷又屏蔽的双重作用。

③设备的维护人员应定期对设备环境进行检测、观察、试验，以保证设备的工作环境处于良好状态。

六、地面气象观测场内的环境维护

地面气象观测场是安置气象探测设备的场地，应该严格按照中国气象局制定的《地面气象观测规范》对观测场进行常规性维护，其具体内容如下：

①观测场内不放置非气象仪器。

②经常保持观测场内整洁，浅草平铺，草高超过20 cm时，应及时剪割，剪下的草要及时运出。

③地温场地保持裸地，雨后及时耙松；场内不准种植作物，观测场四周10 m范围内不种高秆作物；在围栏上不得爬蔓生植物和晾晒衣物等。

④有积雪时，小路上的积雪可清除，场地积雪不清。

⑤积极主动保护气象探测环境不被破坏。

七、观测室内环境维护

观测室应严格按照中国气象局制定的《地面气象观测规范》，对观测场进行常规性维护，其具体内容如下：

①保持观测室内的清洁卫生，仪器摆放整齐、有序，便于操作和维护。

②每周用毛刷清洁UPS电源、计算机、打印机、蓄电瓶和网络通信设备，每月可用吹风机（冷风）将仪器设备内部吹刷一次。

③UPS电源、计算机、蓄电瓶等设备上不得放置其他物品，并保持通风。

④室外温度夏季高于35 ℃、冬季低于-10 ℃的地方，观测室内应配备取暖和降温设施。

⑤观测室内不得堆放与测报业务无关的物品。

八、防雷设施的维护

自动气象站是由大量电子元器件集合而成的电子电气设备，对电磁脉冲特别敏感，只耐低压，抗雷电过电压的能力脆弱，一旦遭遇雷击则损失重大。自动气象站防雷设施应严格按照《自动气象站场室防雷技术规范》（QX30—2004）的要求，对场室的防雷设施、设备接地情况进行常规性维护，其具体内容如下：

①每年雨季前要用地阻仪对观测场、观测室地阻进行检测，若大于4 Ω，应查明原因；若因地网腐蚀严重的，应更换地网。

②每年雨季前，应对电源避雷器、信号避雷针进行一次检查，发现老化变性的应及时更换；做好信号避雷针引下线与风数据传输线之间的电磁屏蔽。

③每年雨季前，应详细检查采集器、雨量传感器、地温转接盒的接地端子是否生锈，如有生锈应仔细除锈，并用沥青或防水胶带将接地端子密封好后埋入土中。

④观测场、值班室内新增仪器设备，应对金属外壳进行接地，接地线并入统一地网，并入时若用电焊焊接，则焊接前应断掉观测场、值班室内所有仪器的接地线，焊接好后再恢复所有断开的接地线。

第四节

故障处理

随着全国自动气象站现代化建设的不断发展，完善自动气象站设备故障处理的工作就显得尤为重要。做好自动气象站设备故障处理工作，既要认真掌握故障发生原因，积累典型故障资料和数据，开展故障分析，重视故障规律和故障机理研究，加强日常维护、检查；也要完善自动气象站故障处理机制，明确各级保障职责、技术要求、处理时效。

一、故障处理职责、流程、报告

（一）故障处理职责

故障处理职责按照各级的工作职能可以划分为省、州（市）和台站三级。

1. 省级职责

省级维修保障系统，重点进行省内自动气象站设备的定期巡检和运行故障排除，能完成机级、板级、元件级三级维修全部工作及各种疑难故障的处理；省级保障人员在接到台站故障报告后，负责协助台站保障人员进行相关的故障处理，指导台站人员排除故障；省级设备运行监控人员收集、汇总台站上报的故障报告，按月进行自动气象站设备运行质量评估；制订省级的故障处理流程；积极组织台站保障人员开展培训工作。

2. 州（市）级职责

完成本市辖区内自动气象站的监控、维修、备件储备、质量评估等相关工作。

3. 台站级职责

台站对自动气象站设备能够进行规定的日维护、周维护、月维护；在设备出现故障时，负责故障响应、故障的初步判断及简单故障排除；对设备关键测试点和传感器信号能够进行测量；准确地向上级技术保障部门描述故障现象并做好本站设备故障处理记录工作；按月汇总并上报台站的故障处理情况。

（二）故障处理流程（图5-35）

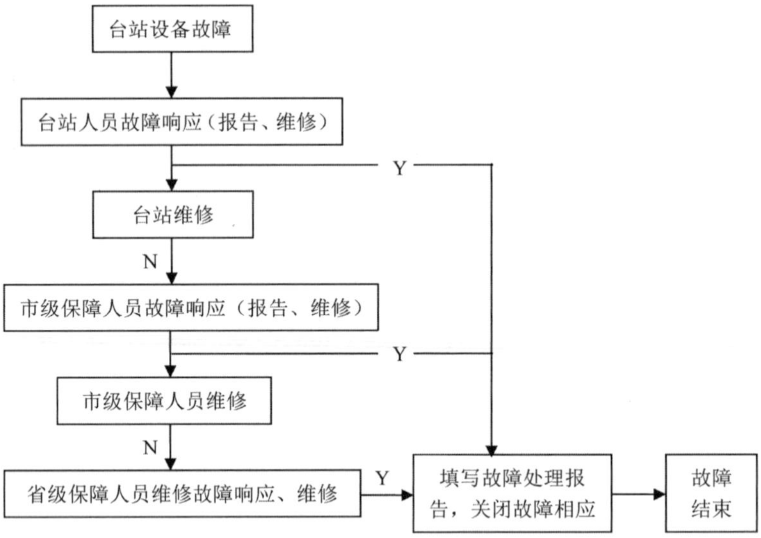

图5-35　故障处理流程

（三）故障报告

故障报告是指当故障发生时，合理、有效地处理包括从故障报告对象、故障报告方式到故障报告内容的流程。

1. 故障报告对象

当自动气象站设备出现故障时，负责台站维护的工作人员要立即检查并报告设备故障情况，能解决的应及时解决。台站无法解决的，1 h之内上报州（市）局保障部门，如仍不能排除故障，报告省级保障部门。报告故障时，要说明故障现象、原因、设备型号、台站联系电话及联系人。

台站和市局不能解决的故障，省级保障部门应在24 h内将设备恢复正常运行。若24 h不能恢复的，由省级保障部门书面报告省级业务主管部门，并说明原因。

2. 故障报告方式

故障报告的方式主要有电话通知、监控系统。

（1）电话通知

台站值班人员发现故障后，第一时间电话通知台站保障人员和上一级保障部门。

（2）监控系统

各级自动气象站技术保障人员通过AMOS监控系统的故障报告流程完成故障响应。省级自动气象站技术保障人员通过监控系统将设备实时故障信息以短信发布的方式发送至相关人员。

二、自动气象站设备故障诊断原则、方法

自动气象站是为满足常规气象要素观测而配备的设备，由于其结构复杂，自动化程度高，各部分、各系统联系紧密，只要设备出现故障，就有可能会影响到台站的测报工作。因此，探索故障发生规律，对故障进行记录，对故障原因进行分析，将有利于采取有效措施控制故障的发生。

（一）故障分析判断的基本原则

当自动气象站出现故障时，应按照故障分析和判断的基本原则进行合理的排查。

1. 安全原则

在排查和判断故障的过程中，如插、拔电源，打开带市电的自动站各组件等时，应注意人身和设备安全。

2. 逻辑原则

逻辑原则是指依据电路原理分析的原则进行一一分析，逐个排除。

例1：自动站只是某一气象要素值超差或明显不正常，大部分是相应的传感器或传感器连接线路故障，不太可能是采集器产生故障，更不太可能是计算机或电源故障造成。这时，则考虑是否是该气象要素传感器损坏或性能下降，是否传感器电缆破损断开，是否传感器电缆两端连接插头松动、虚焊线路脱掉等，需一一进行排查。

例2：自动站采集器显示面板没有显示时，应先检查电源系统。若采集器显示不正常，出现乱码或者状态灯闪烁不正常，则考虑采集器故障。这时，可先按“复位键”复位，如不行，则用“总清零”关机重启采集器，如还是无效，则可能是采集器硬件有问题。

例3：自动站采集器蜂鸣器报警，秒闪指示灯闪烁正常，气压无显示，接着其他气象要素也陆续无显示，出现这类现象，多半是后备电源没有市电进入，自动站只由后备电源蓄电池供电，时间一长，蓄电池电力耗尽，供电不足，就会产生上述故障。遇到这类故障现象时，先检查自动站后备电源工作灯和指示表是否正常，再查看电源插头是否插好，电源保险丝是否完好，一旦恢复市电，设备即恢复正常。

所以，在发生故障时，要进行充分的分析，列出众多的故障可能性，找出最符合逻辑，即最符合电路原理的故障原因，从而判别故障部位。

3. 分解原则

自动气象站系统的组件很多，有时，分析结果可能涉及多个原因和多个组件产生的故障，在这种情况下，就要断开部分连接线，把自动气象站系统分成几个部分，缩小范围进一步检查、分析。

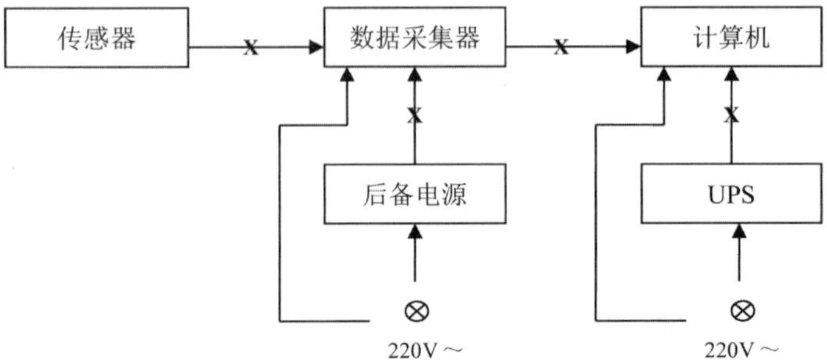

图5-36　自动气象站系统组成示意图

在自动气象站的设备组成示意图中（图5-36），把数据采集器与计算机间的信号线缆断开，自动气象站就被拆分成采集系统、计算机系统两个独立系统。

在计算机系统中，把计算机和UPS断开，可分别查找计算机和UPS的故障。

在采集系统中，可以把后备电源断开，用市电直接对采集器供电，这样就可以在采集器和传感器这个范围内查找故障。

如果把采集器与传感器断开，则可进一步缩小判别故障的区域，故障部位可被锁定在传感器和连接导线处的区域。

例如，有的台站因遭受雷击使自动气象站出现多处故障现象，这时可以把自动气象站分拆成单个有独立功能的小系统，多处故障现象将被分散在几个小系统中，相对独立的因果关系可使故障判别变得相对简单。

依据电路原理进行分析，可大体上分析出故障部位。简单而又可行的方法是用好的组件替代坏的组件。此时，若故障现象消失，则替代成功，说明分析判断正确。必须注意的是，替代时必须切断电源，严禁带电操作，以免损坏自动气象站设备。

（二）故障分析判断的基本方法

1. 替代的方法

依据电路原理图进行逻辑分析，确定故障部位。用好的组件替代坏的组件，故障现象消失，则说明分析判断正确。也可利用自动站气象要素信号发生器模拟相应气象要素值，以此判断采集器和传感器的故障 。

2. 测量的方法

图5-37　万用表通断测量示意图

如果台站没有备用组件，当发生故障时，可用万用表测量关键测试点的通断、电阻、电压等电信号参数，以此分析出可能出现故障的组件。

使用万用表测量电参数时，应注意万用表的“档位”“量程”和“极性”。另外还应注意，由于万用表的“测笔”较粗，若操作稍有不当，让单笔同时触及两个“点”或“线”时，便会导致线路短路。

（1）线缆通断、短路测量

将万用表拨到通断测量档，测量线路是否“通”或“断”，线路短时，直接测线路两头；线路长时，采用短接方法测量。“通”时显示屏一般会显示线路的电阻值，并伴有蜂鸣器鸣叫声；“断”时显示屏显示如图5-37所示，无鸣叫声。

①线缆通断测量。较长电缆的通断测量可采取图5-38的测量方法（以风传感器电缆为例）：

A. 将电缆两端插头分别与采集器、传感器脱开，注意根据两端插头插脚相对应的线路一一进行排查。如图5-38a所示，先用导线一端插头（如采集器端）的某两个插脚短接。

B. 如图5-38b所示，用大头针或硬导线插入另一端插头与短接插脚相对应线路的插脚内。

C.如图5-38c所示，用万用表通断档进行测量。风传感器电缆两端插头均为12芯，采集端插头1~12脚与传感器端1~12脚一一对应，测量时依次对1-2、2-3、3-4、4-5~11-12插脚短接，依次测量插头两端插脚间对应线路的通断，判断出电缆各线路的通断情况。

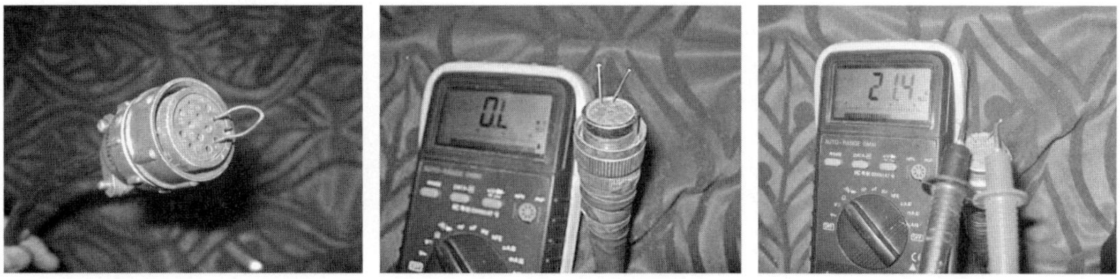

a　　b　　c

图5-38　线缆通断测量示意图

②线缆短路测量。如图5-38b所示，用大头针或硬导线插入插头的插脚内，依次测量插头各插脚间对应线路的通断，判断出线缆各线路的短路情况。

（2）电阻值测量

将万用表拨到万用表电阻值测量档位测量电阻，测量时注意选择量程（图5-39）。

（3）电压测量

将万用表拨到直流电压测量档位或交流测量档位，测量直流电压值或交流电压值，测量时注意选择量程（图5-40）。

3. 故障分析判断时的注意事项

①检查、维修自动站的保障人员，应能熟练操作自动站，熟悉自动站的工作原理及结构，熟悉自动站内电源的走向。

②保障人员在进行检查时，应注意不要带电插、拔各传感器插头，不要带电撤换或安装传感器。

③装拆组件、部件、零件时，先要关闭自动站电源；工作台面应清洁、整齐，并铺设绝缘垫，做好装拆组件、部件、零件记录，以免装不上；应准备一个小盒，放置拆下的螺钉、螺母；装拆时掉入机箱

图5-39 万用表电阻值测量示意图

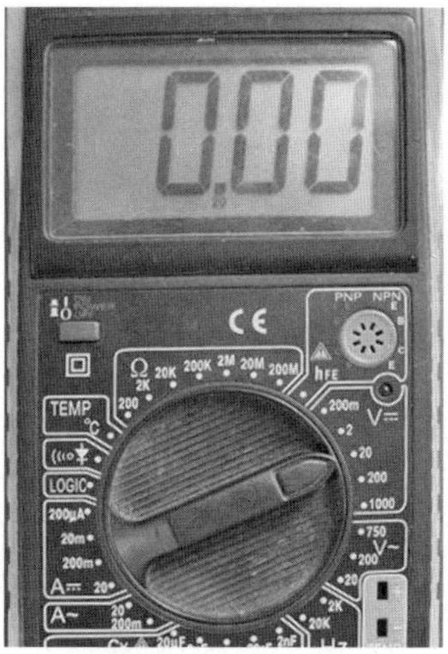

图5-40 万用表电压值测量示意图

的异物应及时取出，避免遗留。

④使用万用表时，先检查万用表的“档”“量程”“极性”是否正确；测量时，单只“测笔”不能同时触及两个导电点。

⑤需要动用电烙铁时，应妥善放置。

⑥不允许换用大容量的保险丝。

三、自动气象站设备常见故障诊断及处理方法

保障人员在遇到自动气象站设备故障时，可参考本手册所涉及的一些常见故障处理流程和典型故障处理方法，给保障人员提供一些维修的思路，帮助大家尽快排除设备故障。ZQZ-CII自动气象站故障处理流程如图5－41所示：

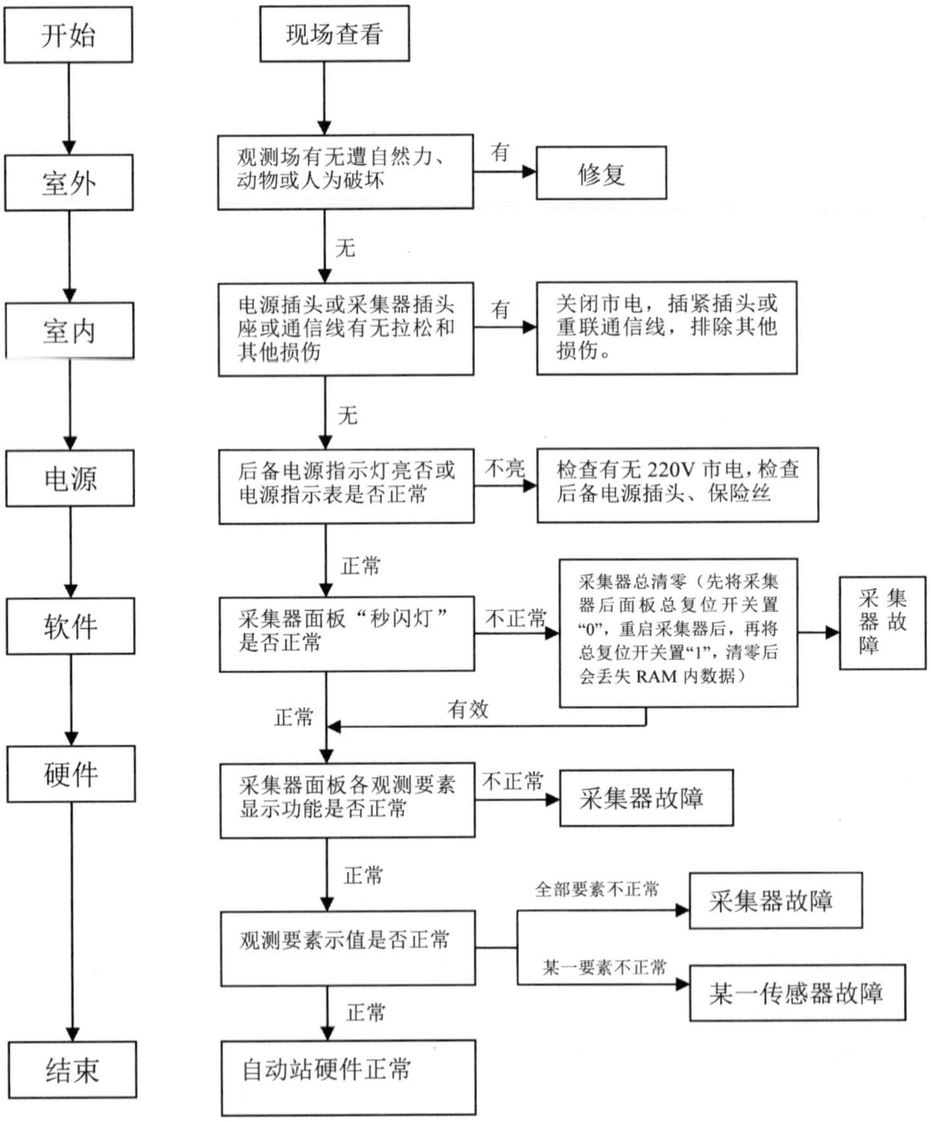

图5-41　ZQZ-CⅡ型自动气象站故障处理流程图

（一）采集器部分

数据采集器是自动气象站的核心，传感器、后备电源、计算机均与数据采集器相接。能引起数据采集器故障的因素有很多，如采集器底层软件故障、采集器硬件故障（主板、电源板、显示板）、后备电源故障、传感器故障、通信线缆故障等，均需一一进行排除。

1. 采集器故障诊断、处理流程

采集器出现故障时，可参照图5-42、图5-43所示流程进行排查。

流程一：

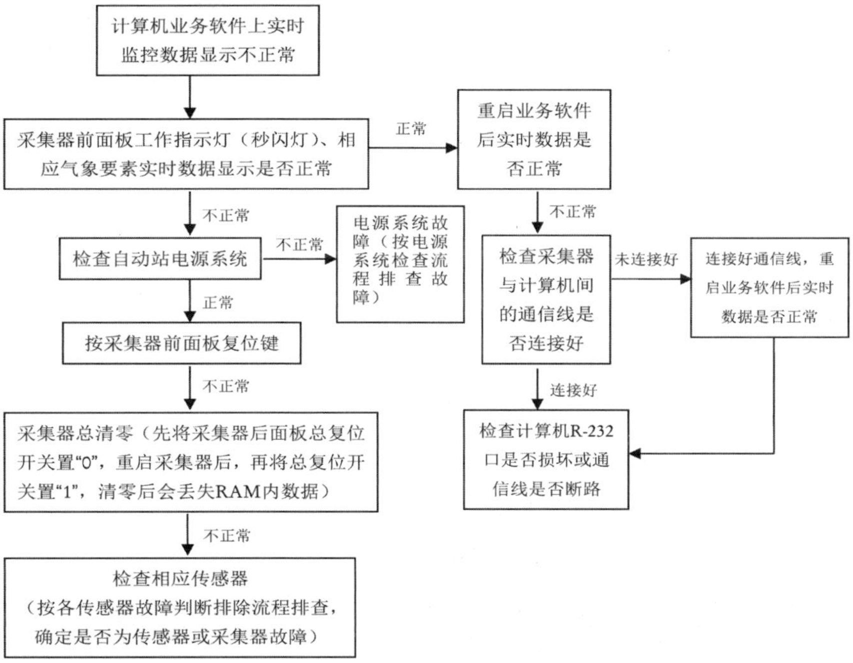

图5-42　采集器故障诊断、处理流程一

流程二：

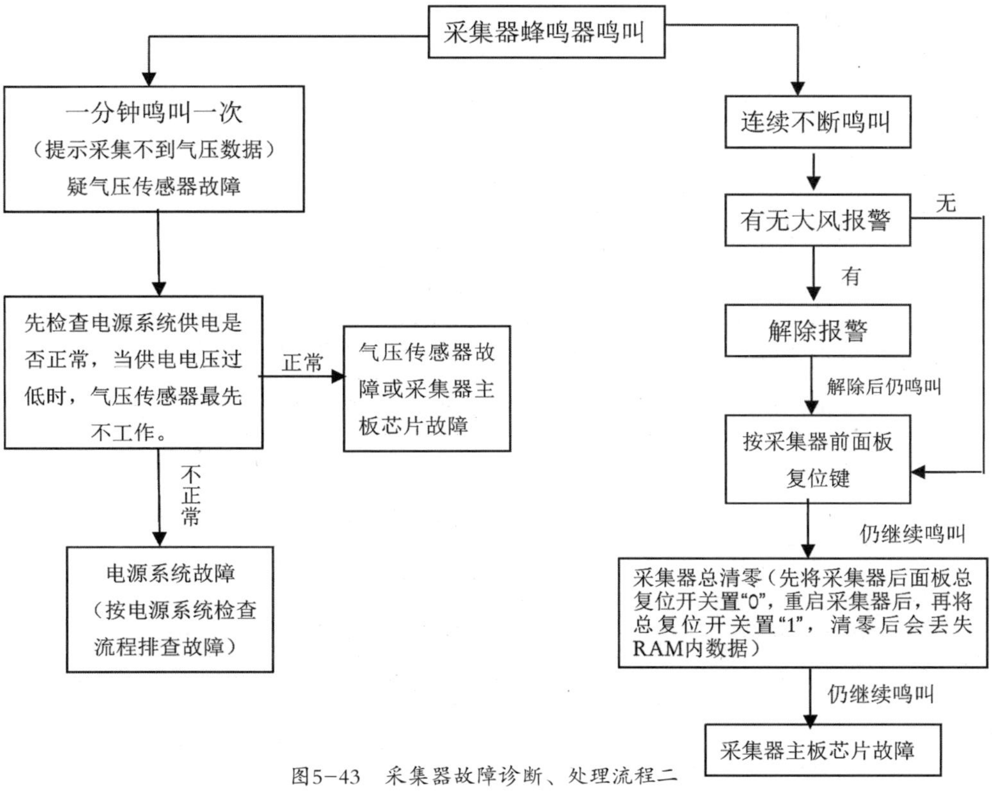

图5-43　采集器故障诊断、处理流程二

2. 采集器主板印制板的测量

在自动气象站工作状态下，打开采集器机箱上盖板，在主板印制板插座上，用万用表测量各传感器电信号参数，可帮助判断传感器是否有故障。

ZQZ-CⅡ型自动气象站采集器主板的印制板插座焊接在印制板的下面，上面只能看到插座的焊点（图5-44），主板印制板插座的上方列出了插脚的编号，下方示出了插脚所接导线在原理图中的代号。由于印制板上的线条很密，编号和代号均无法印刷在上面，故测量电信号参数时，请数清插脚的编号和注意插脚的代号。

采集器主板印制板插座各插脚代号说明见表5-1。

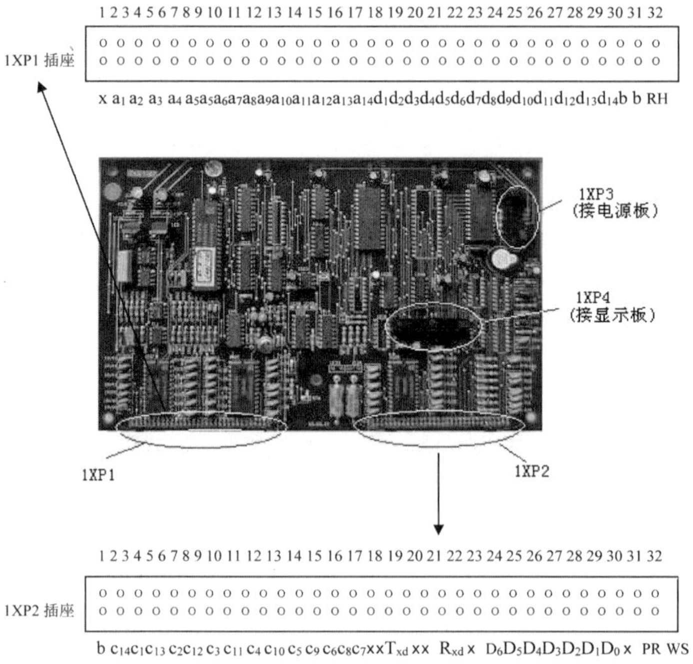

图5-44　采集器主板印制板插座测量示意图

表5-1　采集器主板印制板插座各插脚代号说明

序号	代号	说明
1	a1,b,c1,d1	气温传感器四线制接法的四根导线的代号
2	a2,b,c2,d2	（原来的湿球温度传感器，现暂不用）
3	a3,b,c3,d3	（原来的地表温传感器1四线制接法导线代号，现暂不用）*
4	a4,b,c4,d4	地表温传感器四线制接法的四根导线的代号
5	a5,b,c5,d5	草面/雪面温度传感器四线制接法的四根导线的代号
6	a6,b,c6,d6	（原来的地表温传感器4四线制接法导线代号，现暂不用）
7	a7,b,c7,d7	5 cm地温传感器四线制接法的四根导线的代号
8	a8,b,c8,d8	10 cm地温传感器四线制接法的四根导线的代号
9	a9,b,c9,d9	15 cm地温传感器四线制接法的四根导线的代号
10	a10,b,c10,d10	20 cm地温传感器四线制接法的四根导线的代号
11	a11,b,c11,d11	40 cm地温传感器四线制接法的四根导线的代号
12	a12,b,c12,d12	80 cm地温传感器四线制接法的四根导线的代号
13	a13,b,c13,d13	160 cm地温传感器四线制接法的四根导线的代号
14	a14,b,c14,d14	320 cm地温传感器四线制接法的四根导线的代号
15	RH	湿度信号输入线的代号

续表

序号	代号	说明
16	D7	直流供电状态信号线
17	D6……D0	七位格雷码风向信号所用的七根信号输入线的代号
18	WS	风速信号输入线的代号

（1）温度传感器电信号参数的测量

测量温度传感器电信号参数时，请断开采集器电源，用万用表的电阻档测量温度传感器的电阻。以测量5 cm地温为例：四根导线的代号是a7、b、c7、d7，由温度测量电路可知，电阻a7、b=导线a7的电阻+温度传感器的电阻+导线b的电阻，在主板右印制板插座（1XP2插座）的第8脚和第31脚间测量。

电阻c7、d7=导线c7的电阻+温度传感器的电阻+导线d7的电阻，在主板左印制板插座（1XP1插座）的第15脚和主板右印制板插座（1XP2插座）的第22脚间测量。

电阻a7、c7=导线a7的电阻+导线c7的电阻。

电阻b、d7=导线b的电阻+导线d7的电阻。

以上阻值在80~150 Ω，其中100 m导线的电阻约在10 Ω。测量电阻只能测出温度传感器是否断路，无法测出温度传感器是否存在温度飘移。

（2）湿度传感器电信号参数的测量

湿度传感器电信号参数是测量湿度传感器的信号电压，用万用表直流档在主板左印制板插座（1XP1插座）的第32脚与主板下方的金属安装板（以下简称底板）间测量。

所有的地线都汇总在印制板下方的安装板上。对应于相对湿度0~100%RH，信号电压为直流电压0~1 V。

（3）风向传感器电信号参数的测量

风向传感器电信号参数是测量风向传感器的信号电平，属在线测量。用万用表直流档分别在主板右印制板插座（1XP2插座）的第23脚、第24脚、第25脚、第26脚、第27脚、第28脚、第29脚与印制板下方的安装板间测量。

风向传感器的测量必须两人完成，一人慢慢转动风向传感器，另一个人用万用表测量。测量时请注意安全。

可看到万用表指针在跳动，高电平大于DC3.5 V，低电平小于DC1.5 V。

测量某一脚与底板间的电平，若风向传感器转动一周后仍无跳动现象，则怀疑该位或该位的连接导线故障。

（4）风速传感器电信号参数的测量

风速传感器电信号参数是测量风速传感器的信号脉冲。用万用表直流档在主板右印制板插座（1XP2插座）的第32脚与印制板下方的安装板间测量。

风速传感器的测量必须两人完成，一人慢慢转动风速传感器，另一个人用万用表测量。请注意安全。可看到万用表指针在频繁跳动。用万用表只能测出风速传感器及其导线有否断路，无法测出风速传感器的准确度。

（5）雨量传感器电信号参数的测量

打开雨量传感器外罩，脱开接线柱上的导线，用万用表的电阻档测量接线柱，翻转计数翻斗，每翻转一次，万用表通断一次。

（二）电源系统

正常供电是自动气象站正常运行的前提条件，电源故障会使自动站呈现不正常工作状态，所以，若自动站工作不正常时，应首先检查电源系统。ZQZ-CⅡ型自动站电源系统分为两部分，一部分在后备电源箱中，主要为12 V蓄电池及其充电电路及市电的抗干扰电路；另一部分在数据采集器中，主要为交流/直流、直流/直流变换电路。有市电时，采集器由市电供电，无市电时，采集器由蓄电池供电。

1. 自动气象站电源系统故障诊断处理流程

自动气象站电源系统故障比较常见，如保险丝断、后备电源市电插头松动、较强雷击引起电源控制板损坏、蓄电池损坏等。当自动气象站电源系统发生故障时，应按照以下几个步骤进行检查，找出自动气象站电源系统故障部位，并进行维修。

保障人员检查时应注意安全，先判断是否为后备电源故障，或数据采集器箱内电源板故障。断开数据采集器与后备电源箱连接，找一根电源连接线，直接将数据采集器与市电相连，查看数据采集器工作是否正常。若工作正常，说明电源板正常，检查后备电源；若工作不正常，则同时检查后备电源和电源板。

电源系统故障诊断、处理流程如图5-45所示。

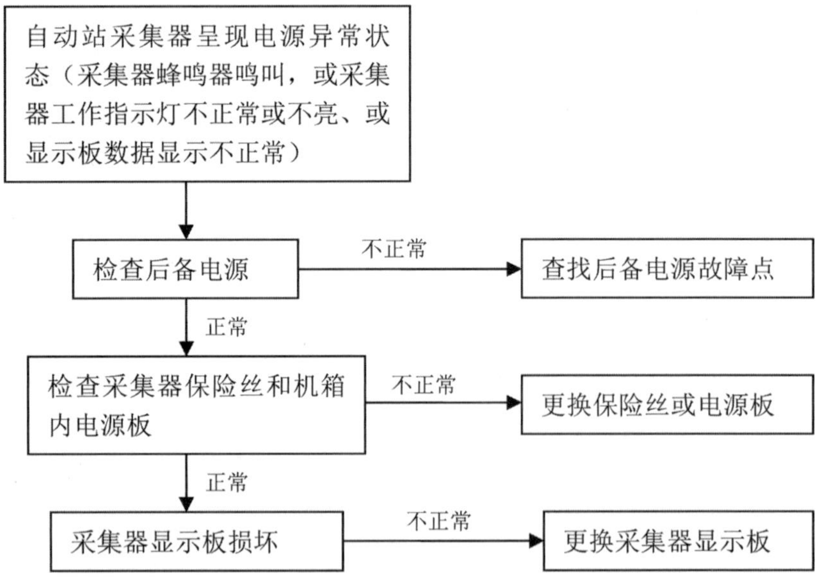

图5-45 电源系统故障诊断、处理流程图

2. 后备电源故障诊断处理

ZQZ-CⅡ型自动气象站后备电源有ZQZ电源和ZQZ-PD型电源两种，早期的ZQZ-CⅡ型自动气象站多采用ZQZ电源，目前则多采用ZQZ-PD型电源。

（1）ZQZ电源故障诊断处理

ZQZ电源故障诊断处理流程如图5-46所示。

①先将后备电源箱与数据采集器断开，检查市电输入是否正常，即查看后备电源工作指示灯是否正常。

②检查后备电源直流输出和交流输出是否正常。如无交流输出，检查是否为电源插头接触不好，是否为后备电源保险丝烧坏，是否为电源避雷抗干扰电路和隔离变压器损坏。

③如无直流输出，检查是否为充电变压器或充电电路损坏，检查蓄电池端电压，是否为蓄电池深度放电。

（2）ZQZ-PD型电源故障诊断处理

ZQZ-PD型电源故障诊断处理流程如图5-47所示。

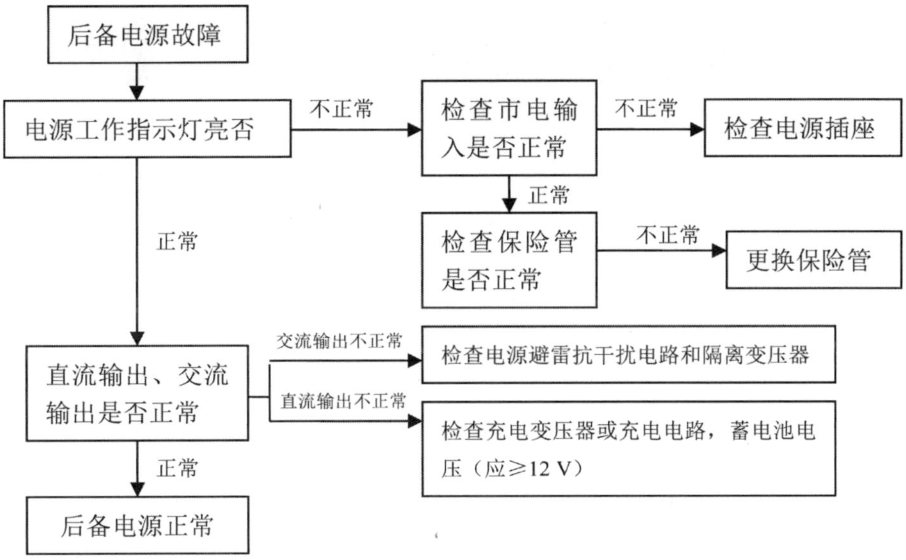

图5-46　ZQZ电源故障诊断、处理流程图

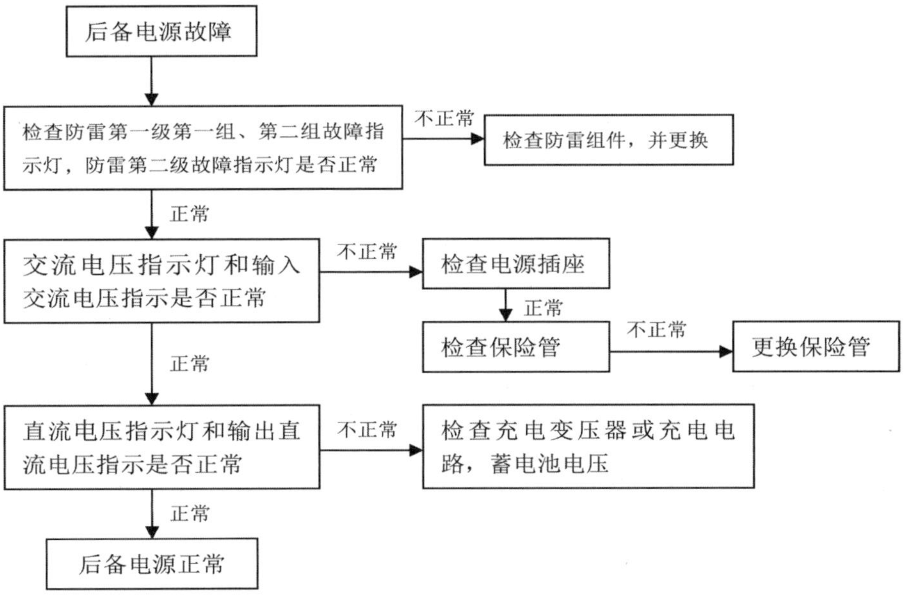

图5-47　ZQZ-PD电源故障诊断、处理流程图

ZQZ-PD型电源故障诊断处理时，要认真查看电源前面板输入交流电压、输出直流电压、交流电压指示灯、防雷第一级第一组故障指示灯、防雷第一级第二组故障指示灯、防雷第二级正常指示灯的状态，分析查找故障。

3. 采集器内电源板故障诊断处理

采集器电源板故障诊断需在通电情况下，对电源板的接线柱进行测量。在测量前，应先把各传感器插头与采集器分离，把主板电源线与主板分离，以免短路造成损坏。测量时，注意万用表档位、量程不能选错。采集器电源板位置（图5-48），采集器电源板接线柱测量位置（图5-49）。

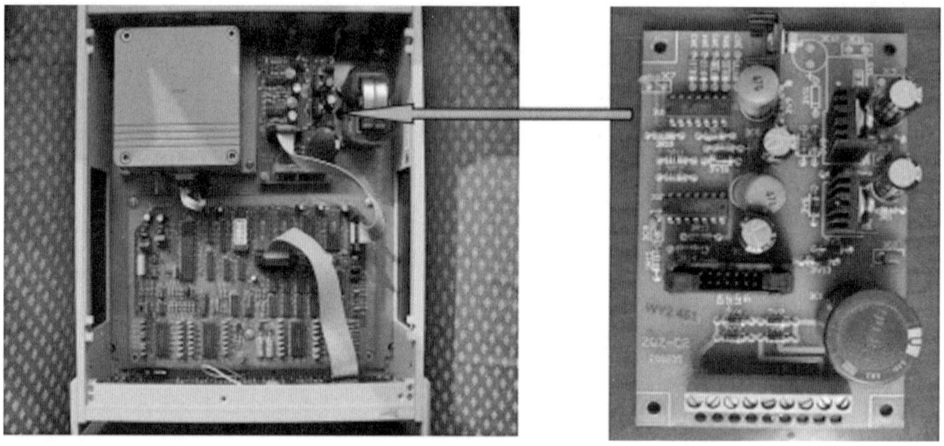

图5-48　采集器电源板位置图

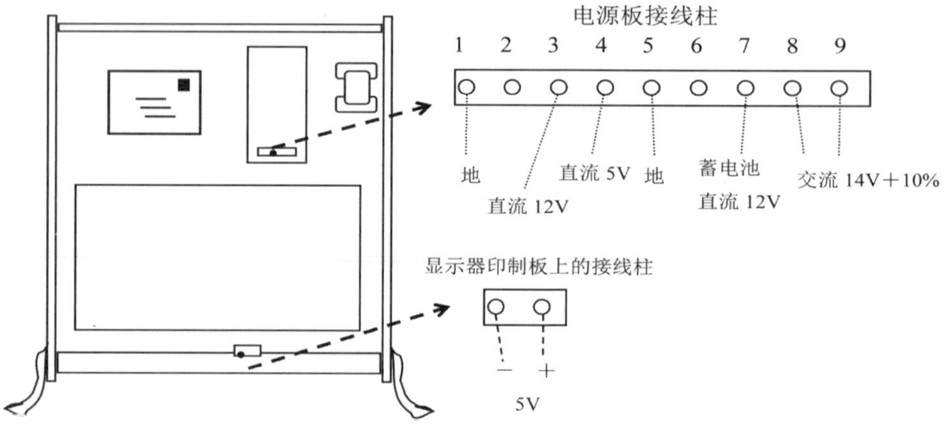

图5-49　采集器电源板接线柱测量位置图

打开采集器机箱盖板，用万用表测量电源板测量点的电压，检查采集器供电系统电源是否正常。在电源板上有9线接线柱，8、9两脚为来自变压器副边的交流14 V，3脚对地为向气压、湿度传感器供电的12 V直流电，4脚对地为向采集器和其他传感器供电的5 V直流电，7脚对地为来自后备电源箱的12 V蓄电池电源。在显示器板上有两线接线柱，接有来自电源板上的5 V直流电。

（三）温度、湿度传感器

ZQZ-CⅡ型自动气象站配备的温度、湿度传感器为VAISALA HMP45D温湿度传感器，其温度输出为无源输出（电阻Pt100），以0 ℃为基点， 0 ℃时输出的电阻值为100 Ω，每升高（或降低）1 ℃输出的电阻值相应升高（或降低）0.385 Ω；湿度输出为0 ~ 1 VDC，对应0% ~ 100%RH。

1. 空气温度传感器故障诊断处理

空气温度传感器故障现象通常表现为空气温度缺测、空气温度示值超差。在用万用表对温度传感器进行电阻值测量时，只能两线测量，测出的电阻值一般高于温度传感器实际输出电阻值，不能换算作为温度传感器实测温度，只能作为判断温度传感器或传感器电缆是否断路的依据。温湿度传感器温度测量位置如图5-50。

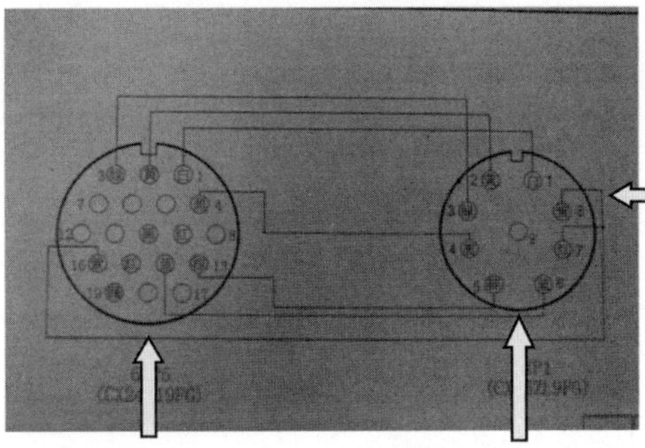

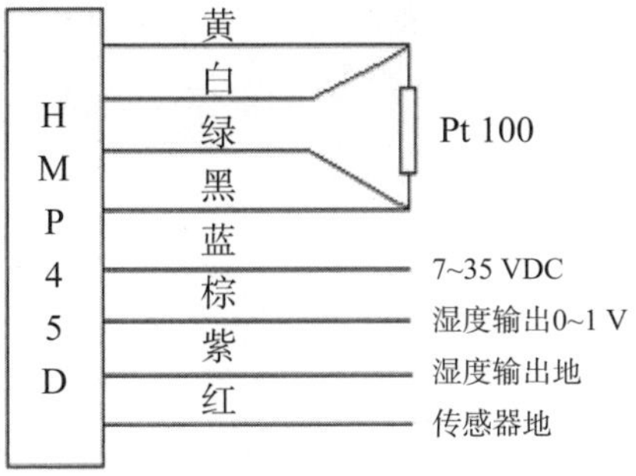

采集器端插头（19芯），温度信号输出插脚为1、2、3、4脚

传感器端插头（9芯），温度信号输出插脚为1、2、3、4脚

传感器端插头		采集器端插头
1脚	——	1脚
2脚	——	2脚
3脚	——	3脚
4脚	——	4脚

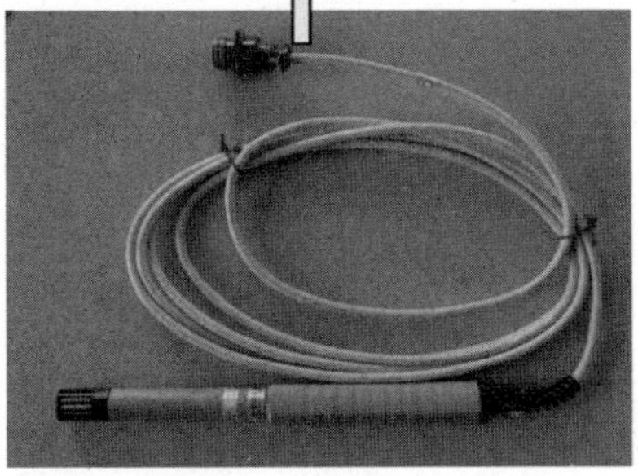

图5-50 温湿度传感器温度测量位置图

（1）空气温度缺测

空气温度缺测一般可为温度传感器断路或传感器电缆断路。空气温度缺测故障诊断处理步骤如下：

①取下温湿度传感器的插头，用万用表电阻200 Ω档量取传感器端插头：温度传感器标号1、2任一脚与3、4任一脚之间的电阻值是否在80~120 Ω。

②用万用表电阻200 Ω档量取传感器端插头：温度传感器标号1、2脚之间的电阻值是否在1~8 Ω，3、4脚之间的电阻值是否也在1~8 Ω。

③若以上两项测量中，有一项指标超出范围，则应更换温度传感器。

④若以上两项测量中，指标均正常，则初步判断传感器正常，可进一步检查温湿度传感器电缆是否断路。

⑤用万用表通断档，对温湿度传感器电缆传感器端插头（9芯）1、2、3、4脚和采集器端插头（19芯）1、2、3、4脚进行测量，判断传感器电缆是否断路。

（2）空气温度示值超差

如空气温度示值出现跳变，注意观察其变化幅度和持续时间。其原因有：

①传感器发生老化、漂移，导致准确性下降。

②采集器主板恒压源故障，或采集器主板标准电阻故障。

③周边存在电磁干扰等。

空气温度示值超差原因需一一进行排除，可按空气温度缺测故障中第①、第②、第③项所列方法处理，也可用替代的方法进行排除。

2. 湿度故障诊断处理

湿度传感器故障现象通常表现为湿度缺测、湿度示值超差。温湿度传感器湿度测量位置如图5-51。

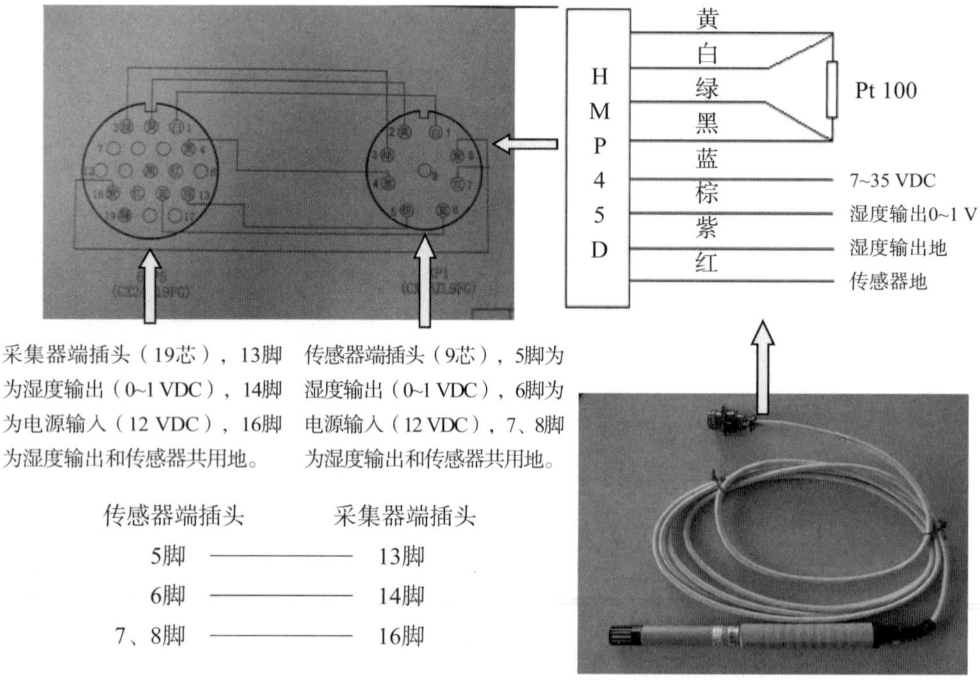

图5-51　温湿度传感器湿度测量位置图

（1）湿度缺测

湿度传感器需有直流供电才能运行，当湿度数据缺测时，应先检查湿度传感器供电是否正常（即有无12 V直流电）或传感器电缆通断。湿度缺测故障诊断处理步骤如下：

①先关闭自动站电源，取下温湿度传感器后恢复供电，用万用表直流电压档测量电缆传感器端插头湿度供电插脚， 6脚、7脚或8脚间是否有12 V直流电输入。若传感器端插头供电正常，无湿度数据显示，则说明传感器湿敏电容可能损坏，需更换传感器；或说明传感器电缆湿度信号输出线中断，应查看传感器电缆及两端插头是否有破损或脱焊现象，将破损处或脱焊处焊接连接。

②若电缆传感器端插头无12 V直流电输入，脱开传感器电缆与数据采集器的连接，用万用表直流电压档测量数据采集器端温湿度插头湿度供电插脚，14脚、16脚间是否有12 V直流电输出。

③若传感器端插头无12 V直流电输入，而采集器端插头有12 V直流电输出，则说明传感器电缆供电线路中断，应查看传感器电缆及两端插头是否有破损或脱焊现象，将破损处或脱焊处焊接连接。

④若传感器插头处和采集器插头处均无12 V直流电，检查数据采集器内电源印制板12 V直流电输出是否正常。

⑤若更换新传感器后，自动站还无湿度数据显示，而供电一切正常，则数据采集器主板出现故

障，需更换数据采集器。

（2）湿度示值超差

如湿度示值出现跳变，注意结合温度、降水观测值，观察其变化幅度和持续时间，分析原因。其原因有：

①温湿度传感器老化、漂移，准确性下降；

②传感器测湿元件故障；

③在高湿环境下，过滤罩会导致传感器湿度响应速度减缓，从而造成湿度显示值延滞的现象。

（四）风速、风向传感器

ZQZ-CⅡ型自动气象站配备的测风传感器为EC9-1型系列和ZQZ-TF型系列，风速传感器均为杯式风速传感器，输出脉冲频率信号，频率的大小与风速成线性关系；风向传感器输出信号为7位格雷码，风杯每转动2.812 5°对应一组新的格雷码。

1. 风速故障诊断处理

风速传感器的故障现象通常表现为风杯转动但无风速数据、启动风速增大（低风速时风杯不转动）。风速传感器测量位置如图5-52。

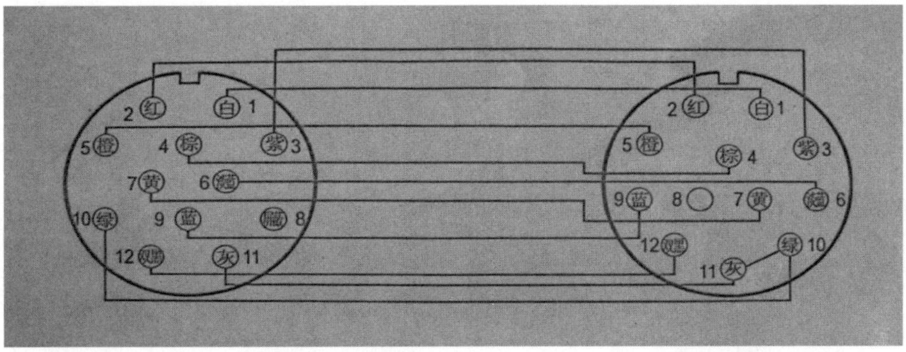

采集器端插头（12芯），1脚~7脚为风向信号输出（7位格雷码输出即电平输出），9脚为风速信号输出（频率输出），10脚、11脚均为5V直流电输出，12脚为共用地

风杆横臂端插头（12芯），与采集器端插头插脚位置一致。

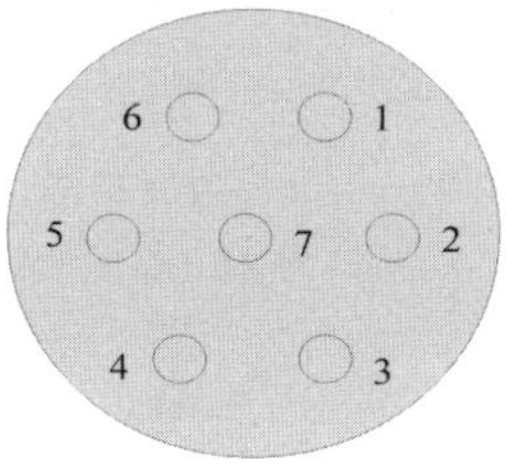

风速传感器端插头（7芯），2脚为5 V直流供电，5脚为地，7脚为风速信号输出（频率输出）

风速传感器端插头（7芯）	风杆横臂端插头（12芯）	采集器端插头（12芯）
2脚	10脚、11脚	10脚、11脚
5脚	12脚	12脚
7脚	9脚	9脚

图5-52　风速传感器测量位置图

（1）风速示值缺测

风速示值缺测故障处理步骤如下：

①风速示值缺测时，先检查供电是否正常。用万用表直流档测量三个点：A.采集器端风向风速

插头（12芯）供电插脚，10脚、12脚之间，有无5 V直流电输出；B.风杆横臂端传感器电缆插头（12芯），10脚、12脚之间，有无5 V直流电输出；C.风速传感器端插头（7芯），2脚 、5脚之间，有无5 V直流电输出。

②若供电不正常，检查风速供电线路通断。

③若供电正常，检查风速信号线路通断。用万用表通断档测量两个点：A. 风向风速传感器电缆两端插头（12芯），9脚对应9脚、12脚对应12脚；B. 风速传感器端插头（7芯）7脚对应风杆横臂端传感器电缆插头（12芯）9脚，风速传感器端插头（7芯）5脚对应风杆横臂端传感器电缆插头（12芯）12脚。

④若供电正常，信号线路正常，则风速传感器损坏，更换传感器。

（2）启动风速增大

风速传感器在使用中，由于自然损坏、轴承摩损，使风速传感器旋转器部分的阻尼、迟滞、摩擦增大，灵敏度下降，从而造成启动风速偏大。启动风速偏大在风速传感器有数据指示时通常不容易发现，往往都是在通过风速传感器周期校准时才发现启动风速增大。

2. 风向故障诊断处理

风向传感器故障现象通常表现为风向示值缺测、风向长时间指向某一方位等。风向传感器测量位置如图5-53。

（1）风向示值缺测

风向示值缺测，或是传感器供电有故障，或是传感器格雷码失效。故障处理步骤如下：

①风向示值缺测时，先检查供电是否正常。用万用表直流档测量三个点：A.采集器端风向风速插头（12芯）供电插脚，11脚、12脚之间，有

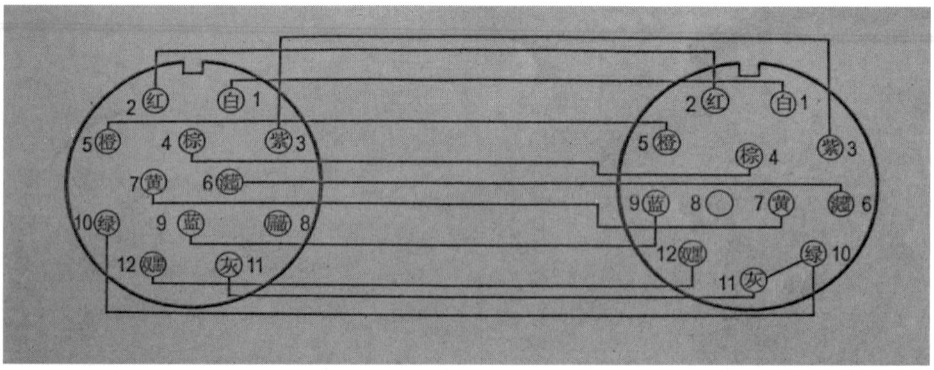

采集器端插头（12芯），1脚~7脚为风向信号输出（7位格雷码输出即电平输出），9脚为风速信号输出（频率输出），10脚、11脚均为5V直流电输出，12脚为共用地

风杆横臂端插头（12芯），与采集器端插头插脚位置一致。

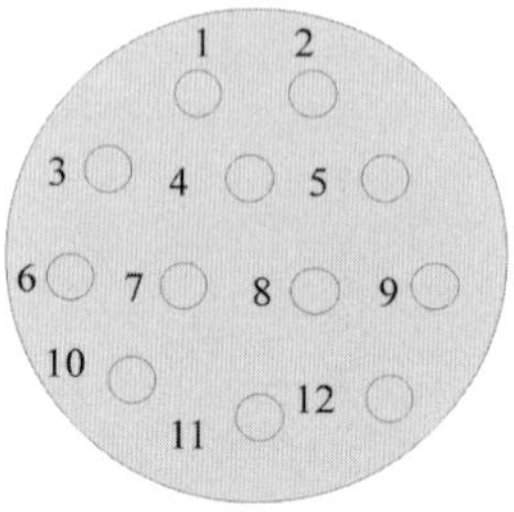

风向传感器端插头（12芯），1脚～7脚为风向信号输出（7位格雷码输出即电平输出），11脚为5V直流供电，12脚为地

风向传感器端插头（7芯）	风杆横臂端插头（12芯）	采集器端插头（12芯）
1脚	1脚	1脚
2脚	2脚	2脚
3脚	3脚	3脚
4脚	4脚	4脚
5脚	5脚	5脚
6脚	6脚	6脚
7脚	7脚	7脚
11脚	11脚	11脚
12脚	12脚	12脚

图5-53　风向传感器测量位置图

无5 V直流电输出；B.风杆横臂端传感器电缆插头（12芯），1脚、12脚之间，有无5 V直流电输出；C.风向传感器端插头（12芯），11脚 、12脚之间，有无5 V直流电输出。

②若供电不正常，检查风向供电线路通断。

③若供电正常，检查风向信号线路通断。用万用表通断档测量两个点：①风向风速传感器电缆两端插头（12芯），1 ~ 7脚对应1 ~ 7脚；B. 风向传感器端插头（12芯）1 ~ 7脚对应风杆横臂端传感器电缆插头（12芯）1 ~ 7脚。

④若供电正常，信号线路正常，则风向传感器损坏。

（2）风向示值长时间指向某一方位

风向示值长时间指向某一方位，或风向示值与同一观测场内另一风向传感器风向示值不符时，注意观察同一时间序列风向与风速分钟曲线比较，一般来说，不论是静风、微风还是风速较高时，风向曲线表现出明显的高频率变化，或是在小范围内摆动（方位相对稳定），或是大幅度摆动（方位不确定）。

其故障的原因为风向传感器内光电耦合器件损坏，造成风向传感器格雷码缺位。按照格雷码盘的编码特征，若第一圈（内圈）的光电耦合器件损坏，风向传感器只能在180°范围内显示；若第二圈的光电耦合器件损坏，只能在间隔的两个90°的范围内显示°；若第一、第二圈都损坏，风向示值始终在90°范围内。

（五）地温传感器

ZQZ-CⅡ型自动气象地温传感器为标准四线制铂电阻温度传感器，感温元件采用Pt100铂电阻。地温传感器采用四线制测温原理，用于测量地表温（1支）、草温（1支）、浅层地温（4支）、深层地温（4支）。地温传感器故障通常表现为地温传感器示值缺测、地温示值间歇性不正常、与人工观测值比较差值较大。

地温传感器、接线盒、传感器电缆测量位置如图5-54。

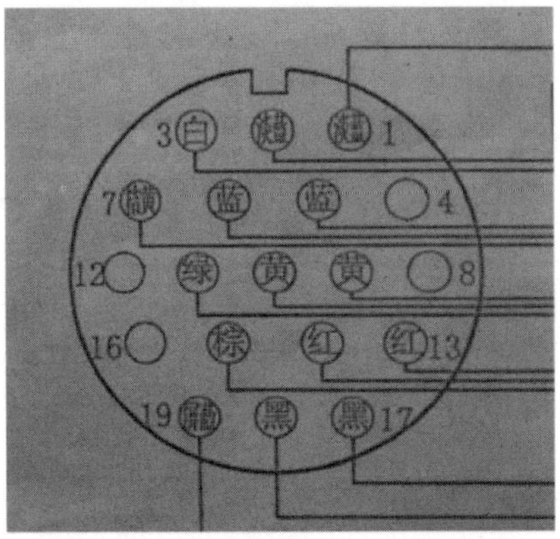

地温传感器电缆采集器端插头均为19芯插头，地温接线盒电路板上对电缆的每根线路在采集器端插头的插脚位置进行了标识，测量时，注意线路位置。

地温接线盒留有四支地温传感器接线位置，每只地温传感器有黑、黄、红、红、屏蔽5根输出线，测量时，注意电路板上的标识，避免测错。

图5-54　地温传感器、接线盒、传感器电缆测量位置图

地温接线盒电源板接线如图5-55。

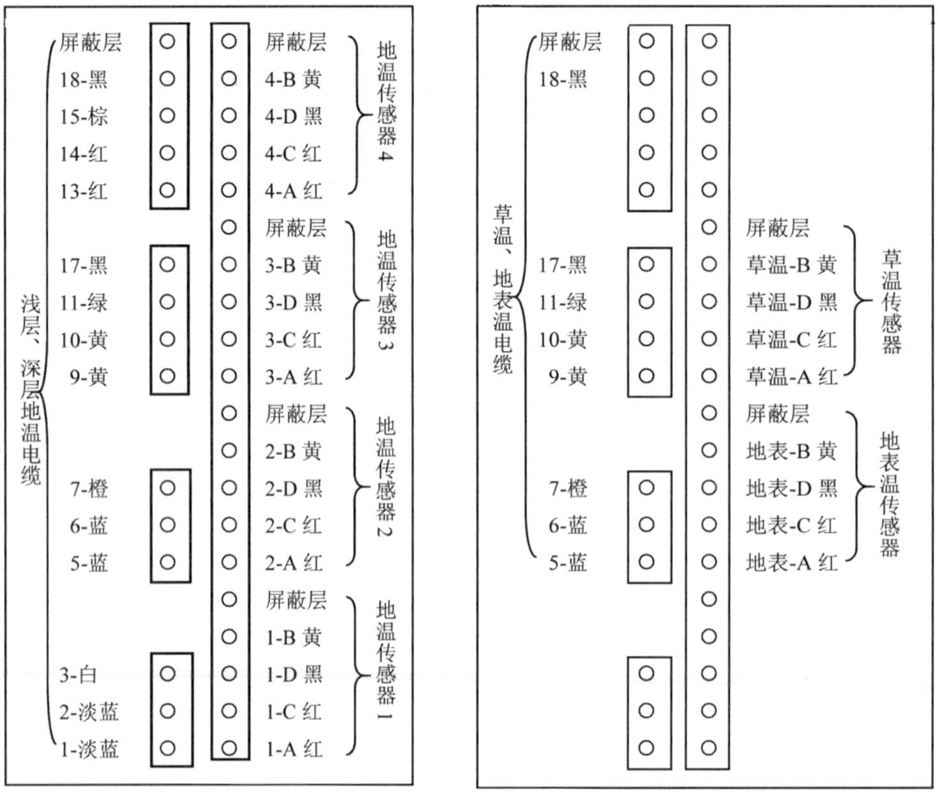

图5-55　地温接线盒电源板接线示意图

1. 地温传感器示值缺测故障诊断处理

地温传感器示值缺测，或是地温传感器损坏，或是地温接线盒损坏，或是地温传感器电缆断路。其故障诊断处理步骤如下：

①关闭自动站电源，打开相应地温接线盒，检查故障地温传感器接线是否良好。

②用万用表的电阻档量取故障地温传感器电阻，颜色相同两根线的电阻应为1~8 Ω，不同颜色两根线的电阻应为100 Ω左右（按四线制测温原理，以0 ℃为基点，0 ℃时输出的电阻值为100 Ω，每升高或降低1 ℃输出的电阻值相应升高或降低0.385 Ω），若不正常，说明传感器损坏，应更换传感器。

也可用替代的方法，将故障地温传感器接入其他地温传感器示值正常的通道，若不正常，说明传感器损坏，应更换传感器。

③若电阻正常，说明传感器良好，需要检查故障地温传感器对应地温接线盒电路板连接是否良好。

④若地温传感器和地温接线盒正常，需要检查地温接线盒端至采集器端地温传感器电缆是否断路。检查时，脱开传感器电缆插头与采集器连接，按照地温接线盒电路板的标识与采集器端插头各插脚对应测量。如有断路，应查找破损处，对断路的线缆进行焊接。

2. 地温传感器示值与人工观测值比较差值较大

①人工观测与自动观测仪器的响应时间、灵敏度不同，地温场的水平温度和垂直温度分布不均匀，一般来说，地温场的恒定是一个长期的过程，土壤松紧程度、土质等因素对其都会有一定的影响。

②如果传感器本身不稳定或者各级连接线接触不良，在测量过程中也会出现测量超差现象，所以请仔细观察一下它的波动范围，如果连续的一段过程上下波动比较大，就有可能是这个原因引起的。

③如果长时间超差很大且变化不大，则可能是传感器性能下降，应及时更换。

（六）雨量传感器

ZQZ-CⅡ型自动气象站雨量传感器为SL3-1型双翻斗雨量传感器，雨量传感器的故障表现为雨量示值缺测、雨量示值超差。

1. 雨量示值缺测故障诊断处理

雨量示值缺测，或是干簧管损坏，或是传感器电缆断路，或是采集器开关电路故障。其故障诊断处理步骤如下：

①在自动气象站正常工作情况下，取下雨量传感器外罩，将雨量传感器接线柱的两根导线取下，将两根导线的头碰接一定次数，碰接前应注意数据采集器前面板雨量显示值（最好降雨量显示值清零），碰接时应记清碰接的次数（每碰接一次，相当于雨量传感器干簧管节点闭合一次，输出一个电路导通脉冲，对应0.1 mm降雨量），同时注意采集器前面板雨量值显示是否与碰接次数一致，若一致，则采集器与传感器电缆正常；若不一致或无示值显示，检查雨量传感器电缆的通断。

②检查传感器电缆通断，雨量传感器电缆为三芯电缆，一般1、2脚对应雨量传感器端接线柱的两根导线，3脚为屏蔽线。如有断路，应查找破损处，对断路线缆进行焊接。

③检查干簧管，用万用表通断档进行测量，将万用表的红、黑表笔分别插入雨量传感器的红、黑接线柱孔内，用手翻动雨量传感器的计数翻斗，每翻动计数翻斗一次，应听到万用表发出一声嘀的叫声，说明干簧节点能正常因磁化而瞬间闭合，若无，则说明干簧管损坏，需更换干簧管或雨量传感器。

用手翻动计数翻斗，翻动一次，万用表显示通断一次。如图5-56（左）所示，当计数翻斗的磁钢与干簧管平行时，万用表显示“通”，并同时发出鸣叫声；如图5-56（右）所示，当计数翻斗的

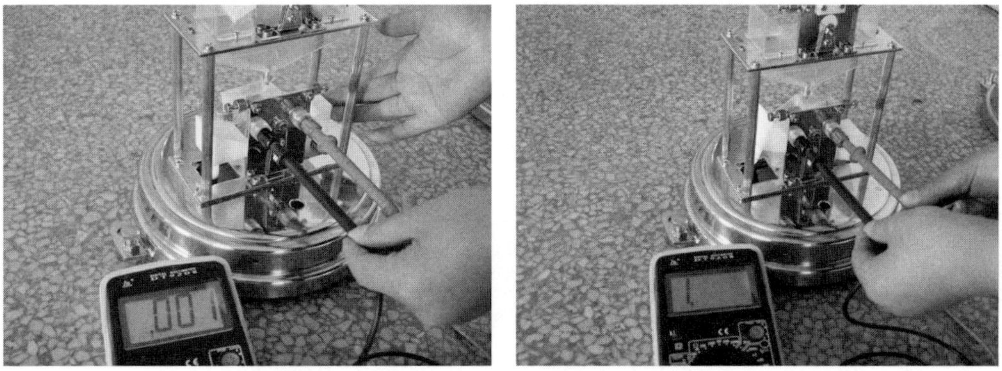

图5-56　干簧管测量示意图

磁钢未扫描干簧管时，万用表显示“断”。

2. 雨量示值超差

用量杯量取10 mm水缓慢注入雨量筒承水器，查看雨量显示值误差是否在±4%内。

如雨量示值超差，请参照前文“雨量传感器的常规维护”所述内容进行调整。

（七）气压传感器

ZQZ-CII自动气象站气压传感器采用芬兰VAISALA公司制造的PT200型硅电容压力传感器，直接输出气压数据。气压缺测时，数据采集器的蜂鸣器会间隔1分钟鸣叫一次报警，出现这类现象时，先确认自动气象站电源工作情况，若电源工作正常，更换气压传感器。气压传感器通过周期校准，可发现其示值是否超差，若超差，可进行调差。

（八）通信故障处理

在使用中，如出现自动站与计算机通信连接失败时，应检查通信电缆或计算机RS-232串口。

ZQZ-CⅡ自动气象站通信电缆内共有3根连接线，分别接在2、3和5脚上[代表TXD（发送）、RXD（接收）和SG（保护地）]；与一般RS-232通信电缆2–3、3–2、5–5的连接不同，其通信电缆两端为2–2、3–3、5–5相接（图5-57）。

如通信电缆正常，则检查是否为计算机RS-232串口损坏。

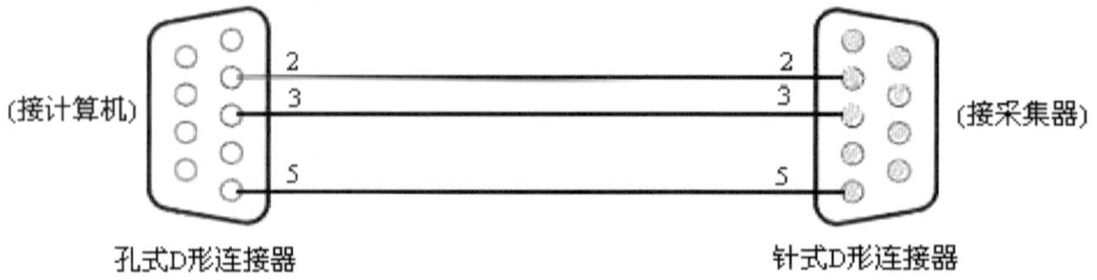

图5–57 通信电缆连线示意图

第六章

自动气象站翻斗式雨量传感器现场校准指南

本章主编◎杨卫洁

第一节
概　　述

翻斗式雨量传感器是用以连续采集液体降水量的传感器，分为双翻斗与单翻斗两种类型。针对目前地面自动气象观测站的快速发展，特别是大量翻斗式雨量传感器布设在野外，现场校准工作量大。因此，现场校准必须采用携带方便、性能稳定、量值溯源准确的雨量校准装置，且该装置提供的雨强控制能力，应符合中国气象局《雨量传感器现场校准规程》中的雨强控制等规范要求，并据此提供准确的雨量探测数据。目前，云南地区各自动气象站广泛使用的是JJS1型和JJS2型翻斗式雨量传感器校准仪。

现根据雨量现场校准的实际需求，特制定以下翻斗式雨量传感器现场校准方法，供各台站用户使用。

第二节
自动气象站翻斗式雨量传感器的现场校准方法

一、范围

本方法适用于自动气象站新建站点、日常维修维护、定期巡检、重新启用等情形下对翻斗式雨量传感器的现场校准和测试。

二、规范性引用文件

JJF1017—2000　《国家计量校准规范编写规则》

JJF1001—1998　《通用计量术语及定义》

QX/T1—2000　《Ⅱ型自动气象站》

《自动气象站现场校准方法》(中国气象局监测网络司)

三、术语和定义

1. 降水precipitation

降水是指从天空降落到地面上的液态或固态的水。

2.降水量 precipitation accumulation

降水量是指某一时段内未经蒸发、渗透、流失的降水在水平面上累积的深度。

3.降水强度(雨强) precipitation intensity

降水强度是指单位时间内或某一时段内的降水量。

4.测量仪器的准确度

测量仪器的准确度是指测量仪器给出接近于真值的响应能力。

注：准确度是一个定性概念，只能用等或级来表示。

5.准确度等级

准确度等级是指符合一定的计量要求，使误差保持在规定极限以内的测量仪器的等别、级别。

注：准确度等级通常按约定注以数字或符号，并称为等级指标。

6.测量仪器的误差

测量仪器的误差是指测量仪器的示值与对应输入量的真值之差。

注：① 由于真值不能确定，实际上用的是约定真值；②此概念主要用于与参考标准相比较的仪器；③就实物量具而言，示值就是赋予它的值。

四、计量单位

降水校准时，降水量用“mm”作为计量单位；降水强度(雨强)用“mm/min”作为计量单位。

五、计量特性

（一）翻斗式雨量传感器概述

翻斗式雨量传感器是用来连续采集液体降水量的传感器，分为双翻斗与单翻斗两种类型。翻斗式雨量传感器主要由承水器、缓冲部分、计量部分和脉冲发生部分组成。

1.单翻斗雨量传感器

该传感器主要由承水器（口径为15.96 cm）、过滤漏斗、翻斗、干簧管和底座等组成。承水器收集的降水将通过过滤漏斗流入翻斗里，当翻斗流入一定量的雨水后，翻斗会自动翻转，倒空斗里的水，翻斗的另一个斗同时开始接水。翻斗的每次翻转动作都会通过干簧管转换成脉冲信号（1个脉冲为0.1 mm）传输到采集器。该传感器适用雨强范围为0 ~ 4 mm/min。

2.双翻斗雨量传感器

该传感器主要由承水器（口径为20 cm）、上翻斗、汇集漏斗、计量翻斗和干簧管等组成。承水器收集的降水将通过漏斗流入上翻斗，当降水积聚到一定量时，会在水本身重力的作用下使上翻斗翻转，让水进入汇集漏斗。当降水从汇集漏斗的节流管注入计量翻斗时，会把不同强度的自然降水调节为比较均匀的大降水强度，以减少由于降水强度不同所造成的测量误差。当计量翻斗承受的降水量为0.1 mm时，计量翻斗会把降水倾倒至计数翻斗，使计数翻斗翻转一次。当计数翻斗翻转时，与它相关的磁钢会对干簧管扫描一次，而干簧管会因磁化瞬间闭合一次。降水量每次达到0.1 mm时，就会送出去一个开关信号，直接输入计算机进行计数，从而通过数据处理获得累计降水量、降水时数和降水强度。

（二）计量性能要求

雨强测量范围：0.1~4 mm /min

雨量值：≤10 mm 时，最大允许误差为±0.4 mm

>10 mm 时，最大允许误差为±0.4%（mm）

六、计量标准器具

（一）标准器功能要求

1. 标准容器

标准容器容积：≥314 mL；

最大允许误差：≤0.5%；

具备量值溯源能力；

其他同等或更高准确度等级的雨量标准量器。

2.标校设备

流速控制范围：0 ~ 150 mL/min；

方便携带，自带计数功能，适应野外校准需求。

（二）校准仪工作环境条件

气温4 ~ 35 ℃，湿度≤90% RH，风速≤6 m/s。

七、翻斗式雨量传感器现场校准方法

在翻斗雨量传感器使用现场，雨量传感器处于正常安装状态下, 对其进行测量准确度的校准。

（一）雨量传感器外观检查

1.检查步骤

① 雨量传感器安装应稳定、牢固，各地脚紧固螺钉无松动现象并确保水平状态。

②传感器各水流通道应畅通，不得有污物和堵塞现象，如有污物堵塞，应用可溶性苛性钠溶液和相应清洗工具进行清理；严禁用手或其他可能带有油垢的物品擦拭翻斗内壁。

③各翻斗轴杆紧固螺栓应松紧适中，翻斗应转动灵活，无任何阻滞现象。

④各翻斗翻转角度定位调节螺钉应紧固，无松动现象。

⑤干簧管与磁铁的相对位置应正确；用万用表测量，输出的通断信号状态应正常。

（二）校准方法

1.校准前准备

将雨量校准仪与传感器正确连接，校准仪应稳定放置于被校准传感器上，向标准容器中注水，做好校准前的装备工作。校准开始前，应记录当前的环境温湿度、风速及雨量传感器的基本信息。

2.校准数据读取方法

设置雨量校准仪的流量强度，按校准仪使用说明书进行1 mm/min和4 mm/min雨强的雨量检定。每种雨强的雨量分别校准三次，记录每次校准结果。

（三）雨量传感器测量误差计算方法

①雨量校准装置降水计算公式如下式：

$$R=V/S$$

式中：R——雨量降水量标准数值；V——标准容器容积（cm^3）；S——承水口面积（cm^2）

以标准容积V=314.16 mL的校准装置为例，雨量传感器标准值换算结果如表6-1所示。

表6-1　雨量传感器的标准值换算

标准容积 / V	承水口直径 / D	承水口面积 / S	标准数值 / R
314.16 mL	20 cm	314.16 cm^2	1 cm（10 mm）
314.16 mL	15.96 cm	200 cm^2	1.57 cm(15.7 mm)

②以被检雨量传感器的3次测量雨量平均值减去标准值，得出该雨强下的测量误差平均值，计算公式如下式所示：

$$\Delta R_1=\overline{R}_{(1,3)}-R_{(1,s)}$$

$$\Delta R_4=\overline{R}_{(4,3)}-R_{(4,s)}$$

式中：ΔR_1——雨强为1 mm/min时的测量误差（mm）；

$\overline{R}_{(1,3)}$——雨强为1 mm/min时，3次测量值的平均值（mm）；

$R_{(1,s)}$——雨强为1 mm/min时的标准值（mm）；

ΔR_4——雨强为4 mm/min时的测量误差（mm）；

$\overline{R}_{(4,3)}$——雨强为4 mm/min时，3次测量值的平均值（mm）；

$R_{(4,s)}$——雨强为4 mm/min时的标准值（mm）。

在两种雨强条件下，被检雨量传感器在≤10 mm降雨量时的测量误差以不超过±0.4 mm视为合格；在两种雨强条件下，被检雨量传感器在>10 mm降雨量时的测量误差以不超过±4%时视为合格，否则应进行雨量传感器基点调整。经过调整后的雨量传感器，必须重新进行校准，直至传感器的测量误差符合标准要求。选择两种雨强下测量误差的最大值作为雨量的校准结果（调整方法见“附录B”）。

当校准结果超过误差允许范围，并且不属于系统误差性质时，则必须对传感器各个部分进行仔细检查和维修，然后再进行调整。如经进一步检查、调整后仍达不到技术要求，则该传感器应作报废处理。

每次校准合格时保留校准记录（校准记录格式见“附录A”）。

八、校准周期

（1）区域自动气象站雨量传感器的校准周期一般为1年，每年汛期开始前进行校准。

（2）有以下情况之一时须进行校准：

①新建站点、重新启用及更换雨量传感器后。

②自动气象站数据采集器经过维修或更换后。

③当发现雨量测量值出现异常时。

④大雨过后及每月正常维护时应进行现场校准。

附录A

翻斗式雨量传感器现场校准记录表

传感器编号：　　　　　　　　　　　　　　　　　　校准地点：

传感器型号：　　　　　　　　　　　　　　　　　　校准时间：

制造厂：　　　　　　　　　　　　　　　　　　　　校准单位：

环境温度：　℃　　　　环境湿度：　%RH　　　　风速：　m/s

<table>
<tr><td colspan="5">示值校准记录 / mm</td></tr>
<tr><td>雨量</td><td>标准值R</td><td>雨量校准装置计数值
×传感器分辨率</td><td>平均值$\sum R_i/3$</td><td>测量误差</td></tr>
<tr><td rowspan="3">降水量
（1 mm/min）</td><td rowspan="3"></td><td></td><td rowspan="3"></td><td rowspan="3">ΔR=平均值-R</td></tr>
<tr><td></td></tr>
<tr><td></td></tr>
<tr><td rowspan="3">降水量
（4 mm/min）</td><td rowspan="3"></td><td></td><td rowspan="3"></td><td rowspan="3"></td></tr>
<tr><td></td></tr>
<tr><td></td></tr>
<tr><td colspan="5">测量误差：Max（ΔR）</td></tr>
<tr><td colspan="5">外观检查及处理记录</td></tr>
<tr><td colspan="2">现象</td><td colspan="3">处理</td></tr>
<tr><td colspan="2"></td><td colspan="3"></td></tr>
<tr><td colspan="2"></td><td colspan="3"></td></tr>
<tr><td colspan="2"></td><td colspan="3"></td></tr>
<tr><td colspan="2"></td><td colspan="3"></td></tr>
<tr><td colspan="2"></td><td colspan="3"></td></tr>
</table>

校准人员签字：　　　　　　　　　　　　　　　复核人员签字：

附录B

翻斗式雨量传感器调整方法

1.如果校准结果为有规律的正偏差或负偏差，可通过计量翻斗两边的定位调节螺钉进行调节。一般而言，计量翻斗调节螺钉转一圈，雨量计数值可相应变化3%，向外调节，使翻斗内盛水量增加，计数值减少；向内调节，使翻斗内盛水量减少，计数值增大。误差值为负数时向内调节；误差值为正数时向外调节。调整时应在调节螺钉上先做记号，再根据测试误差值大小同时调整两边计量翻斗的定位螺钉，最终使误差值调整到允许范围以内。

若以标准容积314.16 mL的雨量对翻斗雨量传感器进行校准，根据公式B-1可以计算出雨量校准仪的标准计数值：

$$\text{标准计数值}=\frac{\text{标准容积}}{\text{承水口面积}\times\text{计量翻斗分辨力}} \qquad (\text{B-1})$$

以承水口面积为314.16 cm^2的雨量传感器为例（上海气象仪器厂生产的SL3-1型翻斗雨量传感器，其承水口直径为200 mm，计量翻斗分辨力为0.1 mm），量取314.16 mL的水量进行雨量传感器的校准，校准装置计数显示应为100（即分辨力为0.1 mm的翻斗计数次数为100次）。计算公式如B-2所示：

$$\text{标准计数值}=\frac{314.16\ \text{cm}^3}{314.16\ \text{cm}^2\times0.01\ \text{cm}}=100\ \text{次} \qquad (\text{B-2})$$

如校准仪测量的计数显示为95，则测量误差值为−5，说明翻斗启动容量大，应向内调节螺钉使翻斗内盛水量减少，校准仪计数值增大，减少误差。反之，如校准仪测量的计数显示为105，则测量误差值为+5，说明翻斗单次计量容量偏小，应向外调节螺钉使翻斗内盛水量增加，校准仪计数值减少，减少误差。在雨量计量翻斗调整完成后，应重新进行翻斗式雨量传感器的校准，直到传感器的测量误差达到规定的计量要求。

2.当被测雨量传感器的承水口面积是200 cm^2（天津气象仪器厂生产的SL2-1型翻斗雨量传感器，其承水口直径为159.6 mm，计量翻斗分辨力为0.1 mm）时，标准计量数值（即计量翻斗翻动次数）为公式B-3所示：

$$\text{标准计数值}=\frac{314.16\ \text{cm}^3}{200\ \text{cm}^2\times0.01\ \text{cm}}\approx157\ \text{次} \qquad (\text{B-3})$$

如雨量传感器测量误差不符合规定的计量要求，则需要参照第1点中的调整方法进行调整，并重新校准，直到传感器的测量误差达到规定的计量要求。

对于此类传感器的具体调整方法，可根据仪器使用说明书进行。

附录C

JJS1型翻斗式雨量传感器校准仪使用说明

一、简介

（1）该校准仪适用于翻斗雨量计、自动气象站雨量传感器的现场校准和测试，便于携带，操作使用方便，校准过程简单，实用可靠，可广泛应用于气象台站和其他观测现场。

（2）该仪器由计数器、雨强漏斗（小雨强1 mm和大雨强4 mm）、连接线、支撑架、雨量杯等组成，校准时由雨强漏斗模拟降雨，显示器进行计数显示，通过显示值计算出差值，可以方便地对传感器进行现场调节，保证测量准确。

二、主要技术指标

1.雨强控制指标

大雨强滴水时间：10 mm清水，注入漏斗后，全部滴净时间为2′30″～2′50″。

小雨强滴水时间：10 mm清水，注入漏斗后，全部滴净时间为8′～12′。

2.计数显示器

①计数容量：00000～99999；

②计数误差：±1个字；

③速率：最快7 Hz/ s；

④ 脉冲宽度：≥100 μs；

⑤ 工作电源：DC 1.5 V，AA电池一节；

⑥功耗：计数8 μA，待机2 μA；

⑦计数显示：LCD（液晶）数字显示字高0.4 cm；

⑧显示外形：宽×高×厚=68 mm×35 mm×28 mm。

三、校准器的环境条件

气温4～35 ℃，湿度≤90%RH，风速≤6 m/s。

四、现场校准步骤

该仪器适用于承水器口缘面积为314.16 cm^2的雨量传感器（盛水口直径200 mm），当被测雨量传感器的口缘面积是200 cm^2（盛水口直径159.6 mm）时，只需进行计数值换算即可。

1.翻斗雨量传感器现场校准方法

在自动站现场，自动站雨量传感器处于正常安装状态下，进行其测量准确度的校准。

2.雨量传感器外观检查

① 雨量传感器安装应稳定、牢固，各地脚紧固螺钉不应有松动现象。

②传感器各水流通道应畅通，不得有污物和堵塞现象。

③各翻斗轴杆紧固螺栓应松紧适中，翻斗应转动灵活，无任何阻滞现象。

④各翻斗翻转角度定位调节螺钉应紧固，不得松动。

⑤干簧管与磁铁的相对位置应正确；用万用表测量，输出的通断信号状态应正常。

3. 现场校准

①取下雨量传感器外桶，将自动站二芯信号电缆从传感器接线柱卸下，并妥善处理二芯信号线，避免短接而引起短路产生降水计数。

②将一节5号电池安装在校准器电池盒内，注意正负极方向。

③ 将校准器附带的支撑架稳固地安放在雨量传感器底座上，再将校准器安放到支撑架上面。

④将校准器所带二芯连接线的连接端连接到传感器的接线柱上，再将二芯连接线插端插入校准器插孔内（两根连接线不分正负极）。

⑤按下校准器清零按钮，使校准器计数器复位；用手轻轻拨动传感器计数翻斗，校准器计数显示器应有数字显示；然后将传感器计量翻斗和计数翻斗调整到同一倾倒方向，并将校准器计数器清零。

⑥小雨强度精度校准：在标准量杯内盛装10.0 mm清水，注入校准器“1 mm”强度注水孔内，校准器将模拟1 mm降雨强度使清水滴下，同时计数器开始计数，当清水全部流淌完毕，计数器停止计数，计数器显示数值应等于100，如果计数器显示数值不等于100，读取计数器的数值，用100减去读数值得到此次计量的差值。此过程重复3次，并以3次数值的平均值作为1 mm雨强时的测量差值,根据差值的大小可以对传感器进行调整。

⑦大雨强度精度校准：进行完小雨强度精度校准后，将计数器清零复位，在标准量杯内盛装10.0 mm清水，注入校准器“4 mm”强度注水孔内进行计数测试，当清水全部流淌完毕，计数器停止计数，计数器显示数值也应等于100，如果计数器显示数值不等于100，读取计数器的数值，用100减去读数值得到此次计量的差值。此过程重复3次，并以3次数值的平均值，作为4 mm雨强时的测量差值。

⑧当校准结果超过误差允许范围，并且属于系统误差性质时，必须对传感器进行调整，调整后必须进行小、大雨强重新校准，直至在小、大雨强时的测量误差都符合标准（调整方法见“附录B”）。

⑨当校准结果超过误差允许范围，并且不属于系统误差性质时，则必须对传感器各个部分进行仔细的检查和维修，然后再进行调整。如经进一步检查、调整后仍达不到要求，则该传感器应作报废处理。

⑩雨量传感器现场校准结束后，取下连接线和校准器，将自动站的雨量二芯信号电缆重新与传感器连接好，再装上雨量传感器外桶并固定好；取下校准器内电池，然后将校准器、支撑架、连接线和量杯放入仪器箱内。

每次校准或调整后，应注意传感器计量翻斗和计数翻斗保持在同一倾倒方向。

在维修和校准过程中，如发现计量翻斗内壁有赃物或沙尘时，可从漏斗内注入清水进行冲洗，严禁用手或其他可能带有油垢的物品擦拭计量翻斗内壁。

4.数据处理方法

①校准差值的获得方法为：往传感器注入水量10 mm，相当于雨量传感器计数翻转100次。其差值计算公式为：

差值=100－计数值

②以标准值100（注入水量）减去被检雨量传感器的3次测量计数平均值，可得出该雨强下的平均测量差值，计算公式如式C-1、C-2所示：

$$\Delta R_1 = 100 - \overline{R}_{(1,3)} \qquad \text{(C-1)}$$

$$\Delta R_4 = 100 - \overline{R}_{(4,3)} \qquad \text{(C-2)}$$

式中：ΔR_1——雨强为1 mm/min时的测量差值（mm）

ΔR_4——雨强为4 mm/min时的测量差值值（mm）

$\overline{R}_{(1,3)}$——雨强为1 mm/min时，3次测量值的平均值（mm）

$\overline{R}_{(4,3)}$——雨强为4 mm/min时，3次测量值的平均值（mm）

在两种雨强下，将被检雨量传感器的平均测量差值作为基点调整依据，其计算公式如式C-3所示：

$$\Delta R = \frac{\Delta R_1 + \Delta R_4}{2} \qquad \text{(C-3)}$$

式中：ΔR——雨强为平均测量差值

5.传感器调整方法

①系统误差调整:如果校准结果为有规律的“＋”或“－”差，可通过计量翻斗两边定位调节螺钉进行调解。一般来说，计量翻斗调整螺钉转一圈，雨量计数值可相应变化3%，向外调节，可使翻斗内盛水量增加，计数值减少；向内调节，可使翻斗内盛水量减少，计数值增大。“＋”差时向内调节；“－” 差时向外调节。调整时应根据测试差值大小和调节螺钉上的记号，同时调节两边的调节螺钉，将差值调整到允许值以内。

②例如：量取10 mm水量，计数显示应为100，经测量计数显示为95，差值为＋5，说明翻斗启动容量大，应向内调节调节螺钉，使翻斗内盛水量减少，增大计数值，减少误差。

6.计数值需换算

①当被测雨量传感器的口缘面积是200 cm^2时(盛水口直径159.6 mm，天津气象仪器厂生产的

SL2-1型雨量器），需对计数值进行换算：

计数值=314/200=157

②用量杯量取10 mm水量，当清水全部流淌完毕，计数器停止计数，计数器显示值应为157；如果计数器显示数值不等于157，读取计数器的数值，用157减去读数值，便得到此次计量的差值，然后进行调整。

③对于此类传感器的具体调整方法，可根据仪器使用说明书进行。

五、校准注意事项

本仪器在校准过程中，如果漏斗内已经注入清水，并存在滴水孔堵塞现象，应从漏斗底部用细针进行通透，严禁将仪器翻转往外倒水。

六、操作示意图（图C−1）

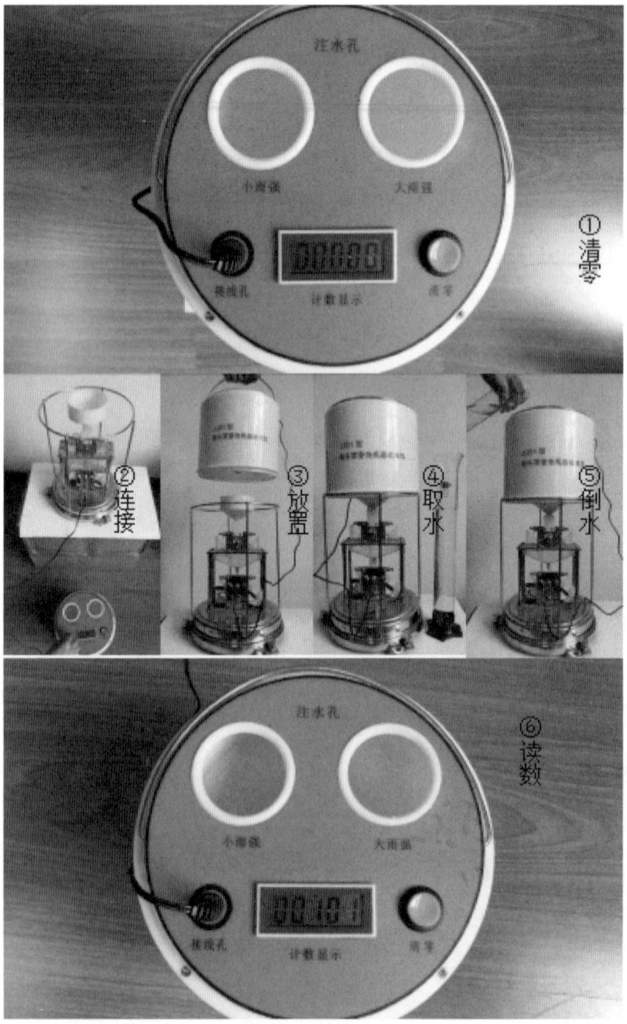

图C−1　操作示意图

附录D

JJS2型雨量校准仪使用说明书

一、简介

JJS2型雨量校准仪具备量值传递准确可靠、坚固耐用、外形轻巧，操作简单、测试结果精确度高等特点。该雨量校准仪严格按照量值传递和量值溯源的原则，达到了标准器等级中的参考标准（即二级标准）。该雨量校准仪适用于不同口径翻斗雨量传感器的现场标定，可广泛应用于气象、环保、民航、水文、交通等行业。

二、JJS2型雨量校准仪结构及原理

1. JJS2型雨量校准仪的组成

JJS2型雨量校准仪由水槽、标准计量球、进水阀、出水阀、流量控制阀、支撑架、接线柱、计数器、面板、外壳等部分组成。

2. JJS2型雨量校准仪的工作原理

在JJS2型雨量校准仪中，与大气相通的“U”形管中的水，平衡时两端均处于同一高度。根据此原理，可实现往标准计量球中注水和雨量计量结束后自动停水的功能。关闭出水阀，打开进水阀，装置顶端储水槽中的水会因重力作用而往标准计量球中注水，当标准计量球水满时，多余的水会通过溢流口流出，关闭进水阀，则完成往标准计量球中注水的过程。打开出水阀，标准计量球中的水会通过出水阀、流量控制阀、三通后流入翻斗雨量传感器。调整三通位置使其与标准计量球的水位停止线相平，当标准计量球的水位下降至与三通平衡时，出水过程便自动停止。通过这两个过程，可将标准计量球的量值传递到翻斗雨量传感器。

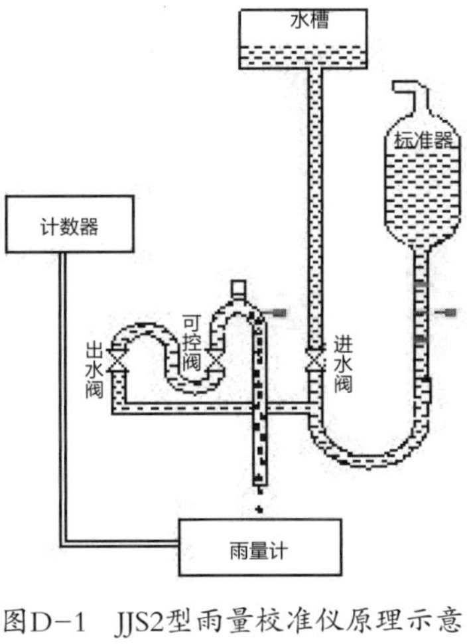

图D-1　JJS2型雨量校准仪原理示意图

三、JJS2型雨量校准仪的主要技术指标

（1）JJS2型雨量校准仪的主要技术指标如表D-1所示。

（2）计数器显示

① 显示位数：6位。

② 复位方式：外部/面板复位，面板复位带锁定，防止误操作。

表D-1　JJS2型雨量校准仪的主要技术指标

<table>
<tr><td colspan="4">JJS2型雨量校准仪</td></tr>
<tr><td>整体高度</td><td>485 mm</td><td>口径</td><td>193.5 mm</td></tr>
<tr><td>标准球容量</td><td>314.16 mL</td><td>量值传递误差</td><td>±1.5 mL</td></tr>
<tr><td>被校设备 / 时间 / 降水强度</td><td>上海气象仪器厂
SL3-1型</td><td colspan="2">天津气象仪器厂
SL2-1型</td></tr>
<tr><td>小雨强(1 mm/min)</td><td>10'±1'</td><td colspan="2">16'±2'</td></tr>
<tr><td>大雨强(4 mm/min)</td><td>2'30"±30"</td><td colspan="2">3'56"±45"</td></tr>
</table>

③ 计数速度：10 次/秒。

④工作寿命：3年以上（25 ℃）。

⑤无电压输入：接点接通最大电阻：<10 kΩ。

⑥接点断开最小电阻：>500 kΩ。

⑦输入最大残余电压：0.5 V。

（3）标准球：通过中国计量研究院检定合格。

（4）节流阀：0 ~ 5 mm/min。

（5）雨强调节旋钮：12圈。

四、校准环境

①使用环境温度：4 ~ 35 ℃

②使用环境湿度：10% ~ 90%RH。

五、JJS2型雨量校准仪现场校准方法

（1）JJS2型雨量校准仪结构如图D-2所示。

（2）雨量传感器校准前的准备

①对雨量传感器进行外观检查，铭牌应清晰可识，外筒无破损或变形。

②雨量传感器安装应稳定、牢固，各翻斗在翻动过程中应转动灵活，不得有任何卡滞现象。

③断开雨量传感器的信号线，对雨量传感器进行清洗，确保雨量传感器没有尘埃、淤积或污物堵塞。

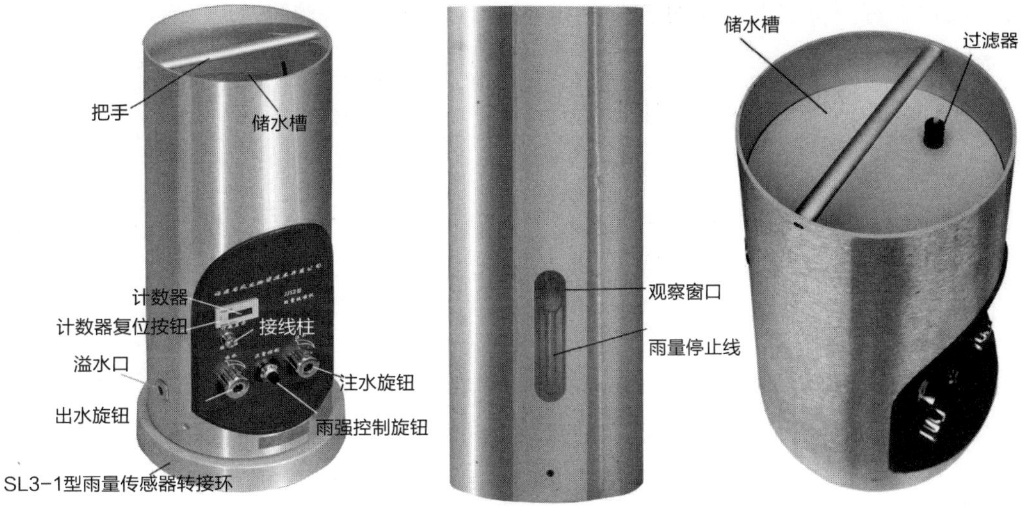

图D-2　JJS2型雨量校准仪结构示意图

④干簧管与磁铁的相对位置应正确，使用万用表测量，其通断信号应正常。

（3）现场校准步骤

①往顶部储水槽中加入清水，打开注水开关，直到标准玻璃球中充满清水，然后关闭注水开关。将雨强调节阀调至最大，打开出水开关，排尽管道中的空气，并通过观察窗检查停水后的水位线是否与标准玻璃球刻度中线吻合。

② 断开雨量传感器的信号线，用连接线连接校准装置和被校雨量传感器。将校准装置置于被校雨量传感器上方，给储水槽加满清水，并将计数器清零。如果是SL3-1型雨量传感器，可使用转接环转接。

③ 打开注水开关，给标准计量容器再次注水（充满水后，校准装置侧壁上会有水溢出），待注满水后关闭注水开关。

④调节雨强调节阀，根据雨强设定表格上的参数，设定雨强调节阀码盘上的数字至所需雨强（雨强调节阀可设置范围为0 ~ 5 mm/min）。

⑤打开出水开关，对雨量传感器进行标定。依据雨量传感器现场校准规范，对雨量传感器分别进行1 mm/min和4 mm/min雨强的标定过程，每种雨强重复测定三次，每次测定过程完成后，都要将校准装置的计数器清零。

⑥标定完成后，计算每种雨强的测量误差平均值，据此判断测量误差平均值是否符合规范要求，若不符合则要调整被测雨量传感器。

⑦校准结束后，将校准装置的连接线从雨量传感器上断开，重新连接信号电缆与雨量传感器。排空校准装置中的清水，将校准装置和配件放入仪器箱中。

六、不同口径雨量传感器的误差计算

①JJS2型雨量校准仪使用的标准计量球容量为314.16 mL，对应SL3-1型双翻斗雨量传感器的雨量

为10.0 mm。314.16 mL计量球容量对应其他几种不同口径翻斗雨量传感器的雨量值见表D-2。

表D-2　314.16 mL计量球容量对应不同口径翻斗雨量传感器的雨量值

厂家	型号	承水口直径	承水口面积	标准数值
上海气象仪器厂	SL3-1	200 mm	$314.16 cm^2$	10.0 mm
天津气象仪器厂	SL2-1	159.6 mm	$200 cm^2$	15.7 mm

②使用本说明书第6点中的方法校准以上传感器，待完成校准后，将结果取平均值减去上述表格中的标准数值，即得到该雨量传感器的计量误差。根据自动站现场校准规范：当雨量≤10 mm时，传感器允许误差为0.4 mm；当雨量＞10 mm时，传感器允许误差为4%。如果被校准雨量传感器的计量误差值超过此范围，则表明该传感器需要进行误差调整。

③对此类翻斗雨量传感器，可参考仪器使用说明书进行雨量换算，并对其进行标校。

七、雨量传感器的误差调整方法

如果大雨强和小雨强的校准结果均为偏大或偏小，可以通过调节计量翻斗两边的定位螺钉来消除计量误差。当误差为负值时，应向内调节定位螺钉，使翻斗内的盛水量减少，计数值增加；当误差为正值时，应向外调节定位螺钉，使翻斗内盛水量增加，计数值减少。调整时应同时调节翻斗两边的定位螺钉，而且调节量应相同，以保持计量翻斗水平。

八、校准注意事项

①每次校准前均需对雨量传感器进行清洗、检查，以确保传感器没有灰尘、淤积、污物阻塞，各个雨量翻斗翻动良好，干簧管吸合正常有效。

②每次使用JJS2型雨量校准仪进行标校工作前，都要对雨量传感器进行外观检查，铭牌应清晰可识，外筒无破损或变形，确保管道中无空气，完成标校过程后，停止水位能与标准计量球的停止线相吻合。

九、标准计量球的拆卸送检

通过以下步骤，可将内置的标准计量球拆卸下来，并送至国家计量科学研究院进行检定。

（1）取出三角阀旋钮盖子①，同时旋开螺丝②，这样就能从面板上取下旋钮③，最后从壳体上拔出面板④（周边有5个卡扣）。

（2）拔出注水管⑤，旋松螺丝⑥，拉出溢水管⑦，旋掉3个螺丝⑧，将外壳⑨向上拉，拆掉外壳。

（3）旋掉螺丝⑩，并将溢水口支架⑪拆掉，将连接标准球的软管⑫从三通处拔出，旋松螺丝⑬，将标准球向上取出即可。

（4）标准计量球的安装步骤按以上相反的流程操作即可。

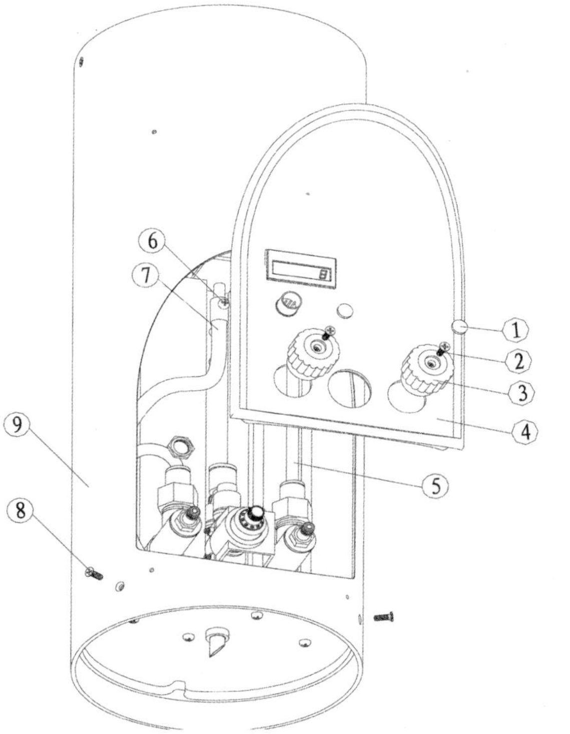

图D-3　标准计量球拆卸示意图一

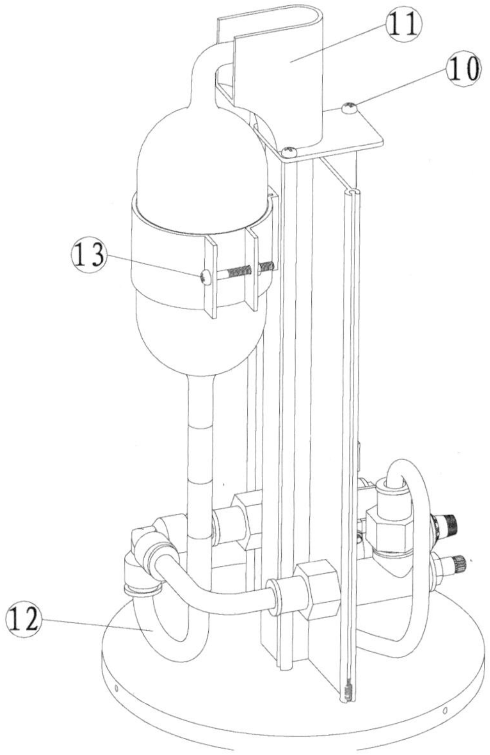

图D-4　标准计量球拆卸示意图二

第七章

新一代天气雷达（CINRAD/CC）技术保障指南

本章主编◎舒　斌

第一节
CINRAD/CC雷达简介

一、基本原理

雷达是通过向空间发射辐射电磁波来检测目标的反射回波，从而判断目标是否存在，并据此测量出目标的空间位置等信息（图7-1）。其工作原理可大致归纳为以下几点。

①雷达通过发射天线向空间发射辐射电磁波。

②部分辐射电磁波会被空间中的某个反射体（目标物）反射。

③目标物反射的电磁波又向各个方向传播。

④其中一部分被目标物反射的电磁波（回波）被返回至雷达天线，并被天线接收。

⑤回波经过接收机放大和信号处理后，就能得到目标的位置和其他相关信息。

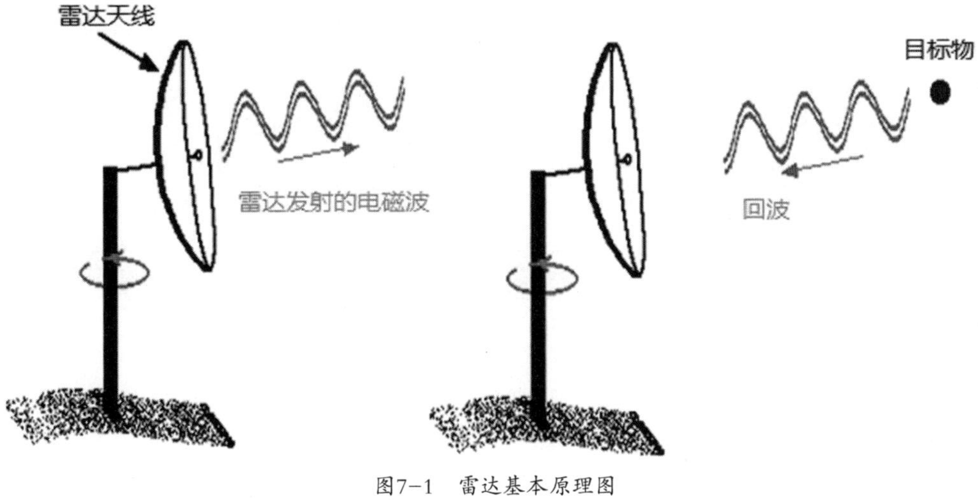

图7−1　雷达基本原理图

二、结构和组成

（一）系统组成

CINRAD/CC雷达在总体布局上分为天线单元、综合单元、终端单元和电源四大部分（图7-2）。主要由天馈分系统（包括天线罩、天线装置和馈线系统）、发射分系统、接收分系统、信号处理分系

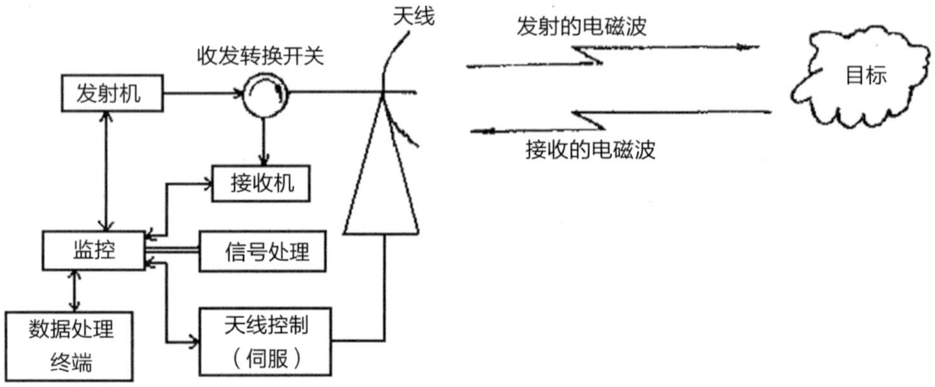

图7-2 雷达系统的基本组成图

统、监控分系统、天线伺服分系统、数据处理和显示终端分系统（也称终端分系统）、电源分系统，以及随机备件、仪表、资料等组成。

各个不同系统的工作职能可大致归纳为以下几个方面：

①发射机的作用是产生大功率射频脉冲信号。

②天线将发射机输出的脉冲电磁波信号向规定的方向辐射出去，同时接收目标的反射信号（回波信号）。

③接收机将天线接收到的回波信号进行变频、放大和检波处理。

④信号处理系统将对全机的触发时序、接收机输出信号进行处理。

⑤监控系统会对各分系统进行控制和状态检测。

⑥伺服系统将驱动天线做各种方式的扫描。

⑦数据处理与显示终端系统将对信号处理器送出的数据进行进一步处理，并在显示器上显示。

（二）机柜结构

机柜结构如图7-3所示。

发射机柜Ⅰ：主要有发射监控分机（包括本地指示面板）、高压电源、发射监控和调制器。

发射机柜Ⅱ：主要有速调管、磁场线圈、脉冲变压器、固态放大器、磁场电源、灯丝电源、钛泵电源。

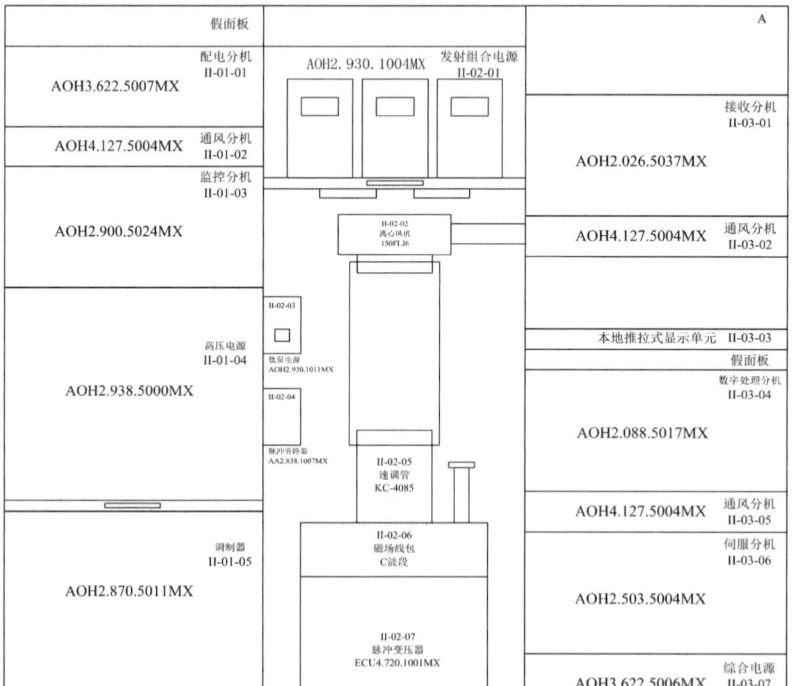

图7-3 机柜结构示意图

综合机柜：包括接收机、信号处理、伺服等各分机。

①接收通道（包括RF放大器、混频器、中频数字接收机等）。

②频综器（包括晶体振荡器、倍频器等）。

③标定（包括DDS信号源、RF衰减器等）。

④BITE 部分（包括控制电路、射频选择开关、射频对数放大器等）。

⑤综合分机（包括信号处理器、监控等）。

⑥伺服分机（包括伺服驱动器、显示面板等）。

⑦配电分机（包括电源滤波器、电源转接板等）。

机柜顶端：主要有4端环流器、定向耦合器、TR管、波导型噪声源、波导充气机、负载等。

三、雷达概略工作过程

CINRAD/CC雷达整机的工作过程可简单描述如图7-4。

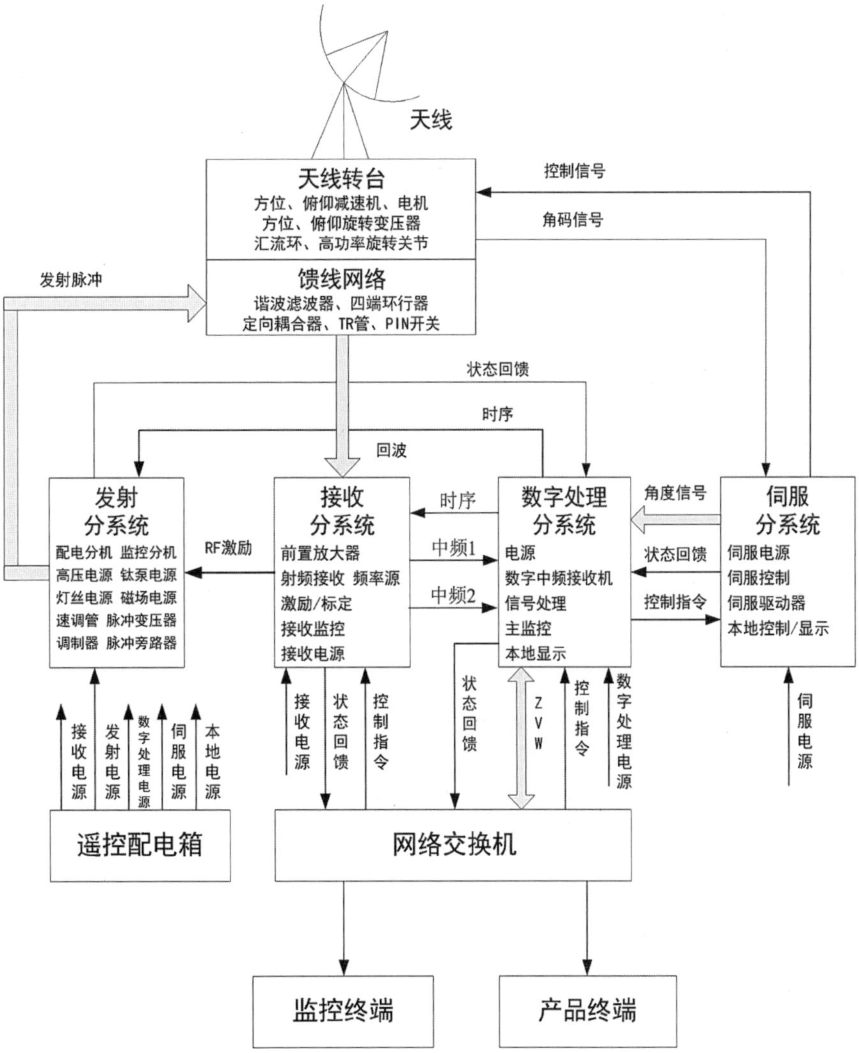

图7-4　雷达工作原理框图

接收机激励源分机输出的C波段激励信号（经矩形脉冲调制的射频信号）送入发射机后，先经过固态功率放大（前置放大）后，以合适的功率电平送至速调管放大器（KLY），再由速调管放大器将其放大到250 kW（峰值）以上。速调管输出功率通过波导、环流器、转动铰链、馈源和旋转抛物面天线辐射出去。辐射出去的电磁波如遇到云、雨等降水目标时，便会产生后向散射信号，这也就是气象目标的回波信号。

天线将接收到的射频回波信号经过雷达的馈线部分，送往接收系统的射频接收分机，经过射频放大和变频，成为60 MHz的中频回波信号，再送至中频接收分机。中频接收分机为高性能的数字化接收机，其输出为16位的I/Q正交信号。

信号处理系统对来自接收机输出的I/Q信号作脉冲对处理（PPP）或快速富里叶变换（FFT）处理，从而得出回波中散射体降水粒子的平均径向移动速度*V*和速度的平均起伏，即速度谱宽*W*。上述强度、速度和谱宽信息被传送至数据处理与显示系统（即终端系统）作进一步的处理并显示。

监控系统负责全机的监视和控制。监控分机将实时采集发射机、接收机等的主要工作参数，并送往终端系统。同时，监控分机还将循环检测雷达各个分系统的故障信息，并送至终端系统。雷达操作人员通过终端显示器，就能实时监控雷达的主要工作状态、工作参数和故障情况。由终端系统发出的操作控制和参数设置指令被传输至监控分机后，再由其转发至相应的分系统，从而产生相应的控制操作和工作参数设置。

天线控制（伺服）系统将监控系统发出的控制命令经计算处理后完成天线的方位和俯仰扫描控制。同时，伺服系统将天线对应的方位、仰角数据及故障信息传输给信号处理器及监控分机。

数据处理与显示系统（终端系统）包括主微机和监控微机（含PCI数据采集卡）、服务器等设备。主微机和监控微机对信号处理器送出的雷达探测到的原始数据（经光纤传输）进行采集、处理，形成原始数据文件，显示出各种气象产品。在主微机或监控微机显示器上，还能实时监测由雷达监控分机送来的主要工作状态、工作参数和故障信息。对雷达实施的各种控制命令，可通过监控微机或主微机发出，再经光纤设备传送至雷达主机，进而实现相应的控制操作流程。

四、主要技术指标和工作参数

（一）技术指标

CINRAD/CC雷达的主要技术指标如表7-1。

表7-1　CINRAD/CC雷达的主要技术指标

工作频率	5 300 ~ 5 500 MHz	
作用距离	强度监测距离	≥400 km
	强度测量距离	≥200 km
	速度监测距离	≥200 km
	速度测量距离	≥150 km
方位角扫描范围		0° ~ 360°
仰角扫描范围	手控	-2° ~ +90°
	RHI扫描	-2° ~ +90°

续表

工作频率	5 300 ~ 5 500 MHz	
参数测量范围	高度测量范围	0 ~ 24 km
	回波强度	–10 ~ +90 dBz（降水模式）
	速度	±36 m/s
	谱宽	0 ~ 16 m/s
参数测量分辨率	强度	0.5 dBz
	速度	0.2 m/s
	谱宽	0.2 m/s
	强度	≤1 dBz
	速度	≤1 m/s
	谱宽	≤1 m/s
	距离	≤150 m
	方位	0.1°
	仰角	0.1°
参数测量分辨率	高度	100 m
	距离	50 m
	方位	0.2°
	仰角	0.2°
	高度	200 m(100 km)
		300 m(100 km ~ 200 km)
	温度	室外装置　–40 ~ +50℃
		室内装置 0 ~ +40℃
	最大湿度（30 ℃时）	室外装置　95% ~ 98%
		室内装置　90% ~ 96%
地物对消能力	≥46 dB	
整机相位噪声	≤0.3°	
系统动态范围	≥100 dB	

续表

工作频率	5 300 ~ 5 500 MHz
解速度模糊处理方式	双重复频率2/3、3/4模式
解距离模糊处理方式	相位编码：SZ(8/64)码
抗风能力	60 m/s能工作
	80 m/s天线不受损坏
其他	能防水、防霉、防盐雾、防风沙，在海拔3 000 m以下的高山以及沿海地区和岛屿工作
电源	三相四线380 V±10%，50 Hz±3 Hz
整机功耗	≤15 kW
连续工作时间	≥24 h
平均间隔故障时间	MTBF≥600小时
平均故障修复时间	MTTR≤0.5小时

（二）主要工作参数

1. 射频频率、工作波长

雷达工作于C波段，频率范围为5 300 ~ 5 500 MHz，共有10个频率点可采用，即射频频率f可选择为：5 310 MHz、5 330 MHz、5 350 MHz、5 370 MHz、5 390 MHz、5 410 MHz、5 430 MHz、5 450 MHz、5 470 MHz、5 490 MHz。但由于受到发射机速调管（KLY）的限制，发射机工作频率目前只能选择为低端5点或高端5点。

工作波长λ是指射频载波波长，工作波长不同，雷达的结构、技术性能和用途也不相同。λ与射频频率f的关系是：

$\lambda f = c$（c为光速）

根据λ这个参数，雷达可分成不同的波段，例如米波段雷达、分米波段和厘米波段雷达。在天气雷达中，多用厘米波段，如3 cm、5 cm、10 cm的测雨雷达。人们通常所说的X波段雷达是指3 cm雷达，C波段是指5 cm雷达，S波段是指10 cm雷达。3830雷达是C波段（5 cm雷达）多普勒天气雷达。

2. 发射功率

发射功率是指发射机速调管输出的脉冲峰值功率P_t。发射功率也可以用平均功率Pav表示，平均功率和峰值功率的关系如下式所示：

$$Pav = Pt\tau / T = Pt\tau F$$

式中：τ为脉冲宽度，T为脉冲重复周期，F为脉冲重复频率。

3830雷达的发射功率在250 kW左右（峰值功率）

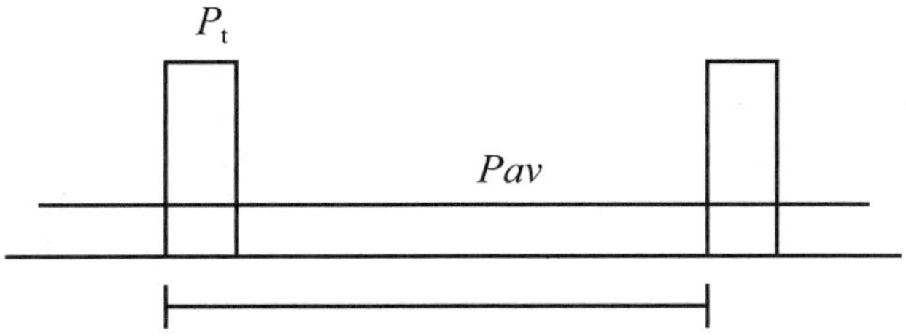

图7-5 峰值功率和平均功率图

脉冲宽度（τ）是指发射的脉冲持续时间；脉冲重复周期（T）是指相邻发射脉冲间的时间间隔；脉冲重复频率（F）是指每秒钟发射的脉冲数。

对于3 830雷达：τ=1 μs或2 μs；F＝300～450 Hz（τ=2 μs）；300～1 300 Hz（τ=1 μs）。

3. 探测范围

假设目标距雷达的距离为R，则可得到回波信号的延迟时间为：

$\triangle t = 2R/c$（c为电磁波传播速度，即光速）或 $R = \triangle t\, c/2$

显然，当$\triangle t = T$时（T为脉冲重复频率），表示目标的距离为最远，即$R_{max} = cT/2$。这就是雷达的最大探测距离。

例如，当F=300 Hz时，R_{max}=500 km；

当F=900 Hz时，R_{max}=166 km。

实际使用中，必须是$\triangle t < T$，因此，当F=300 Hz时，探测距离肯定在500 km以内，3830雷达的最大探测距离是450 km。

4. 灵敏度

灵敏度是雷达接收机的重要参数，它表示雷达接收机接收微弱信号的能力，一般用接收机的最小可测功率Pr_{min}来表示，它对应于目标检测所需最低限度的中频输出信噪比的输入信号，可表示为：

$Pr_{min}=kT_0BFn(S_0/N_0)_{min}$

式中：k＝波尔兹曼常数＝1.38×10-23 J/deg；

T=绝对温度；

B＝接收机通频带；

F_n＝接收机噪声系数；

$(S_0/N_0)_{min}$＝接收机中频输出最小信噪比。

很显然，接收机噪声越低，灵敏度就越高。3830雷达的接收灵敏度＝－110 dBm（2 μs）＝－107 dBm（1 μs）。

第二节

CINRAD/CC雷达的常规维护

一、日维护

日维护每天进行一次，不影响雷达正常观测。主要内容是对雷达做一般的外部擦拭、检查和试机。填写日维护报告，对其中的参数做好测试和记录。

二、周维护

①周维护每周进行一次，所需维护时间通常为2～3 h。

②周维护主要是对雷达各系统进行有计划、有重点的检查和维护，测量主要技术数据，并进行必要的调整。

③对各机柜和系统进行外部检查，并清除灰尘。

④观察发射监控分机面板上的电压指示，检查发射功率是否符合要求。

⑤观察充气机的压力指示，检查其工作状况是否符合要求。

⑥检查天线转台各电缆插头及所有连接部位是否有松动现象，如有，则应予以紧固。

⑦在空调使用期间，按空调使用说明清洗滤尘网。

三、月维护

①月维护每月进行一次，所需维护时间通常为4～6 h。

②月维护主要对天线装置和精密复杂器件进行有计划的维护、检查和校正；要求测量各系统主要部分的电压、电流、电阻和波形，如不符合工作要求，应进行必要的调整。

③测量发射功率、脉宽和频率。

④检查发射系统、冷却系统风道的畅通情况。

⑤用酒精清洗高压导线焊接端子、脉冲变压器所有绝缘端子，避免因灰尘污染造成绝缘强度降低。

⑥根据上个月雷达的工作情况，重点测量某些系统中主要部分的电压、电流、电阻和波形。

⑦在空调使用季节过后，需要进行必要的维护。

⑧雷达波束指向定标检查。

四、年维护

①年维护每年进行一次，所需维护时间一般为1～2天。年维护时，需要对雷达进行全面、彻底

维护和检查，必须测量全部技术数据，并进行必要的整修。实施年维护期间，应解除雷达的工作任务。

②全面检查雷达系统的各个部分，测量雷达的全部技术数据。

③对雷达整机进行必要的整修；对整机测试中发现的问题、故障进行处理，对已经到了使用寿命的原件进行更换。

④检查分机间电缆连接有无松动现象。

⑤检查连接电缆有无老化现象。

⑥检查方位和俯仰高功率旋转关节。

⑦维护转台传动机构；将方位及俯仰传动机构齿轮及方位俯仰同步电机装置齿轮上的陈油用汽油清洗干净，待晾干后，均匀涂上新的润滑油。

第三节 测试仪器基本原理和使用方法

一、TDS1012C泰克示波器的基本使用方法

（一）简单测量

简单测量主要用于需要查看电路中的某个信号，但又不了解该信号的幅值或频率；希望快速显示该信号，并测量其频率、周期和峰—峰值幅度。在TDS1012C示波器中查看电路中的某个信号如图7-6。

1. 使用“自动设置”

要快速显示某个信号，可按如下步骤进行：

①按下1（通道1菜单）按钮。

②按下“探头”→“电压”→“衰减”→10X。

③如果使用P2220探头，请将开关设置到10X。

④将通道1的探头端部与信号连接。将基准导线连接到电路基准点。

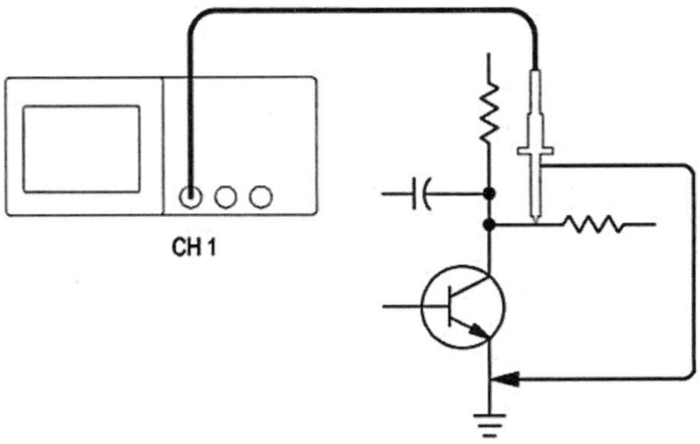

图7-6 TDS1012C示波器查看电路中的某个信号

⑤按下“自动设置”按钮。示波器自动设置垂直、水平和触发控制。如果要优化波形的显示，可以手动调整上述控制。

说明：示波器将根据检测到的信号类型，在显示屏的波形区域中显示相应的自动测试结果。

2. 进行自动测量

示波器可以自动测量多数显示的信号。如果“值”读数中显示问号（？），则表示信号在测量范围之外。对此，可调节相应通道的垂直“标度”按钮（伏/格）以降低灵敏度，或者更改“水平标度”设置（秒/格）。TDS1012示波器显示的某个信号如图7-7。

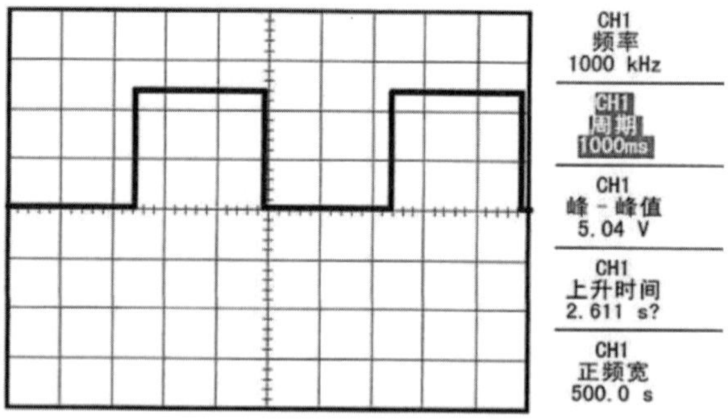

图7-7 TDS1012C示波器显示的某个信号

要测量信号的频率、周期、峰—峰值幅度、上升时间以及正频宽，请遵循以下步骤进行操作：

①按下Measure（测量）按钮以查看“测量菜单”。

②按下顶部选项按钮，显示Measure 1 menu（测量1菜单）。

③按下“类型”→“频率”，“值”读数将显示测量结果及更新信息。

④按下“返回”选项按钮。

⑤按下顶部第二个选项按钮，显示Measure 2 menu（测量2菜单）。

⑥按下“类型”→“周期”，“值”读数将显示测量结果及更新信息。

⑦按下“返回”选项按钮。

⑧按下中间的选项按钮，显示Measure 3 menu（测量3菜单）。

⑨按下“类型”→“峰—峰值”，“值”读数将显示测量结果及更新信息。

⑩按下“返回”选项按钮。

⑪按下底部倒数第二个选项按钮，显示Measure 4 menu（测量4菜单）。

⑫按下“类型”→“上升时间”，“值”读数将显示测量结果及更新信息。

⑬按下“返回”选项按钮。

⑭按下底部的选项按钮，显示Measure 5 menu（测量5菜单）。

⑮按下“类型”→“正频宽”，“值”读数将显示测量结果及更新信息。

⑯按下“返回”选项按钮。

（二）测量两个信号

要激活并显示连接到通道1和通道2的信号，并选择两个通道进行测量，请执行以下步骤：

①按下“自动设置”按钮。

②按下“Measure（测量）”按钮以查看测量菜单。

③按下顶部选项按钮，显示Measure 1 Menu（测量1菜单）。

④按下“信源”→CH1。

⑤按下“类型”→“峰—峰值”。

⑥按下“返回”选项按钮。

⑦按下顶部第二个选项按钮，显示Measure 2 Menu（测量2菜单）。

⑧按下“信源”→CH2。

⑨按下“类型”→“峰—峰值”。

⑩按下“返回”选项按钮。

⑪读取两个通道的峰—峰值幅度。

在TDS1012C示波器查看电路中的两个信号和TDS1012C示波器显示电路中的两个信号分别如图7-8、图7-9所示。

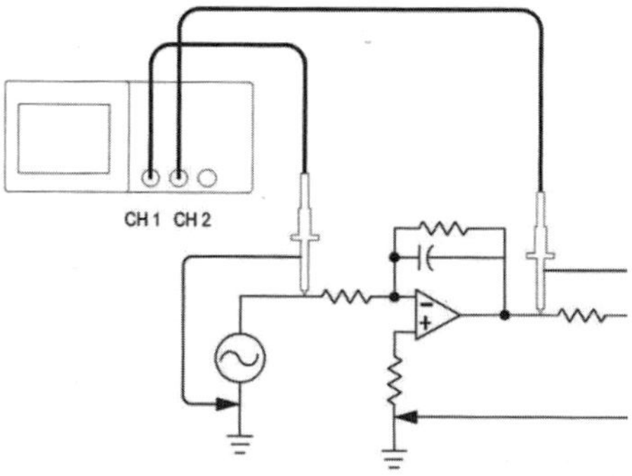

图7-8　在TDS1012C示波器查看电路中的两个信号

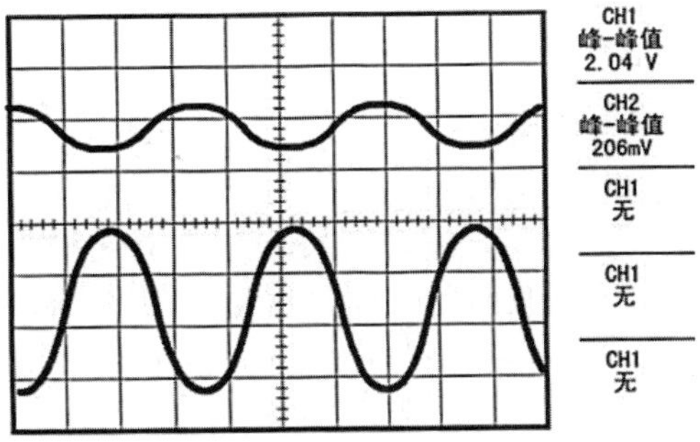

图7-9　TDS1012C示波器显示电路中的两个信号

二、V-1565日立示波器的基本使用方法

（一）一般测试

1. 观测一个波形

在观测两个波形的相位和使用X-Y功能以外的情况下，请使用CH1或CH2。使用CH1时，请按下述步骤进行设置和操作。

VERTICAL MODE: CH1

TRIGGER　MODE: AUTO

TRIGGER　SOURCE or X: CH1

AC-DC: AC或DC

在此状态下，输入到CH1的30 Hz以上的信号，可通过调整TRIGGER LEVEL(触发电平)旋钮取得扫描同步并进行观测（用TIME/DIV开关设定的扫描速度高于2 ms/DIV时）。

由于TRIGGER　MODE设于AUTO状态，即使是在无信号或GND开关置于GND等情况下，也会有扫描线出现，可以对直流电压进行测量。

观测30 Hz以下的超低频信号时，需要改变设置。

TRIGGER　MODE: NORM

此时通过调整触发电平，可得到扫描同步。

另外，观测30 Hz以下的超低频信号，使用CH1以外的触发信号源时，请将触发信号输入CH2，EXT DC，EXT DC÷10之中的任一通道。

2. 观测两个波形

将VERTICAL MODE开关设为DUAL，即可方便地对两个波形进行观测。

3. 特别说明

①在DUAL状态下，当A TIME/DIV开关设置的扫描速度等于或低于5 ms/DIV时，显示方式自动设为CHOP（切换）；等于或高于2 ms/DIV时，显示方式自动设为ALTERNATE（交替）。

需要在扫描速度等于或高于2 ms/DIV，且仍以CHOP方式进行显示时，请将CH1和DUAL两个键同时按下。

② 在测量两个信号的相位差时，请选择相位超前的一路信号作为触发信号源。

（二）电压测试

1. 利用△V光标测定电压

可在示波管管面中央刻度上下各3 DIV的范围内进行测量。

请调整VOLTS/DIV开关，使待测信号波形进入这个范围，利用直流耦合方式对信号进行（包括直流分量）测试时，请调整POSITION旋钮，使GND辉线也进入测量范围。

用SELECTOR开关选择MEASURE后，示波管管面上将出现两条水平光标线，REF(基准) 光标线与△*V*(增量)光标线之间的电位差，将与△*V*同时以字符的形式显示于管面的上方。当增量光标线在基准光标线的上方时，表示为正值；反之则表示为负值。

顺时针方向旋转VARIABLE旋钮，可利用REF·△·TRACKING按钮选定的光标线向上移动，逆时针方向旋转旋钮，则向下移动。

这样就可以测量波形上两条光标线之间的电压。另外，测定与GND之间的电位差时，首先按下GND开关将输入端接地，调整REF光标线使之与扫描辉线一致，选择DC耦合输入方式，然后再将△光标线移至待测位置，即可测得与GND之间的电位差。

2. 特别说明

①当VERTICAI MODE为DUAL时，△*V*光标测试仅对CH1有效，显示△*V*1及其测定值。

②当HORIZONTAL MODE为ALT或X-Y状态时，不能使用△*V*光标测试功能。

（三）时间和频率测试

1. 利用VT光标测定时间

用SELECTOR开关选择MEASURE后，首先显示出的是△*V*光标线，再次按动SELECTOR开关就会进入△*T*状态。此时，示波管管面上将出现两条垂直光标线，△*T*与测定值同时以数字的形式显示于管面的上方。

利用光标可以在管面中央刻度左右各4DIV的范围内进行测量，请适当设置TIME/DIV，使待测波形在此范围内尽可能扩大。

用REF· △· TRACKING按钮选定光标线，然后旋转VARIABLES按钮，分别将两条光标线移至待测位置。

当增量光标线在基准光标线的右侧时，表示为正值；反之则表示为负值。

顺时针旋转VARIABLES旋钮，可使被选定的光标线向右移动；逆时针方向旋转，则向左移动。

2. 特别说明

①△*T*光标测定功能在HORIZONTAL MODE为ALT、X－Y状态时，不能使用。②A TIME/DIV为TIME VAR（管面显示出UNCAL）状态时，显示DIV的数值。

3. 利用1/△*T*光标测定频率（V-1585，V-1565，V-695）

用SELECTOR开关选择MEASURE后，首先显示出两条△*V*光标线，然后再连续两次按动SELECTOR开关，管面上部将显示出1/△*T*。

利用VARIABLES旋钮将两条光标分别移至待测波形上距离为一个周期的两个位置，两条光标线之间的时间倒数（1/△*T*）即为频率，1/△*T*将同时以字符的形式显示于管面的上方。

顺时针旋转VARIABLES旋钮，可以使被选定光标线向右移动；逆时针方向旋转，则向左移动。

4. 特别说明

①1/△*T*光标测定功能在HORIZONTAL MODE为ALT、X－Y状态时，不能使用。

②A TIME/DIV为TIME VAR（管面显示出UNCAL）状态时，显示DIV的数值。

三、E4416A型功率计的基本使用方法

（一）测试方法

连接测试仪器、仪表以及测试工具。设置好功率计参数，工作频率设置为雷达工作频率点，将总的衰减量设置好，并将显示单位设置成W或dBm。在功率计上直接读取输出峰值（平均）功率。

（二）仪表设置（Agilent E4416A功率计， AilentE9300A平均功率探头）

下面以雷达发射信号窄脉冲（1 μs），重复频率*F*1（900 Hz）功率测试为例。

1. 发射信号功率测试中功率计的调零／校准操作步骤

①设置功率计预置：先按Preset键，再按Confirm选项键。

②连接功率头到功率计power REF输出口。

③功率计调零预置：先按Zero/Cal键，再按Zero选项键，等待调零结束。

④功率计校准预置：按下Cal选项键，等待校准结束。

⑤验证校准结果预置：按下Power Ref ON选项键，此时测试结果应该接近0 dBm。

⑥关闭功率计内部参考源预置：按下Power Ref Off选项键。

2. 发射信号功率测试中功率计的测量操作步骤

①设置雷达发射脉冲频率：如5.43 GHz，按Channel键，移动光标至Frequency，按Change设置数值5.43和单位GHz。

②对应的校准因子由功率计自动设置： Cal Fac。

③连接功率头到发射机的输出电缆。

④在测试结果中加入路径功率耗损：按Channel键，移动光标至Offset ，选择Offset on，按Change改变数值，如72 dB。

⑤设置发射脉冲占空比：按Channel键，移动光标至Duty Cycle，选择Duty Cycle on，按Change改变数值，如0.098%。

*（脉冲的占空比=脉冲重复频率×脉冲宽度=1000 Hz×0.98×10^{-6}s× 100%=0.098%）。

⑥设置测试结果显示的单位（dBm/W）：按Meas Display，按Units，选择dBm或W。

⑦读取测试结果。

四、GH2443型功率计的基本使用方法

（一）仪器的适用范围

GH2443型功率计除了可对频率从10 MHz至7.5 GHz，功率范围从10 μW（–20 dBm）至10 W（+40 dBm）的连续波和方波调制信号功率进行测量外,还可对脉冲波调制信号功率进行测量。但在测试中应特别注意脉冲峰值功率和脉冲能量不允许通过技术指标中规定的数值，以免破坏功率座和紧密衰减器。

GH2443型功率计面板上有两个输入端口：左边输入口功率测量范围从10 μW(–20 dBm）至10 W（+40 dBm）；右边输入口功率测量范围从10 mW（+10 dBm）至10 W（+40 dBm）。左右两个输入端也可以同时加上被测功率，通过面板上的“输入选择”开关的转换，将分别在电表上指出两边输入功率的大小。GH2443型功率计的这一功能，特别适合于雷达或其他无线电通信设备中，作为对收发功率的监控和测量。

（二）面板和后面板主要控制装置的功能

1. “量程选择”开关

“量程选择”开关有0.03、0.1、0.3、1、3、10和“粗调零”七档。在仪器接通电源，测量功率前必须进行粗调零。进行粗调零操作时，量程必须置于“粗调零”位置。因为仪器的“零点漂移”指标为±0.5%，所以，最好的测量精度，应是在所用量程上预先调零后进行测量才能获得。

2. “校准系数”开关

“校准系数”开关从80%至100%，共有11档，每档2%。选择“校准系数”开关的具体位置，根据功率计面板下方标牌上与所用平率刻度对应位置上给定的校准系数值确定。

3.“输入选择”开关

输入选择开关有“X1”　“校准”和“X103”三档。当使用仪器测量10 μW（−20 dBm）至10 W（+40 dBm）范围内的功率时，应该从左输入端口加入被测功率，同时，“输入选择”开关应扳向左边“X1”位置。这时，仪表上指示的是以“mW”为单位的被测功率值。当使用仪器测量10 mW（+10 dBm）至10 W（+40 dBm）范围内的功率时，应该从右输入端口加入被测功率，同时，“输入选择”开关应扳向右边“X103”的位置。这时仪器电表上指示的是以“W”为单位的被测功率值。“输入选择”开关的“校准”位置，是供检查和调整仪器的功率指示误差而设置的。“输入选择”开关扳到“校准”位置时，被测功率仍能加到仪器的测量部分，但究竟是哪一边功率加入测量部分，则由扳动“输入选择”开关的顺序决定。

4.“粗调零”电位器

当量程选择开关置于“粗调零”时，用起子调节“粗调零”电位器，就可以对仪器进行初始调零。“粗调零”操作是在不加入被测功率、仪器接通电源预热后、测量功率之前进行的。

5.“细调零”开关

仪器的“细调零”功能是自动的，只要按下“细调零”电位器即可。但是“细调零”操作是在不加入被测功率的情况下才能进行。否则的话，会因误操作而导致很大的测量误差。

6.“VR”插座

“VR”插座位于仪器后板，它直接输出仪器检测桥放大器的输出电压。是供外接数字电压表进行精密功率测试和功率校准指示误差用的。外接测试仪器时，其输入阻抗应大于1 MΩ。

7.“VC”插座

“VC”插座位于仪器后板，它直接输出仪器补偿桥放大器的输出电压，是供外接数字电压表进行精密的功率测量和校准功率指示误差用的。外接测试仪器时，其输入阻抗应大于1 MΩ。

8.“记录器”输出插座

输出电压与电表指示值成线性。当电表指示1.0刻度满时，输出电压为1.000 V，输出阻抗为1 kΩ。供外接数字电压表和记录仪进行精密测量或自动记录用。

（三）使用方法及操作步骤

①接通仪器电源，预热15分钟（环境温度低于10 ℃时，预热时间还需适当延长）。注意：在电网电压变化幅度很大的情况下使用仪器，应该考虑用交流电子稳压电源供电。

②将量程选择置于“粗调零”时，用起子调节由“粗调零”线条指示的电位器，用电表指示约为“0”。

③扳动“输入选择”开关几次后，置于与被测功率范围相对应的位置。注意：在开机测量功率前，应该预先扳动几次“输入选择”开关，使得仪器内部同轴开关的接通方向与面板“输入选择”开关指示的输入口方向一致。操作“输入选择”开关时，动作要干脆。

④将“量程选择”开关置于被测功率大小相对应的量程。按几下“细调零”开关，使仪器电表精确地指在“0”点。

⑤将被测信号功率加到“输入选择”开关指示的输入端口。

⑥根据被测信号功率的频率，在仪器面板相应输入端口下面的标牌上，查到与信号频率相对应的校准系数值，并将仪器面板上的“校准系数”开关置于所查到的校准系数值位置。注意：面板下部标牌上红点给出的是定标频率点上的校准系数。当信号频率偏离校准点时，校准系数可以用线性插值法读取。

⑦读取仪器电表指示值，根据“量程选择”开关和“输入选择”开关指定的读数倍乘，就可以获得加到仪器输入端口上的被测功率值。

⑧为了提高仪器的测量分辨率，可以用数字式电压表接到仪器后板“记录器”输出插座。注意：在满刻度为“3”的量程档测量时，数字电压表的读数应除以“3.126”后，才是真实的被测功率值。

（四）零点漂移及其避免措施

仪器在最小量程（0.03）档工作时，很容易受到外界因素的影响而产生 “零点漂移” 的问题。虽然技术要求中给定了仪器的零点漂移指标，但它却是引起小量程档测量误差的主要因素。零点漂移主要由仪器预热时间不够，仪器在使用中严重过载使得内部功率过补偿，以及检测两组热敏电阻的耗散常数不匹配等因素产生的。

为了提高仪器小量程档的测量精度，应该在每一次测量前先进行“细调零”，然后再加入被测功率。但在实际测量中，每次为了调零而必须切断被测功率，显得很麻烦。有时测量系统不允许切断功率时，就不得不拆下功率计了。对于使用GH2443型功率计，就可避免这些麻烦，在测量时，若要调零或检查仪器的零点变化，只要将“输入选择”开关扳到不接入被测信号功率的输入端一边，待仪器调好零后，再将“输入选择”开关扳到被测功率接入的输入端一边，直接读取仪器的指示值即可。不过上述方法在仪器的左、右输入端口都接入被测功率时就不适用了。

为了避免仪器零点漂移的恶化，在使用中要特别注意不要使仪器严重过载。在仪器技术要求中，已经给出了两个输入端口最大承受的平均功率、最大承受的脉冲峰值功率和脉冲能量。在使用过程中，绝对不允许超过这些极限范围中的任何一项。否则的话，将使仪器的零点漂移恶化，甚至损坏仪器。

（五）脉冲功率的测量

1. 脉冲峰值功率的测量方法

在实际功率测量中，除了要精确测量连续波和方波调制信号功率外，还经常遇到测量脉冲调制信号功率的问题。

GH2443型功率计与GX12型功率计一样，都是采用热敏电阻作为功率检测元件。因此，它们都能精确地测量脉冲信号调制信号功率的平均值P_{av}。

当信号功率是理想的矩形脉冲调制时，功率指示的脉冲功率平均值P_{av}与脉冲峰值功率P_p之间的换算关系为：

$P_p = P_{av} / \tau \cdot F$

式中：τ——脉冲宽度（s），

F——脉冲重复频率（Hz）。

每一个脉冲的能量E由下式确定：

$E = P_p \cdot \tau$

2. **脉冲峰值功率的测量精度**

由上可知，脉冲峰值功率的测量是基于理想矩形脉冲调制的前提下，由平均功率和脉冲占空系数换算得到脉冲峰值功率的。

在实际测量中，脉冲调制波形往往是非理想矩形脉冲，使得用上述方法测得的脉冲峰值功率与实际值之间会产生很大的误差（图7-10）。为了减小这项由于脉冲波形为非理想矩形而引入的测量误差，应该根据实际脉冲波形确定一个修正系数K。

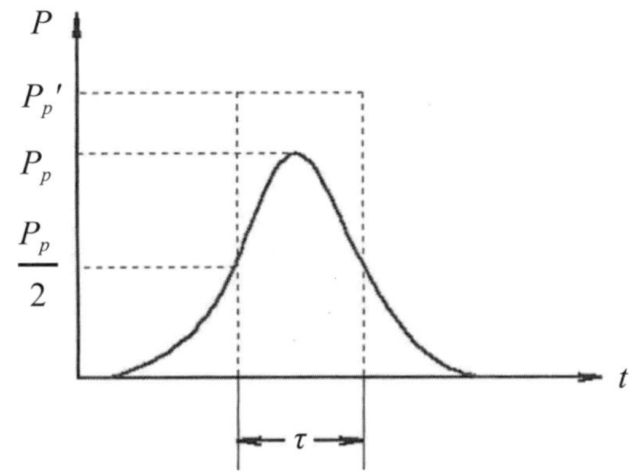

图7-10 实际脉冲功率峰值与由平均功率计算得到的脉冲功率峰值之间的差别示意图

脉冲波形修正系数K的定义可由下式表示：

$K = P_p / P_p'$

式中：P_p——实际脉冲的峰值功率。

P_p'——与实际脉冲同宽度、同面积的理想矩形脉冲峰值功率。

被测脉冲峰值功率的实际值可由下式求得：

$P_p = (P_{av} / \tau \cdot F) \cdot K$

要准确确定脉冲波形修正参数K往往是很困难的，但为了精确地测量脉冲峰值功率，又要求K比较准确。下面介绍一种既简单又能比较准确地确定脉冲波形修正参数K的方法，供使用参考。

3. **脉冲波形修正参数的简单确定方法**

这里介绍的方法，是用做图法来求得脉冲波形修正系数K（图7-11），其基本步骤如下：

①在进行脉冲峰值功率测量前，先用带宽检波器和示波器检出被测脉冲功率的调制信号波形。

②利用照相设备在示波器荧光屏上记录脉冲调制波形。如果没有能利用的照相设备，则可在荧光屏上依靠静电吸附

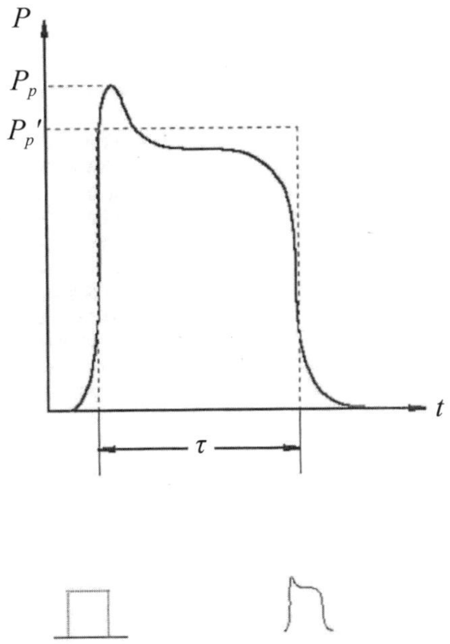

矩形面积与实际脉冲包络和t轴包围的面积相等。

图7-11 脉冲波形修正参数K的做图法

作用，粘上一块透明的坐标方格纸，用笔绘出脉冲调制波形。

③将记录到的脉冲调制波形在坐标方格纸上以适当比例放大若干倍。

④以坐标方格纸的最小方格为单位（例如1 mm^2），计算出脉冲波形包络与水平轴包围的面积S。

⑤利用计数式频率计测量脉冲调制信号的宽度τ和重复频率F（也可在记录下来的脉冲波形上确定脉冲宽度τ）。

⑥以脉冲宽度τ为底，向Y轴正方向做一矩形，使得矩形面积正好等于步骤④求得的S。

⑦利用$K=P_p/P_p'$计算脉冲调制波形的峰值P_p与矩形高P_p'的比值，得到脉冲波形修正参数K。

利用做图法来求脉冲波形修正系数K，其准确度会受到检波器和示波器的影响，还会受到记录脉冲调制波形的精度、测量脉冲宽度的精度及计算精度等因素的影响。因此，它的测量精度并不高，只能满足一般工程使用。

4. 脉冲峰值功率测量的注意事项

GH2443功率计在技术参数中给出了平均功率、脉冲峰值功率和脉冲能量的承受能力。这些参数是仪器的极限使用值，在实际应用中应该尽量避免用到这些极限值。如果超过极限值（哪怕是其中之一）使用，仪器就有被损坏的危险。

在进行连续波功率测量时，加入仪器的平均功率不超过仪器的平均功率承受值一般是容易做到的。但在进行脉冲值功率测量时，往往仪器的指示还未达到平均功率的上限值时，而脉冲峰值功率和脉冲能量就已超过了仪器的极限值，从而导致仪器损坏。为了保护仪器，请在测量脉冲值功率前，先根据脉冲的占空比和脉冲修正系数估算一下不超过仪器极限值的平均功率指示最大值，不要让仪器的指示值超过估算的最大值。举例说明如下：

设脉冲宽度为7 μS，重复频率为300 Hz，脉冲修正系数K为1.5，以仪器右端入口（X103）测量为例，求仪器平均功率指示的最大值：

已知仪器右端入口的最大承受峰值功率为5 kW，最大脉冲能量为5 kW· μS。由最大脉冲能量E和脉冲宽度τ求得理想矩形脉冲峰值功率P_p'：

$P_p' = E/\tau = 5\ \text{KW}\cdot\mu\text{S} / 7\ \mu\text{S} = 714.3\ \text{W}$

由脉冲波形修正系数K求得实际脉冲峰值功率P_p：

$P_p = P_p'\cdot K = 714.3\ \text{W}\times 1.5 = 1\,071.5\ \text{W}$

因为$P_p < 5$ KW，所以是安全的。

由上面求得的理想矩形脉冲峰值功率P_p'，脉冲宽度τ和重复频率F，可求得最大的平均功率值P_{av}。

$P_{av} = P_p'\cdot\tau\cdot F = 714.3\times 7\times 300 = 1.5$（W）

在实际测量中，只要仪器指示平均功率小于1.5 W，就能保证仪器正常工作，不会造成损坏。

五、Agilent频谱仪

（一）频谱仪测量的基本原理

测量一个信号有多种方法，其中最常用的仪器是示波器，主要用于观察信号的波形、频率、幅度等。由于信号的变化非常复杂，许多信息无法用示波器检测，例如要恢复一个非正弦波信号*F*，从理论上来说，它是由频率*F*1、电压*V*1与频率*F*2、电压*V*2的信号矢量叠加而成。从分析手段来说，示波器横轴表示时间，纵轴为电压幅度，曲线是表示随时间变化的电压幅度，这是时域的测量方法。如果要观察其频率的组成，要用频域法，其横坐标为频率，纵轴为功率幅度，如图7-12。这样，我们就可以看到在不同频率点上功率幅度的分布，就可以了解这两个（或多个）信号的频谱。有了这些单个信号的频谱，就能把复杂信号再现、复制出来。

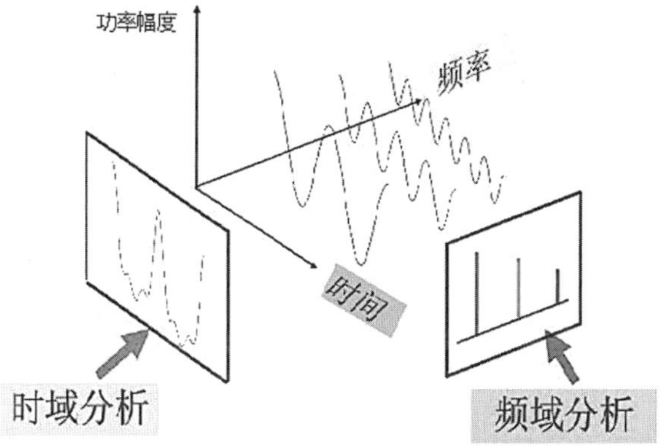

图7-12　信号的频域和时域测量

雷达发射和接收的信号频谱分布非常复杂。在雷达工作的时候，能收到多个信道，每个信道都占有一定的频谱成分，每个频率点上都占有一定的带宽。这些信号都要从频谱分析的角度来得到所需要的参数。从技术实现来说，目前有两种方法可以完成信号频域测量 。

第一种是扫频式频谱分析仪，可分析稳定和周期变化信号，也可提供信号幅度和频率信息，适合于宽频带快速扫描测试；第二种是FFT分析仪，它是用数值计算的方法来处理一定时间周期的信号，可提供频率、幅度、相位信息。这种方法同样能分析周期和非周期信号，特点是速度快、精度高。但是分析频率带宽受ADC采样速率的限制，适合分析窄带宽信号。

（二）频谱仪的基本操作与设置

频谱仪功能繁多，设置较为复杂。但在常规的雷达测试中，只需要了解基本的操作与设置，就能完成大部分与频谱仪相关的测试内容。不同测试项目中的具体参数设置，将在测试章节中分别介绍，在此只做简要讲解。

F1~F7软键：根据对应屏幕的选项进行选中或者调节。

System（系统）：进行系统设置，比如说时间、语言等基本信息。

File（文件）：可将测试结果、屏幕截图等保存到内存或软盘，按Save键保存。

Meas（测量）：调用机器所附带的测试项目。

Limit（极限）：设置极限线，开启极限报警等。

Trace（迹线）：设置多条迹线，根据不同迹线设置最大保持、最小保持、正常等。

Sweep（扫描时间）：设置扫描时间。

Display（显示）：*X*、*Y*坐标显示信息，显示单位信息等。

SPAN（跨度）：设置频率显示的带宽。

FREQUENCY（频率）：设置频率等，如起始Start Freq、终止Stop Freq和中心频率Center Freq。

Amptd（幅度）：设置参考电平、电平/格等。

BW（分辨率）：设置RBW（分辨率带宽）、VBW（视频分辨率带宽）。MODE（模式）：调用仪表所附带的功能模块。

Marker（标记）：控制标记，沿轨迹读出频率和幅度、自动定位具有最高幅度的信号。

旋钮：调节中心频率、参考电平和标志位置等。顺时针转动数值增加，转动的速度会影响数值改变的速度。

数字键盘：可输入许多频谱仪功能的准确数值，例如频率5 430 MHz，参考电平20 dBm。

注意：为防止频谱分析仪损坏，输入信号最大功率不能超过+30 dBm（1 W）。

六、AgilentE4428C信号源

（一）基本功能

CW输出范围从250 kHz到6 GHz；可进行相位调制和脉冲调制。

1. 具有一个包含下列特性的双函数发生器

①输出正弦波、方波、正斜波、负斜波、三角波、高斯噪声波、扫描正弦波和双正弦波。

②可变频率调制速率。

③可变触发方式有自动触发、外部触发、单触发或远程触发。

2. 具有一个包含下列功能的脉冲发生器

①外部脉冲。

②内部方波。

③可选择的内部脉冲模式有自激式、已触发式（带延迟）、偶对式和选通式，其中已触发式（带延迟）、偶对式和选通式要求具有外部触发源。

④可调脉冲宽度。

⑤可调脉冲周期。

⑥可调脉冲延迟。

（二）基本操作

显示屏：LCD屏幕显示的是有关当前功能的信息，内容包括状态指示符、频率和幅度设置及错误信息。软功能键的标签位于显示屏右侧。

软功能键：激活每个键左边显示的标签所指示的功能。

Frequency（频率）：激活频率功能，可以更改RF输出频率，或使用菜单来配置频率属性，如倍频、偏频和参考频率。

Amplitude（幅度）：激活幅度功能，可以更改RF输出幅度，或使用菜单来配置幅度属性。

旋钮：增大或减少数值，或者更改突出显示的数字或字符，也可以使用旋钮在列表进行选择。

Menu（菜单）：配合软功能键实现配置列表和步进扫描、实用程序功能、LF输出及各种模拟调制类型。

Save（保存）：可以将数据保存在仪器状态寄存器中，实现储存和重新调用频率及幅度设置。

一旦保存了仪器状态，所有的频率、幅度和调制设置都可以用Recall（重新调用）功能键重新调用。

Recall（重新调用）：还原以前保存在存储寄存器中的任何仪器状态。

Trigger（触发）：用于启动一个即时触发事件，触发模式必须先设置为Trigger Key（出发键），然后才能用此按键启动触发事件。

LF OUTPUT：此BNG端口用于输出低频（LF）源函数发生器生成的调制信号。

RF OUTPUT：此N型端口用于输出RF信号。

Mod On/Off（调制开关）：用于切换所有调制信号的工作状态，RF载波只有在调制开关设置为On以后才会进行调制。

RF On/Off（RF开关）：控制RF输出信号的开关状态。

数字小键盘：基本操作实现各个工作状态中数值的输入。

Incr Set（增量设置）：设置当前活动的增量值，使用数字小键盘、箭头功能键或旋钮都可以调制该增量值。

箭头：向上和向下箭头用于增大或减少数值。

Hold（保持）：保持当前状态，按下此功能键后，软功能键、箭头键、旋钮、数字键盘和Incr Set（增量设置）都不能进行操作。

Local（本地）：用于关闭远程操作并将信号源返回到当前面板控制。

Preset（预设）：将信号源设置到出厂或用户自定义状态。

七、光学合像水平仪

光学合像水平仪（图7-13）主要用于测量工件的平面度、直线度和找正安装设备的正确位置。

（一）结构和工作原理

光学合像水平仪主要由测微螺杆、杠杆系统、水准器、光学合像棱镜和具有“V”形工作平面的底座等部件组成。

水准器安装在杠杆架的底板上，它的水平位置用微分盘旋钮通过测微螺杆与杠杆系统进行调整。

水准器内的气泡圆弧，分别用三个不同方向位置的棱镜反射至观察窗，分成两个半像，利用光学原理把

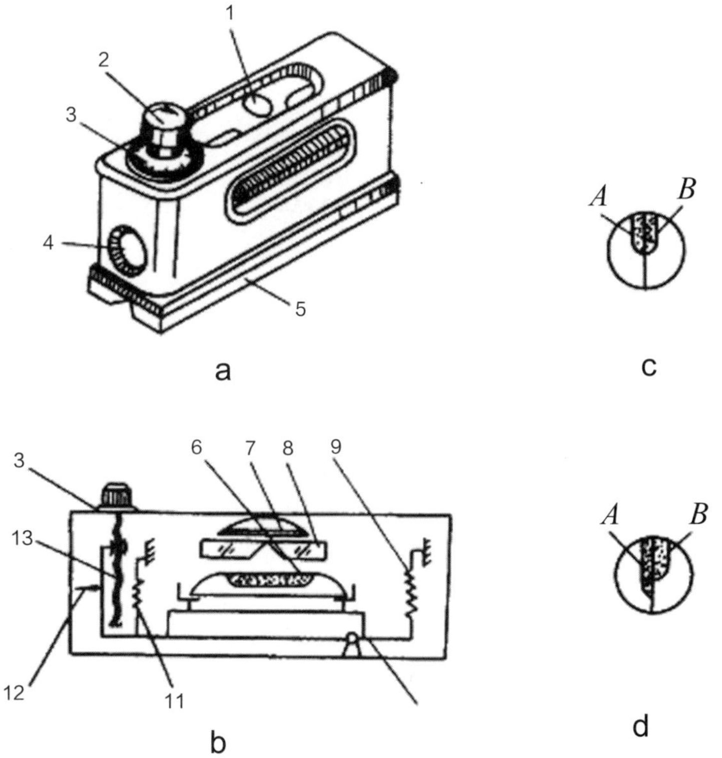

1、4-窗口；2-微分盘旋钮；3-微分盘；5-水平仪底座；6-玻璃管；7-放大镜；8-合成棱镜；9、11-弹簧；10-杠杆架；12-指针；13-测微螺杆

图7-13 光学合像水平仪

气泡像复合放大（放大5倍），提高读数精度，并通过杠杆机构提高读数的灵敏度和增大测量范围。当水平仪处于水平位置时，气泡A与B重合（图7–13c）。当水平仪倾斜时，气泡A与B不重合（图7–13d）。

测微螺杆的螺距P=0.5 mm，微分盘刻线分为100等分。微分盘转过一格，测微螺杆上螺母轴向移动0.005 mm。

（二）使用方法

将水平仪放在工件的被测表面上，眼睛观看窗口1，用手转动微分盘，直至两个半气泡重合时进行读数。读数时，从窗口4读出毫米数，从微分盘上读出刻度数。

以分度值为0.01 mm/1 000 mm的光学合像水平仪为例，其微分盘上的每一格刻度表示1 m的长度，两端的高度差为0.01 mm。测量时，如果从窗口读出的数值为1 mm，微分盘上的刻度数为16，那么，这次测量的读数就是1.16 mm，即被测工件表面的倾斜度在1 m长度上的高度差为1.16 mm。

如果工件的长度小于或大于1 m时，可按正比例方法计算: 1 m长度上的高度差×工件长度。

（三）使用要点

① 测量工件被测表面误差大或倾斜程度大时，使用框式水平仪，气泡就会移至极限位置而无法测量，光学合像水平仪就没有这一弊病。

②环境温度变化对测量精度有较大的影响，所以使用时应尽量避免工件和水平仪受热。

第四节 CINRAD/CC雷达的主要技术指标测试

一、CINRAD/CC雷达发射系统测试

（一）发射脉冲包络测试

1. 测试目的

测量射频脉冲经检波后的视频脉冲波形。

2. 雷达状态

信号处理：1 μs（2 μs），单频900 Hz（300 Hz），根据测试需要进行相应的更改，更换脉冲宽度时需要先关闭高压。

发射机状态：加高压。

接收机状态：正常模式（确认有激励信号输出）。

CINRAD/CC雷达发射测试流程如图7-14。

3. 注意事项

送至检波器的峰值功率应在30 dBm以下。

衰减器的选择：

雷达峰值功率按300 kW计算，换算成dBm为：

P_t=300 kW=10log3×108=80+10log3=80+4.8=84.8 dBm

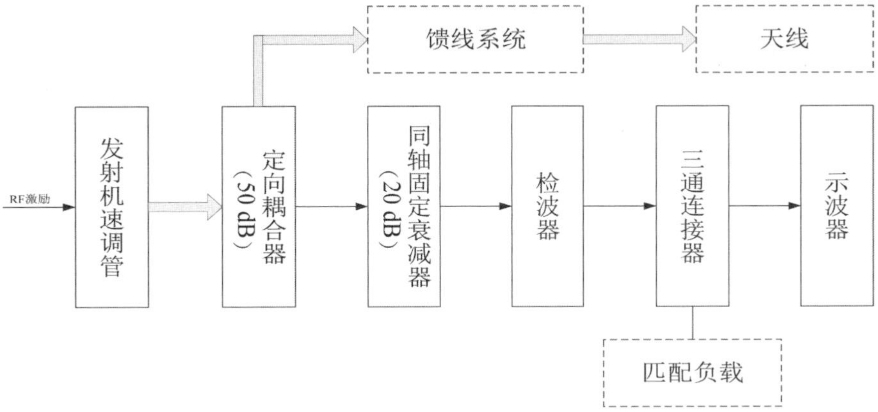

图7-14　CINRAD/CC雷达发射测试框图

注入检波器的峰值功率为：

$P_{t1}=P_1-L_{耦合器}-L_{衰减器}-L_{电缆}$=84.8−50−20−2=12.8 dBm

式中：

$L_{耦合器}$：定向耦合器耦合度（单位：dB）；

$L_{衰减器}$：衰减器的衰减值（单位：dB）；

$L_{电缆}$：低损耗电缆的衰减值（单位：dB）；

衰减器的衰减值一般可选择20～30 dBm。

发射系统测试实物连接如图7-15。

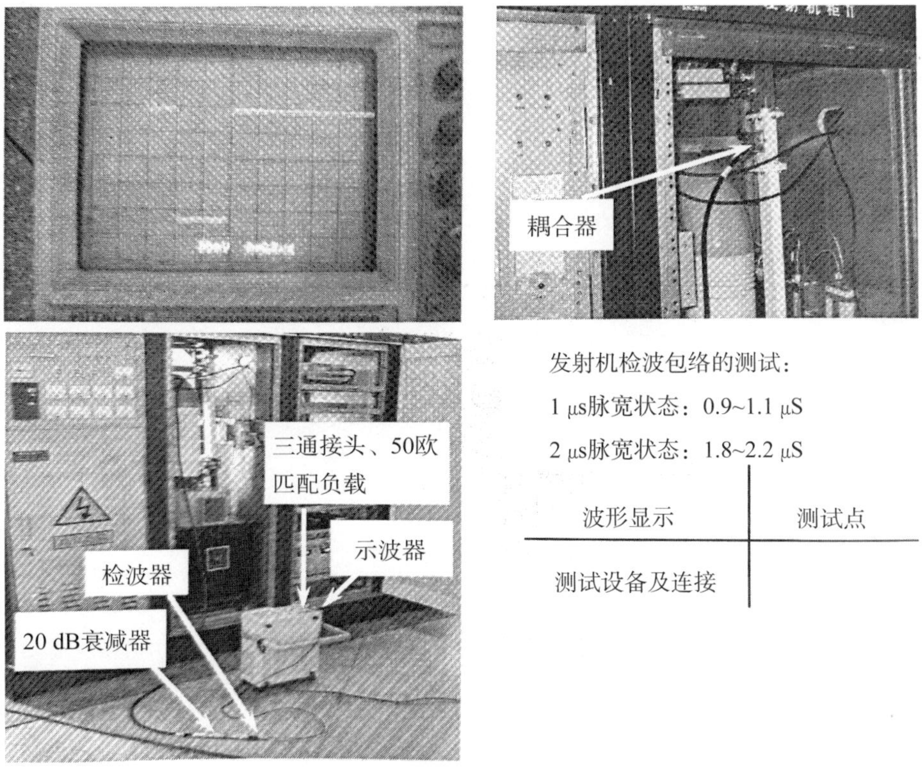

图7-15　发射系统测试实物连接图

4. 测试方法

按照发射测试框图连接测试仪器、仪表及测试工具。调整示波器参数，直到在示波器上显示检波波形。测量经检波后的脉冲波形测试指标读取如图7-16。

脉冲宽度：波形的50%处；

上升沿：波形的10%～90%；

下降沿：波形的10%～90%；

顶部降落：顶部起伏的幅度/整个波形的幅度。

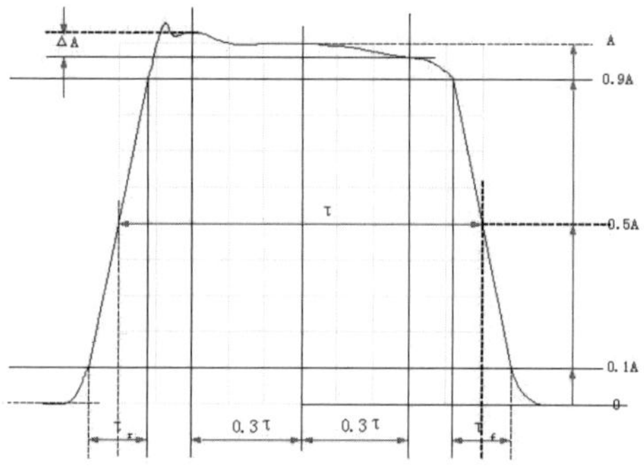

t —— 脉冲宽度：μs；

t_r —— 脉冲前沿：μs；

t_f —— 脉冲后沿：μs；

A —— 检波幅度；

ΔA —— 顶部降落。

图7-16　测量经检波后的脉冲波形测试指标读取图

5. 测试结果示例（图7-17）

1 μs脉宽　　2 μs脉宽

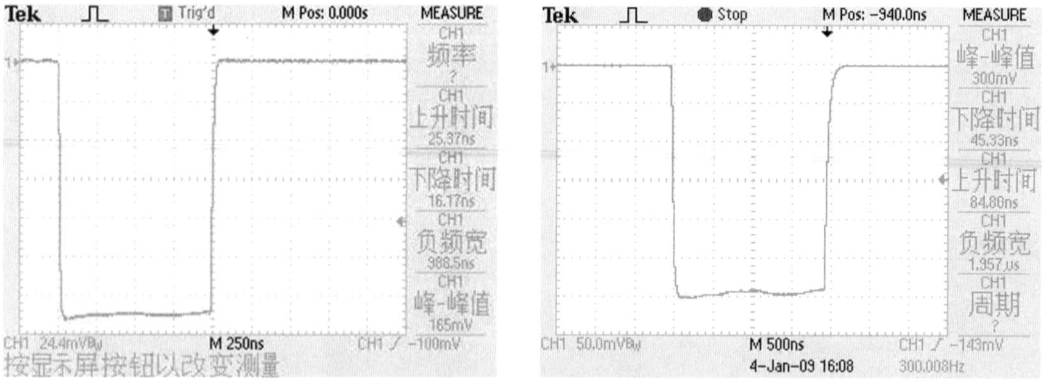

图7-17　测试结果示例图

（二）发射输出频谱测试

1. 测试目的

测试发射机的输出频谱特性，可计算在不同功率衰减状态下发射机占用带宽的情况。

2. 雷达状态

信号处理：1 μs（2 μs），单频900 Hz（300 Hz），根据测试需要进行相应的更改。在更换脉冲宽度时需要先关闭高压。

发射机状态：加高压。

接收机状态：正常模式（确认有激励信号输出）。

3. 测试框图

发射输出频谱测试如图7-18。

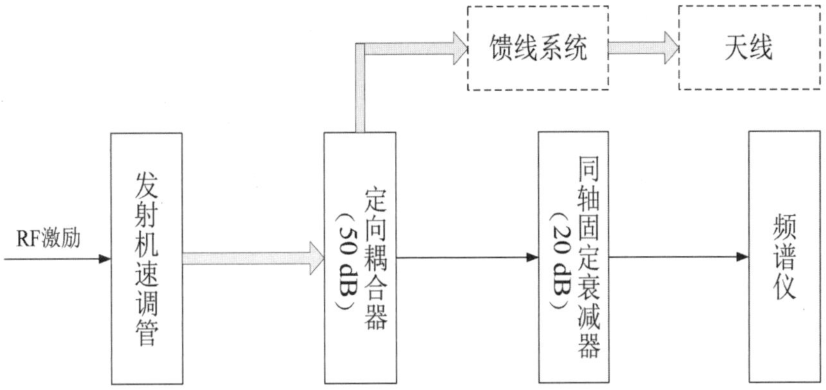

图7-18　发射输出频谱测试框图

4. 注意事项

送至频谱仪的峰值功率应在30 dBm以下，衰减器的选择方法请查看（一）发射脉冲包络测试。

5. 测试方法

按照测试框图连接测试仪器、仪表及测试工具。调整频谱仪参数，直到在频谱仪上显示频谱波形。发射输出频率谱线如图7-19。

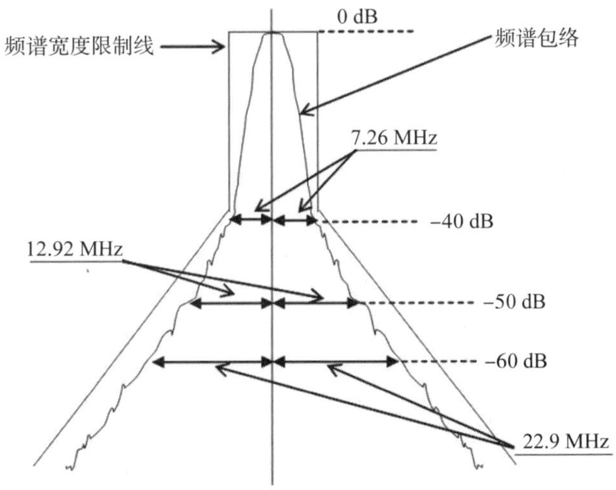

图7-19　发射输出频率谱线

6. 仪表设置

Freq：5 410 MHz、SPAN：100 MHz、BW：1 MHz、SWEEP：1 s。

7. 测试指标读取

测试时，依次读取频谱左右两边，距中心频率谱线衰减量-10 dB\-20 dB\-30 dB\-40 dB\-50 dB\-60 dB处的频率偏移，并记录。

8. 测试结果示例（图7-20）

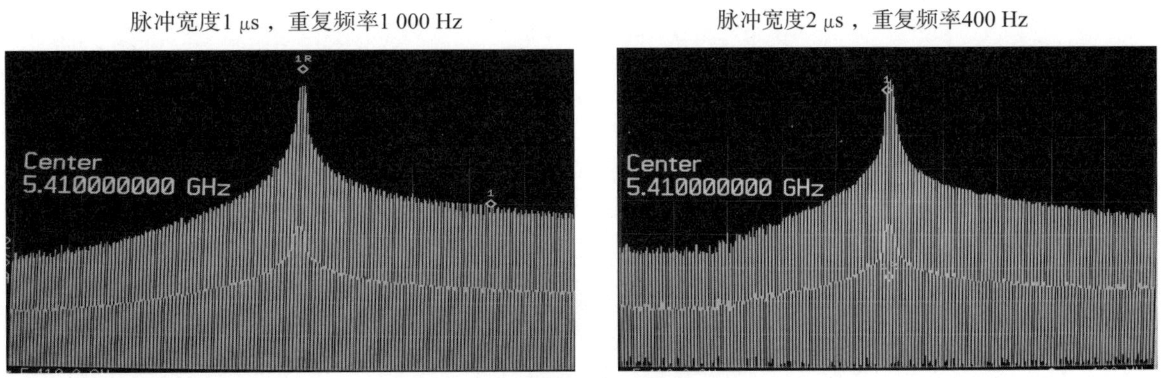

图7-20　发射输出频谱测试结果示例

（三）发射输入和输出极限改善因子测试

1. 测试目的

通过测量射频脉冲经过速调管前后的信噪比，从而计算出系统极限改善因子。

2. 雷达状态

信号处理：1 μs，单频1 000 Hz（600 Hz），根据测试需要进行相应的更改。
发射机状态：加高压。
接收机状态：正常模式（确认有激励信号输出）。

3. 测试框图

射频脉冲测试如图7-21。

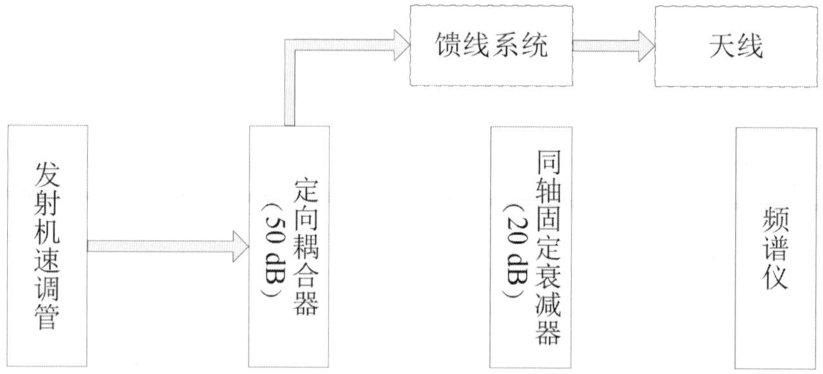

图7-21 射频脉冲测试框图

发射机相位噪声测试频谱如图7-22。

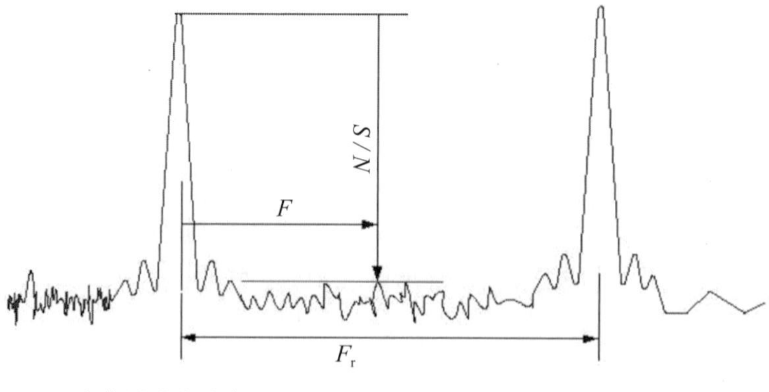

其中：S/N为信号噪声功率比；
F_r为脉冲重复频率；
F为频偏。

图7-22 发射机相位噪声测试频谱示意图

4. 注意事项

送至频谱仪的峰值功率应在30 dBm以下。

5. 测试方法

按照测试框图连接测试仪器、仪表及测试工具。调整频谱仪参数，直到在频谱仪上显示频谱波形。

6. 仪表设置

Freq：5 410 MHz、SPAN：2 kHz、BW：10 Hz、 SWEEP：500 ms。

7. 测试指标读取

按图读取*S/N*信号噪声功率比，再根据公式计算出信号的极限改善因子。

计算公式： $I=S/N+10\log B-10\log F$

式中：*I*为极限改善因子（dB）；

*S/N*为信噪比（dB）；

*B*为频谱仪分析带宽（Hz）；

*F*为雷达重复频率（Hz）；

8. 测试结果示例（图7–23）

脉冲宽度1 μs，脉冲重复频率1 000 Hz

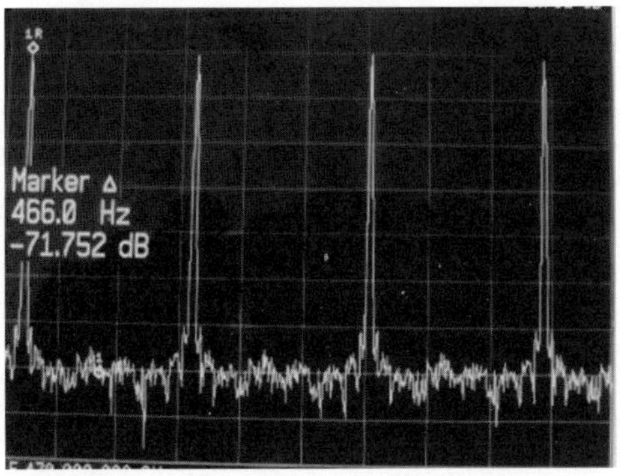

脉冲宽度1 μs，脉冲重复频率600 Hz

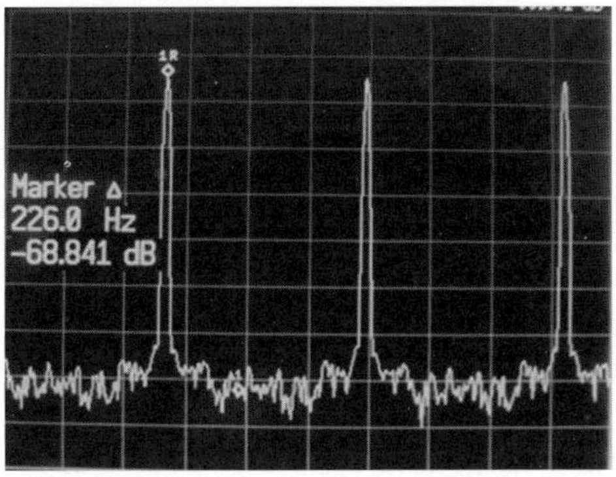

图7–23 射频脉冲测试结果示例

（四）发射输出功率测试

1. 测试目的

用外接仪表（峰值功率计或平均功率计）及机内功率检测装置对不同工作比时的发射机输出功率进行测量。

2. 雷达状态

信号处理：1 μs （2 μs ），单频1 000 Hz、900 Hz、600 Hz（400 Hz、300 Hz），根据测试需要进行相应的更改。

发射机状态：加高压。

接收机状态：正常模式（确认有激励信号输出）。

3. 测试框图

发射输出功率测试如图7-24。

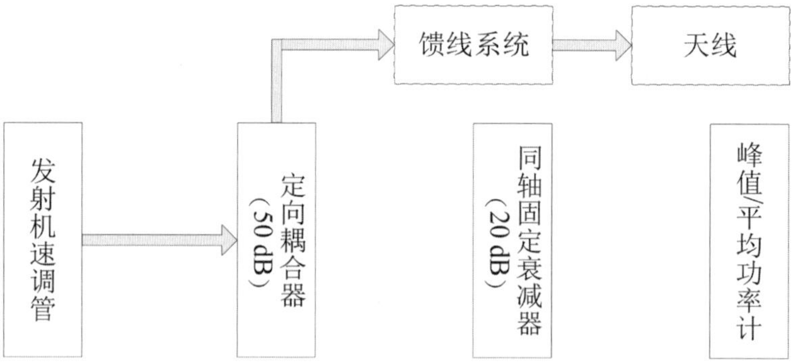

图7-24　发射输出功率测试框图

4. 注意事项

送至峰值/平均功率计探头的峰值功率应在25 dBm以下。

5. 测试方法

按照测试框图连接测试仪器、仪表及测试工具。设置好功率计参数，把工作频率设置为雷达工作频率点，将总的衰减量设置好，并将显示单位设置成W或dBm。在功率计上直接读取输出峰值（平均）功率。

仪表设置（峰值功率计）：Freq：5 430 MHz、offset：72 dB、unit：W或dBm，根据实际情况设置脉冲占空比Duty Cycle（脉冲占空比=脉冲重复频率×脉冲宽度）。

6. 测试指标读取

直接从功率计显示屏上读取功率值。

7. 测试结果示例

发射输出功率测试结果示例如图7–25。

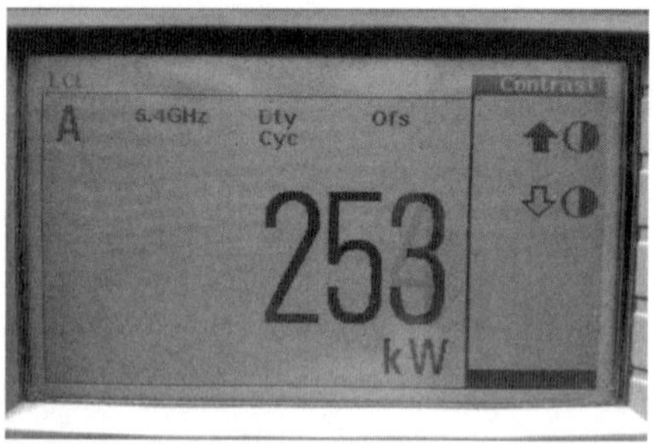

图7–25　发射输出功率测试结果示例

二、接收系统测试

（一）接收噪声系数测试

1. 测试目的

外接噪声源由接收机前端输入，测试点在接收机输出端，由雷达终端软件对噪声系数进行测量。

2. 雷达状态

信号处理：1 μs，单频900 Hz。

发射机状态：关闭高压。

接收机状态：正常模式。

3. 测试框图

接收噪声系数测试如图7-26。

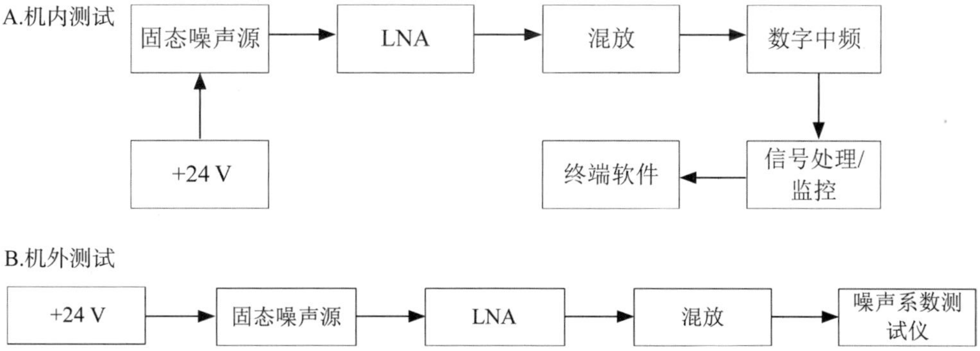

图7-26　接收噪声系数测试框图

4. 测试方法

①机内测试：采用Y因子方法，记录噪声源超噪比，将外接噪声源连接至雷达接收机回波入口。在监控软件控制面板上单击“标定”按钮— “噪声系数”选项卡—标定—读取噪声源加电和不加电两种状态下的数值，按照公式计算出噪声系数。

②机外仪表测试：使用机外仪表（噪声系数测试仪）仅能测试雷达模拟接收前端的噪声系数。将外接噪声源连接至雷达接收机回波入口，噪声源电源连接至噪声系数测试仪上。设置噪声系数测试仪的参数，如频率、噪声源超噪比等。设置完成后在仪表上直接读取接收机的噪声系数。

接收噪声系数测试指标读取及结果示例如图7-27。

直接在“标定”— “噪声系数”界面中读取机内噪声系数测试结果，一般情况下，噪声系数应小于4 dB 。

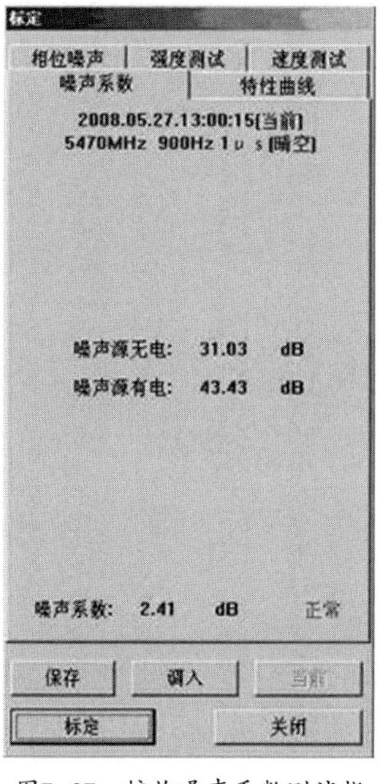

图7-27　接收噪声系数测试指标读取及结果示例

（二）接收灵敏度测试

1. 测试目的

测试雷达接收机的最小可测信号功率。采用外接信号源从接收机回波口注入信号功率进行测量。

2. 雷达状态

信号处理：1 μs（2 μs），单频900 Hz（300 Hz）。

发射机状态：关闭高压。

接收机状态：正常模式。

3. 测试框图

接收灵敏度测试如图7-28。

图7-28　接收灵敏度测试框图

4. 测试方法

按照测试框图连接测试仪器、仪表及测试工具。在接收机无输入（信号源无输出）时，测量终端输出的噪声电压（V）或噪声电平（dB），再输入外接信号源信号，逐渐增大其信号功率，当终端输出的电压幅度为1.4倍噪声电压（V）或噪声电平增加3 dB时，注入接收机的信号源，信号功率为接收机的最小可测信号功率（S_{min}）。然后分别测量接收机的两种带宽。

理论计算公式：

$$S_{min}(\text{dBm})=-114\ \text{dB}+10\log B_n(\text{MHz})+10\log F_0$$

式中：B_n为接收机中频匹配带宽。

F_0为接收机噪声系数。

（三）接收机动态范围测试

1. 测试目的

测定接收机不饱和时的最大输入信号功率与最小可检测信号功率比，通常以分贝表示。

2. 雷达状态

信号处理：1 μs，单频900 Hz。

发射机状态：关闭高压。

接收机状态：正常模式。

3. 测试框图

接收机动态范围测试如图7-29、图7-30。

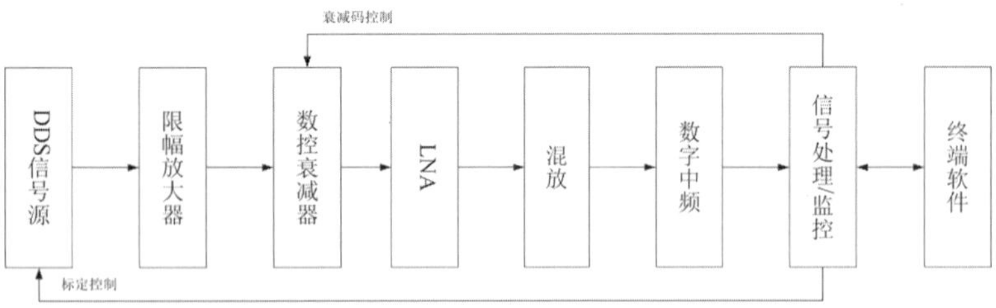

图7-29　接收机动态范围测试框图（机内测试）

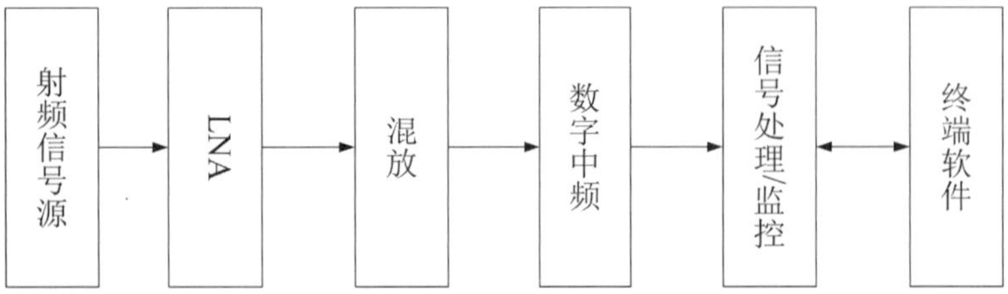

图7-30　接收机动态范围测试框图（机外测试）

4. 测试方法

①机内测试：将机内信号源（DDS信号源）输出的测试信号注入接收机前端，并改变DDS信号功率，控制天线作0°PPI扫描，在终端软件界面上记录某一距离处（例如50 km）的信号强度（dBz）。

②机外仪表测试：按照测试

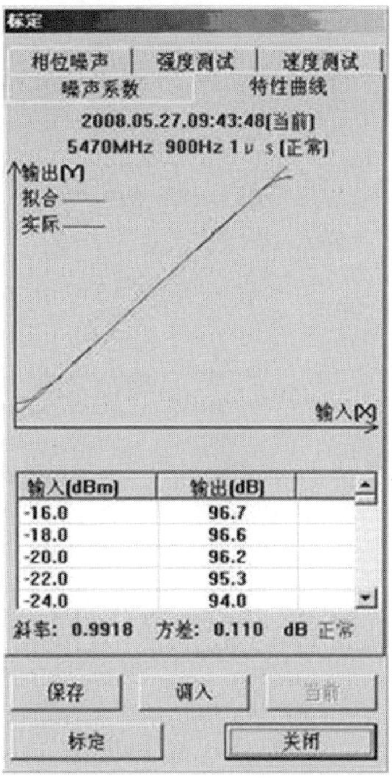

图7-31　接收机动态范围测试指标读取及结果示例

框图连接测试仪器、仪表及测试工具。设置好射频信号源参数，将工作频率设置为雷达工作频率点。控制天线作0°PPI扫描，通过改变信号源输出功率，在终端软件界面上记录某一距离处（例如50 km）的信号强度（dBz）。

5. **测试指标读取及结果示例（图7-31）**

理论计算：输入输出曲线采用最小二乘法进行拟合，拟合直线的斜率由输入功率和对应的输出数据来确定。由测量曲线与拟合直线的差值≤1 dB来确定接收系统低端和高端的拐点，上、下拐点所对应的输入信号功率值的差值为系统的动态范围。

机内动态范围直接在“标定”—“特性曲线”界面读取。

机外动态范围由测量曲线与拟合直线的差值≤1 dB来确定接收系统低端和高端的拐点，上、下拐点所对应的输入信号功率值的差值为该系统的动态范围。如图7-32、图7-33。

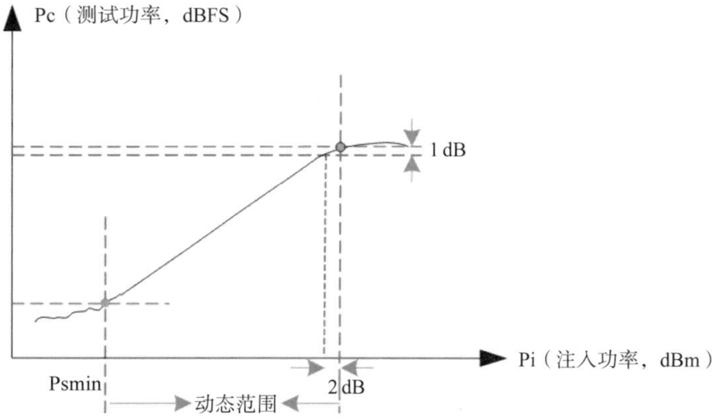

图7-32　动态范围曲线图

动态范围曲线图：

一般情况下，斜率应为0.985~1.015，方差应小于0.5 dB 。

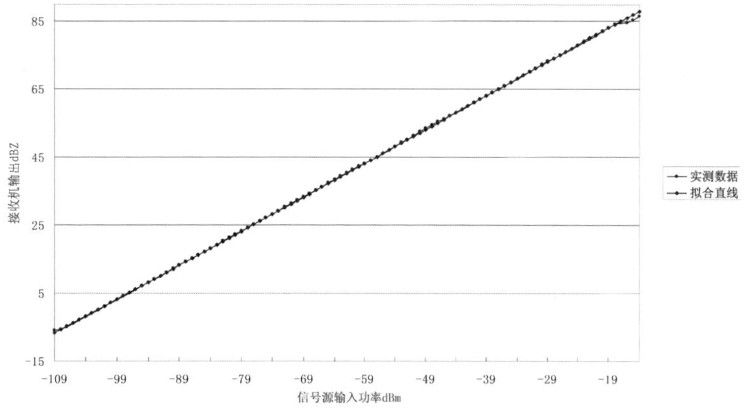

图7-33　测量曲线与拟合直线图

三、定标测试

（一）系统相干性测试

1. 测试目的

将雷达发射微波脉冲经衰减延迟后注入接收机前端，对该信号放大、相位检波后的I、Q值进行1 024次采样，由每次采样的I、Q值计算出信号的相位，求出平均相位和相位的均方根误差（$\sigma\varphi$），用$\sigma\varphi$表征信号的相位噪声。

2. 雷达状态

信号处理：1 μs，单频900 Hz.

发射机状态：加高压。

接收机状态：相噪模式。

3. 测试框图

系统相干性测试如图7-34。

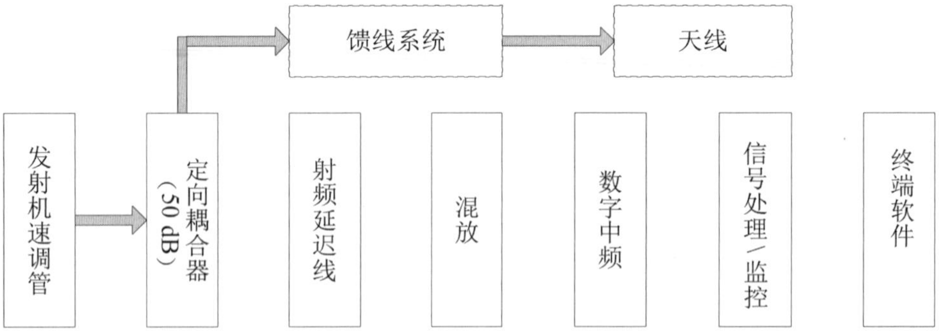

图7-34　系统相干性测试框图

4. 测试方法

①I/Q相角法测试：用机内信号处理器将延迟后的主波信号作为目标回波来处理（不进行地物对消），计算出I、Q幅值，进行n次后送往终端系统。由终端计算出n个相位值arctg（Q/I）的均方差。

②单库FFT谱分析法测试：将发射主波信号经耦合延迟衰减后送入接收机射频前端，在终端显示器观察信号处理器对该信号作FFT处理的输出谱线（不加地物抑制）。记录信号和噪声的功率谱密度比值（S/N），根据系统的重复频率（F）和谱分析带宽（B）计算出极限改善因子（I）。

极限改善因子计算公式：$I=S/N+10\lg B-10\lg F$

式中：I为极限改善因子（dB）。

S/N为信号噪声比（dB）。

B为频谱仪分析带宽（Hz）。

F为发射脉冲重复频率（Hz）。

分析带宽B与用单库FFT处理点数n、系统的重复频率F有关，即$B=F/n$，因此极限改善因子

（I）也可用以下计算公式表示：

$I = S/N - 10\lg n$

式中：I为极限改善因子（dB）。

S/N为信号噪声比（dB）。

n为单库FFT处理点数。

5. 测试结果读取及示例

系统相干性测试结果读取及示例如图7-35。

相位噪声，直接从“标定”—“相位噪声”界面中读取。

一般来说，相位噪声≤0.3°

6. 在单库FFT谱分析法测试中，S/N信号噪声比（dB）的读取（图7-36）。

点击信号处理—选择单库FFT—设置库长（一般选择第10库），读取主谱与主谱两边噪声平均值的差值。再利用极限改善因子计算公式：$I = S/N + 10\lg B - 10\lg F$，计算出结果$I$。

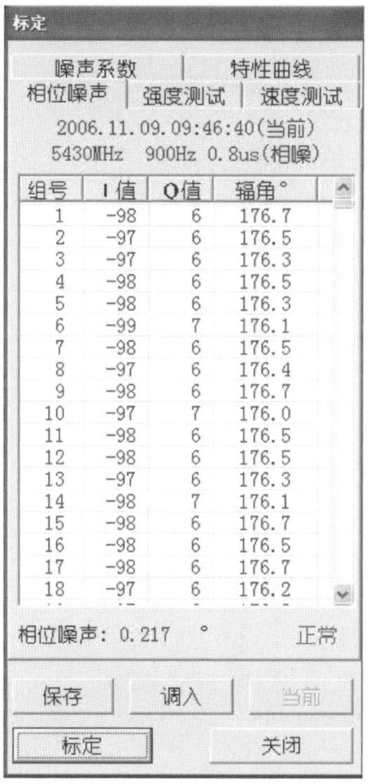

图7-35　系统相干性测试结果读取及示例

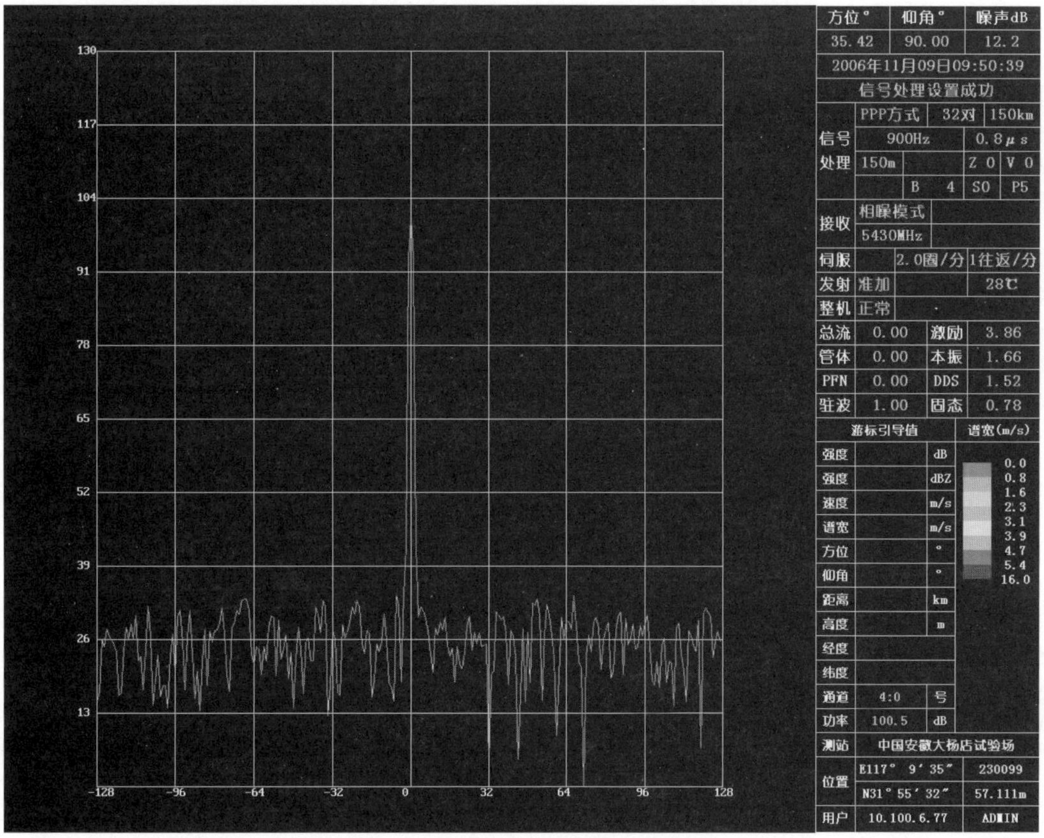

图7-36　S/N信号噪声比（dB）的读取

（二）强度定标测试

1. 测试目的

用外接信号源（机内DDS测试信号）注入功率为–90 dBm至–40 dBm的信号，在距离5 km至200 km范围内检验回波强度的测量值，回波强度测量值与根据注入信号功率计算出的回波强度测量值的最大差值应不大于±1 dB。

2. 雷达状态

信号处理：1 μs，单频600 Hz。

发射机状态：关闭高压。

接收机状态：正常模式。

3. 测试框图

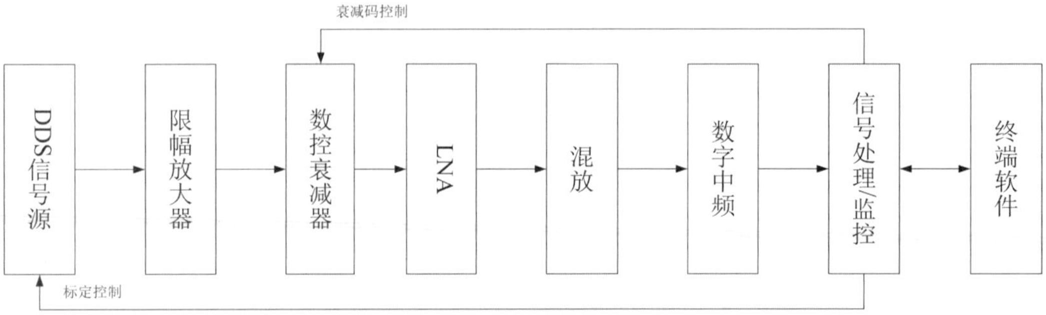

图7–37a　强度定标测试框图（机内测试）

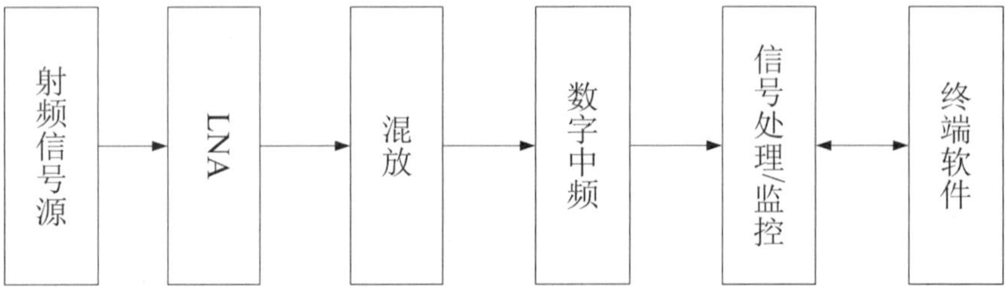

图7–37b　强度定标测试框图（机外测试）

4. 测试方法

①机内DDS测试：通过终端软件控制DDS测试信号的幅度，同时将该信号注入雷达场放输入口，此时在终端上读取5 km、50 km、100 km、150 km、200 km处的强度值（dBZ），将该测试值与理论值进行比较，差值应小于1 dB。

②机外仪表测试：按照测试框图连接测试仪器、仪表及测试工具。设置好射频信号源参数，将工作频率设置为雷达工作频率点。控制天线作0° PPI扫描，通过改变信号源输出功率，在终端软件界面上分别记录5 km、50 km、100 km、150 km、200 km处的强度值（dBZ），将该测试值与理论值进行比较，差值应小于1 dB。

在机外仪表测试中，其强度理论值的计算公式如下：

$$\mathrm{dBz} = \mathrm{C} + Pr + 20\lg R + R \times \mathrm{Lat}$$

其中，$C = 10\lg[2.69\times\lambda 2/(Pt)] + 160 - 2\times G + L\sum + Lp$

式中：λ为波长（cm）　5.484

G为天线增益（dBi）　44.64

Pt为发射脉冲功率（kW）　270.1

τ为脉宽（μs）　0.996

θ为水平波束宽度（°）　0.999

φ为垂直波束宽度（°）　0.928

Lp为匹配滤波器损耗（dB）　1.56

$L\Sigma$为系统除Lat外的总损耗（dB）　5.16

R为距离（km）　5～200

Pr为输入信号功率（dBm）　-90～-40

大气损耗：C波段Lat取0.016 dB/km（双向）

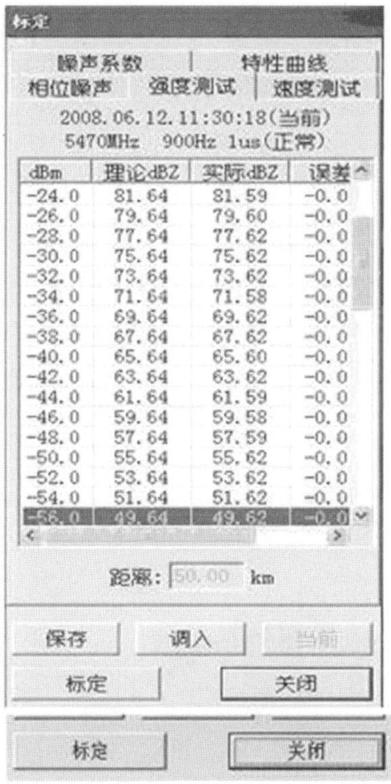

图7-38　强度定标测试结果读取及示例图

5. 测试结果读取及示例

机内强度定标，直接在“标定”—强度测试选项卡中读取。

机外强度定标，将信号源输出频率设置到雷达工作频率（如5 430 M），输出功率依次设置为-90 dBm、-80 dBm、-70 dBm、-60 dBm、-50 dBm和-40 dBm，重复测试各个距离处的输出强度dBZ值并记录。

（三）速度定标测试

1. 测试目的

用机内信号源输出测试信号送入接收机，改变多普勒频率fd，读出速度测量值$V1$与理论计算值$V2$进行比较，其最大差值应不大于±1 m/s。

2. 雷达状态

信号处理：1 μs，单频1 000 Hz。

发射机状态：关闭高压。

接收机状态：正常模式。

3. 测试框图

速度定标测试框图如图7-39。

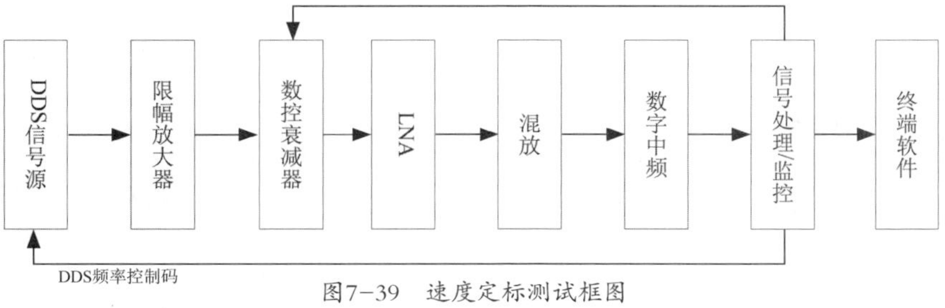

图7-39　速度定标测试框图

4. 测试方法

将机内测试信号注入接收机，改变其频率，由注入信号频率与雷达工作频率差（即多普勒频移*fd*）计算出多普勒速度理论值，与实测值进行比较，检验测速定标差。

计算公式： 理论值$=\lambda fd/2$

式中：λ为雷达波长

*fd*为多普勒频移

5. 测试结果读取及示例

直接在“标定”—“速度测试”选项卡中读取（图7-40）。

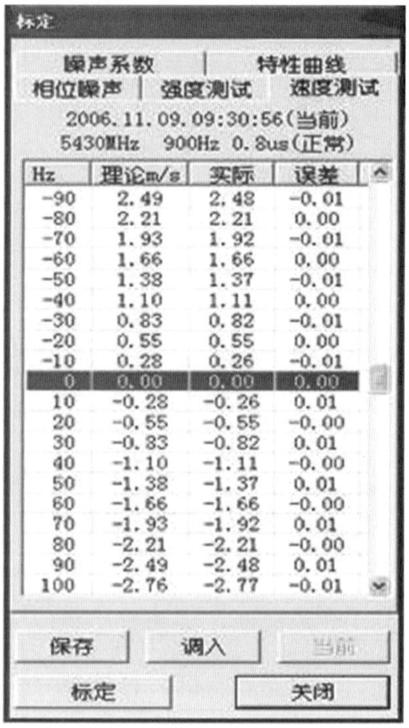

Hz	理论m/s	实际	误差
-90	2.49	2.48	-0.01
-80	2.21	2.21	0.00
-70	1.93	1.92	-0.01
-60	1.66	1.66	0.00
-50	1.38	1.37	-0.01
-40	1.10	1.11	0.00
-30	0.83	0.82	-0.01
-20	0.55	0.55	0.00
-10	0.28	0.26	-0.01
0	0.00	0.00	0.00
10	-0.28	-0.26	0.01
20	-0.55	-0.55	-0.00
30	-0.83	-0.82	0.01
40	-1.10	-1.11	-0.00
50	-1.38	-1.37	0.01
60	-1.66	-1.66	-0.00
70	-1.93	-1.92	0.01
80	-2.21	-2.21	-0.00
90	-2.49	-2.48	0.01
100	-2.76	-2.77	-0.01

图7-40　速度定标测试结果读取及示例

四、信号处理自检

（一）单频模式下未对消PPP状态

1. 技术要求

信号处理设置为900 Hz、PPP（32点）、PPI扫描、自检状态、未对消。从雷达终端上可观察到强度dBZ、强度dB、速度场和谱宽场图形（图7-41）。

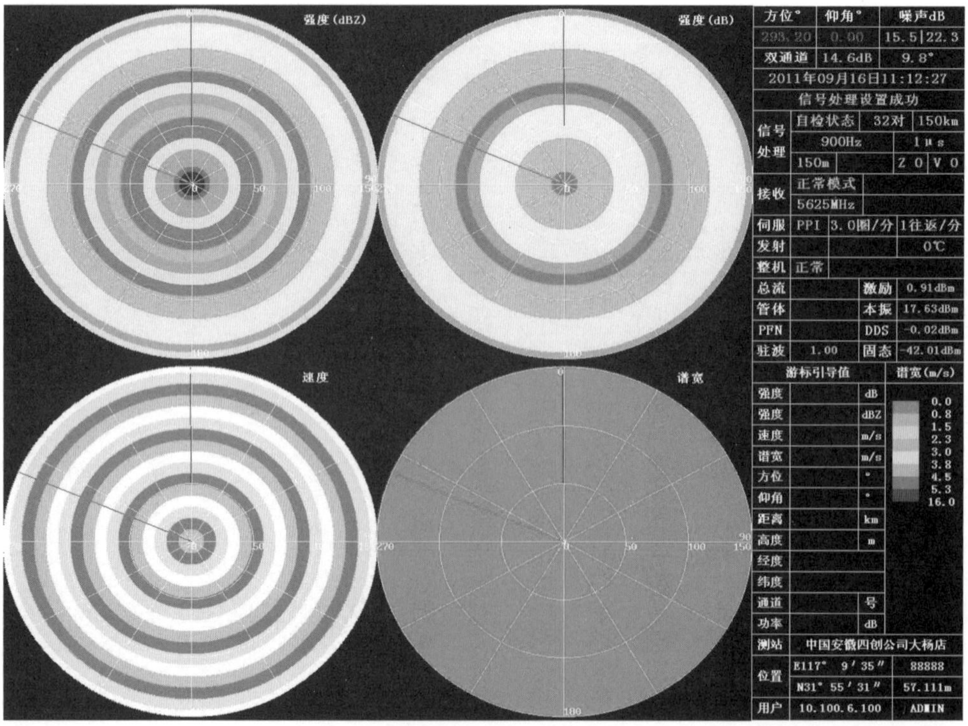

图7-41　单频模式下未对消PPP状态

2. 测试方法

按照上述技术要求所给出的方法从雷达终端上进行观察。

（二）单频模式下未对消FFT状态

1. 技术要求

信号处理设置为900 Hz、FFT（32点）、PPI扫描、自检状态、未对消。从雷达终端上可观察到强度dBZ、强度dB、速度场和谱宽场图形（图7-42）。

2. 测试方法

按照上述技术要求所给出的方法从雷达终端上进行观察。

（三）单频模式下IIR对消的PPP状态

1. 技术要求

信号处理设置为900 Hz、PPP（32点）、PPI扫描，自检状态、IIR对消。从雷达终端上可观察到强度dBZ、强度dB、速度场和谱宽场图形（图7-43）。

2. 测试方法

按照上述技术要求给出的方法从雷达终端上进行观察。

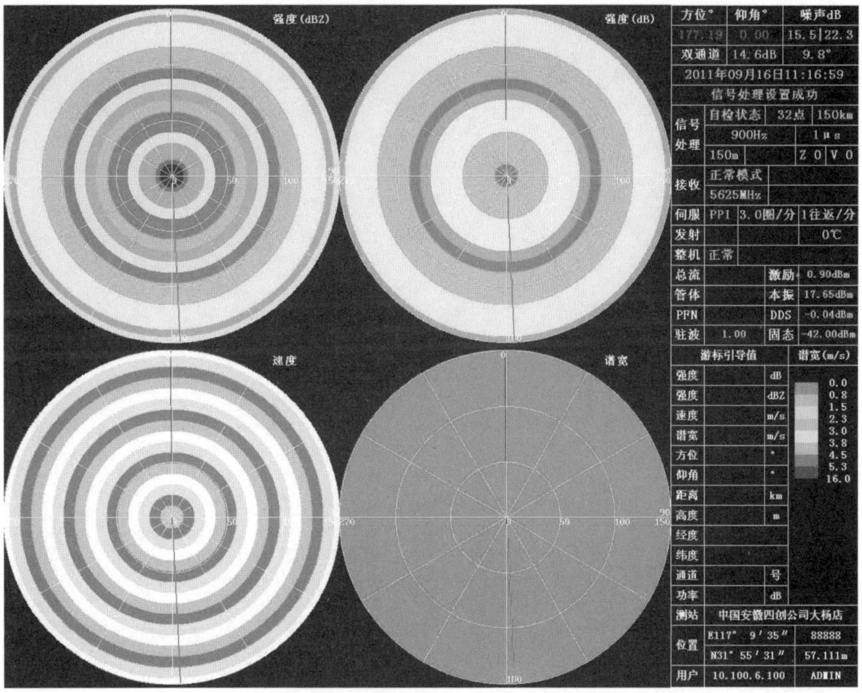

图7-42　单频模式下未对消FFT状态

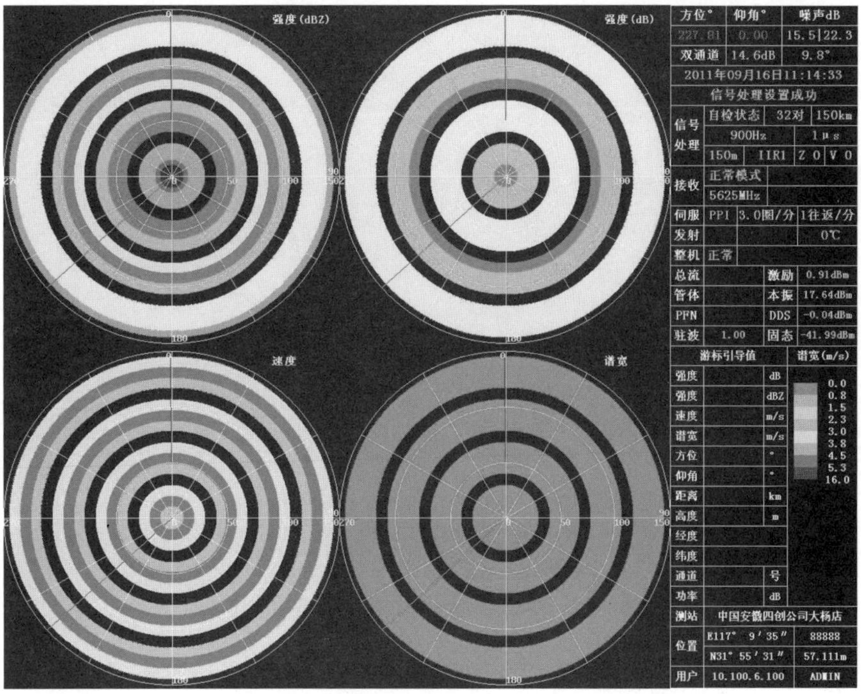

图7-43　单频模式下IIR对消PPP状态

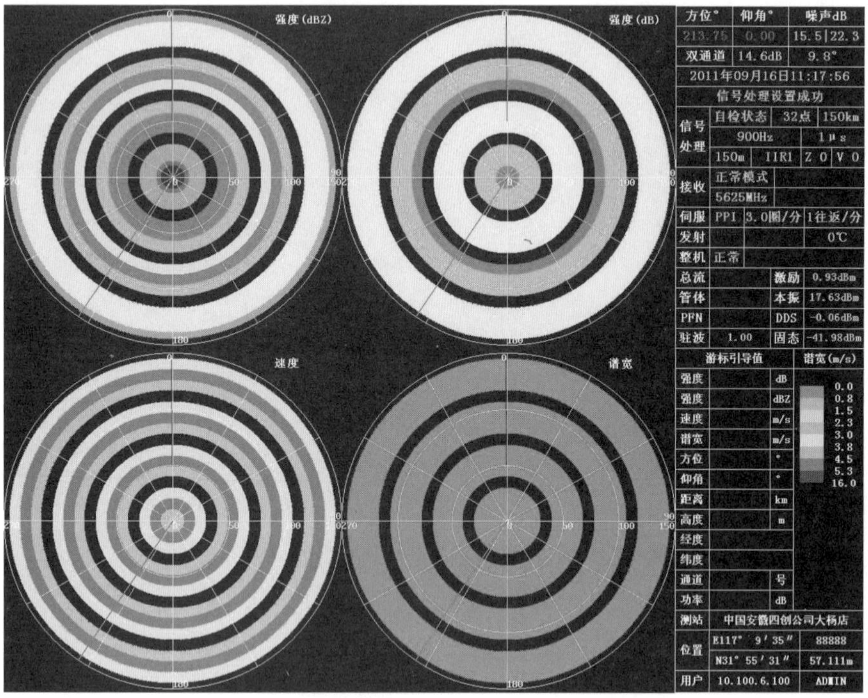

图7-44　单频模式下IIR对消FFT状态

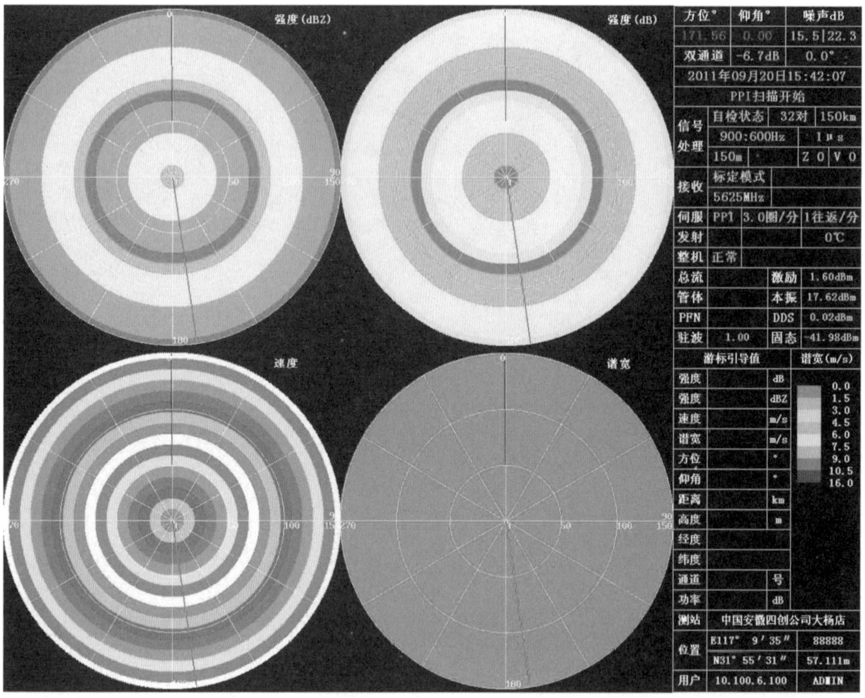

图7-45　双重频3：2模式下未对消PPP状态

（四）单频模式下IIR对消的FFT状态

1. 技术要求

信号处理设置为900 Hz、FFT、自检状态、IIR对消。从雷达终端上可观察到强度dBZ、强度dB、速度场和谱宽场图形（图7-44）。

2. 测试方法

按照上述技术要求给出的方法从雷达终端上进行观察。

（五）双重频3：2模式下未对消的PPP状态

1. 技术要求

信号处理设置为900：600 Hz、PPP、自检状态、未对消。从雷达终端上可观察到强度dBZ、强度dB、速度场和谱宽场图形（图7-45）。

2. 测试方法

按照上述技术要求给出的方法从雷达终端上进行观察。

（六）双重频3：2模式下IIR对消的PPP状态

1. 技术要求

信号处理设置为900：600 Hz、PPP、自检状态、IIR对消。从雷达终端上可观察到强度dBz、强度dB、速度场和谱宽场图形（图7-46）。

2. 测试方法

按照上述技术要求给出的方法从雷达终端上进行观察。

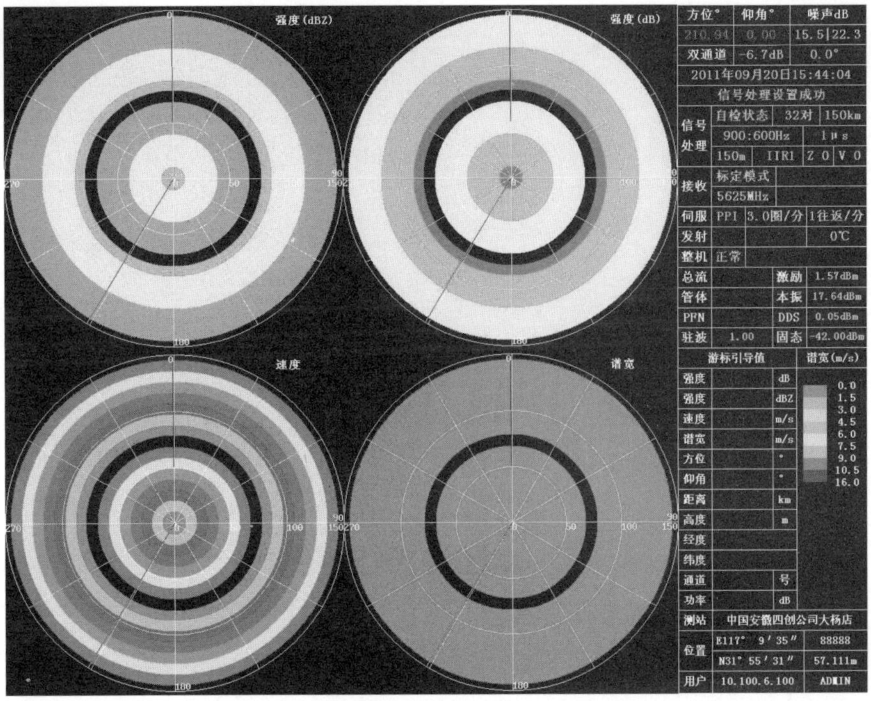

图7-46　双重频3：2模式下IIR对消PPP状态

五、CINRAD/CC雷达伺服分系统测试

（一）天线定位精度测试

1. 测试目的

伺服控制系统主要测试天线控制精度，包括方位控制精度和仰角控制精度。天线控制精度以期望值与实测值差值的均方根误差来表征，均方差值应小于0.1°。

2. 测试方法

通过终端软件控制雷达天线转动到指定的方位角或仰角，当天线定位完成后，读出雷达天线实际的方位角或仰角，计算出指定角度与实际角度的误差值。方位角和仰角各做12次，计算其均方根误差。测试结果记录见表7-2。

表7-2　测试结果记录表

方 位 角			俯 仰 角		
设置值（°）	指示值（°）	差值（°）	设置值（°）	指示值（°）	差值（°）
0			0		
30			5		

续表

方 位 角			俯 仰 角		
设置值（°）	指示值（°）	差值（°）	设置值（°）	指示值（°）	差值（°）
60			10		
90			15		
120			20		
150			25		
180			30		
210			35		
240			40		
270			45		
300			50		
330			55		
均方差值			均方差值		

（二）天线水平度测试

1. 测试目的

雷达天线座如果水平度超差，会造成天线不在同一个平面上转动，从而会影响雷达探测的准确性。雷达天线座需要定期进行检查、调整。

2. 测试仪表

光学合相水平仪。

3. 计算公式

$$\Delta\alpha=\text{arctg}\frac{\frac{0.01}{1000}\times165\times L_{m+180}}{165}-\text{arctg}\frac{\frac{0.01}{1000}\times165\times L_{m}}{165}$$

4. 仪器使用

天线水平度测试的仪器使用如图7-47。

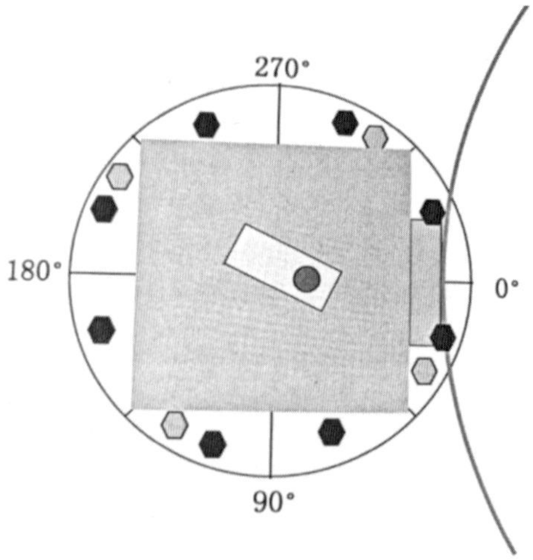

图7-47　天线水平度测试的仪器使用

5. 测试方法

①控制伺服系统使其方位角、俯仰角显示均为0°，将

光学合相水平仪置于天线俯仰转台的顶端中部，并保证水平仪与转台平面之间光洁、平整；使水平仪的横轴轴向与天线底座任意两个相隔180°的螺钉的连线平行，便于下面的调节工作。

②将天线顺时针转动45°，记录下此时伺服系统指示的方位角度，调节合相水平仪的调整旋钮，使水平泡停在玻璃管的中央或从水平仪中间的小孔中看到两气泡重合。

③记下此时水平仪刻度圆盘的读数*LA*和水平仪侧面垂直刻度读数*LB*，则此时可计算合相水平仪的实际读数为$L45=LA+LB\times100$（mm）。

④重复步骤②，得到读数*L*90。

⑤重复步骤②、③、④，依此法类推，可得到天线在45°、90°、135°、180°、225°、270°、315°、360°八个方位角度上合相水平仪的读数。

⑥*L*45°、*L*90°、*L*135°、*L*180°、*L*225°、*L*270°、*L*315°、*L*360和四个读数差值；

⑦$\Delta L45^\circ = L225^\circ - L45^\circ$，$\Delta L90^\circ = L270^\circ - L90^\circ$，$\Delta L135^\circ = L315^\circ - L135^\circ$，$\Delta L180^\circ = L360^\circ - L180^\circ$

6. 测试结果示例

天线水平度测试结果示例如图7-48。

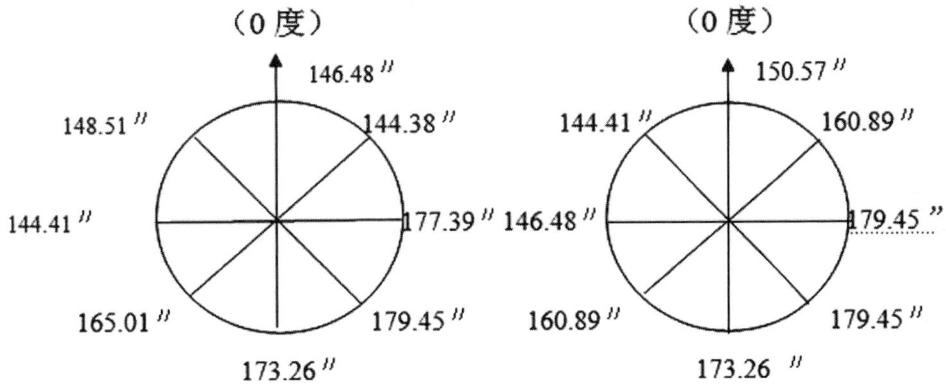

图7-48 天线水平度测试结果示例

（三）天线波束指向测试

1. 测试目的

雷达伺服系统给出的角度数据与天线波束的实际指向可能有些出入，应设法消除，现代气象雷达应有角度自动标定功能。

2. 标定原理

利用太阳跟踪法。当天线波束正好指向太阳时，雷达接收机输出噪声电平达到最大值，而太阳的位置（方位、仰角）是已知的。

将雷达所测得的太阳位置与太阳的真实位置进行比较，并利用比较结果对伺服系统所测定的雷达天线的指向角进行校正。

3. 测试方法

①运用控制软件，使天线波束逐渐对准太阳（正好对准太阳时，接收机输出噪声最大）。

②记录噪声电平最大时伺服系统指示的方位角和仰角，并将此角度和当时太阳的实际位置进行比较。

③根据比较结果，对天线指向角进行修正。

4. 天线指向标定过程

标定过程界面如图7-49。

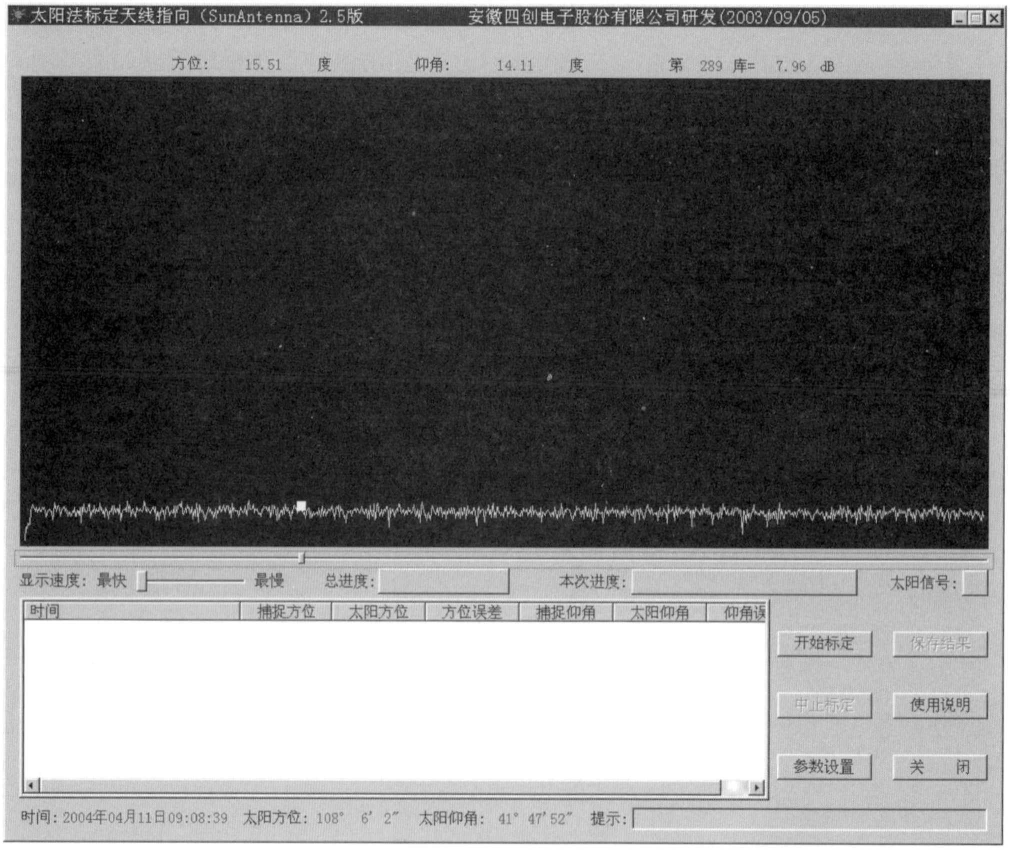

图7-49 标定过程界面

5. 调整方法

例如：实测结果为

太阳方位角（θ_0/θ）	太阳仰角（Ψ_0/Ψ）
270°/272°	35°/34°
计算值 / 实测值	计算值 / 实测值

6. 根据结果分析

假设太阳方位角（理论值）为0°，则伺服系统指示的天线方位角为2°；

假设太阳仰角（理论值）为0°，则伺服系统指示的天线仰角为−1°。

7. 定标操作

①通过监控微机（或主微机）发送控制指令，将天线方位角定位到2°、仰角定位到－1°。

②关断伺服分机方位电源、俯仰电源，然后关断伺服分机总电源，并将方位R/D板（俯仰R/D板）设置为定标状态后插回伺服分机。

③打开伺服分机总电源（保持方位电源、俯仰电源为关断状态），待伺服分机面板上指示的方位角（仰角）均自动变为0°后，再关断总电源，将方位R/D板（俯仰R/D板）恢复为工作状态，电源开关全部设置为正常状态。

第五节

CINRAD/CC雷达发射系统故障的分析与处理

一、CINRAD/CC雷达发射系统简介

（一）CINRAD/CC雷达发射系统工作流程

CINRAD/CC雷达发射系统由固态放大器、固态调制器（含脉冲变压器）、速调管功率放大器（含脉冲旁路器）、发射配电电路、发射监控分机、高压电源分机、磁场电源分机Ⅰ、磁场电源分机Ⅱ、灯丝电源分机及钛泵电源分机共十个部分组成，其简意系统构成如图7-50所示。

发射配电电路将输入的50 Hz、三相380 V电源，合理地分配给本分系统内各分机、组件及冷却设备，向它们提供50 Hz单相220 V或三相380 V电源。另外，还为本分系统之外的充气机提供三相380 V电源。此外，还在某些需要输入大功率的分机和设备的供电线路上设置保护装置，并具有断相保护功能。

发射监控分机负责本分系统与全机其他分系统在信号定时、同步和工作状态控制方面的联系，并采集本分系统各分机的故障信号，完成内部技术状态检测功能。

固态放大器对来自接收分系统激励源分机的0.5 W射频激励信号放大到满足速调管激励要求的功率电平，然后再送到速调管的输入腔。

固态调制器在放电触发脉冲的控制下，通过脉冲变压器向速调管阴极提供调制脉冲。

速调管作为功率放大器，在其阴极调制脉冲持续期间，将输入的射频激励信号进行充分、有效的功率放大，最后输出250 kW以上的射频发射脉冲。脉冲旁路器与速调管及脉冲变压器连接，用以构成速调管收集极电流、管体电流和总流的通路，并可进行检测。

高压电源分机在充电触发脉冲控制下，向固态调制器的储能组件（PFN）提供充电电源。磁场

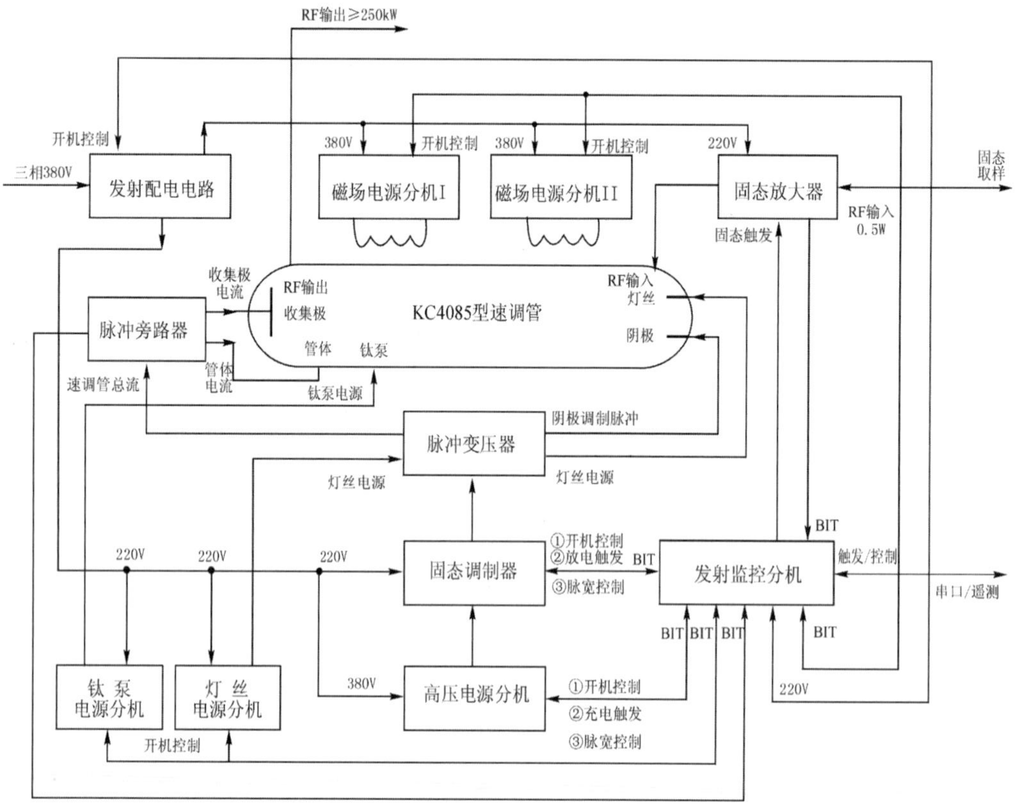

图7-50 CINRAD/CC雷达发射系统框图

电源Ⅰ和Ⅱ为速调管的两组聚焦线圈提供电流，以形成径向聚焦磁场，保证速调管工作时电子注不致散焦。灯丝电源分机、钛泵电源分机向速调管提供灯丝电源和钛泵电源，后者用以保证速调管的真空度不致降低。

（二）CINRAD/CC雷达发射系统关键点的波形、参数

CINRAD/CC雷达发射系统的主要参数范围见表7-3。

表7-3 CINRAD/CC雷达发射系统的主要参数范围

项目	正常范围（1 μs 900 Hz单频状态）	备注
总流	2.0 ~ 3.0	终端
管体	≤2.0	终端
人工线（PFN）	≤4.0	终端
发射峰值功率	≥250 KW	终端
灯丝	6 ~ 9 A	分机
磁场I	6 ~ 9 A	分机
磁场II	6 ~ 9 A	分机

续表

项目	正常范围（1 μs 900 Hz单频状态）	备注
反峰	≤1.25 V	指示板
钛泵	≤16.0 μA	指示板
高压IF	2.0 ~ 3.0 A	指示板
高压VF	4.5 ~ 6.0 V	指示板
脉冲宽度（1 μS）	1.0±0.1 μS	示波器
脉冲宽度（2 μS）	2.0±0.1 μS	示波器
输出极限改善因子	≥49 dB	频谱仪
输入极限改善因子	≥52 dB	频谱仪
IGBT驱动波形	图7–47	示波器
可控硅阻值	200 ~ 300 kΩ	万用表
可控硅驱动波形	图7–50	示波器
人工线实际电压	≤4 000 V	
阴极电压	≤48 000 V	
钛泵电压	3 500 V	
温度显示	0 ~ 50 ℃	终端
磁场线圈插座之间的阻值	8 ~ 10 Ω	万用表
门开关故障形式	闭合报故障1.	
其余故障形式	断开报故障（0）	

雷达发射系统主要测试点的波形如图7-51～图7-53。

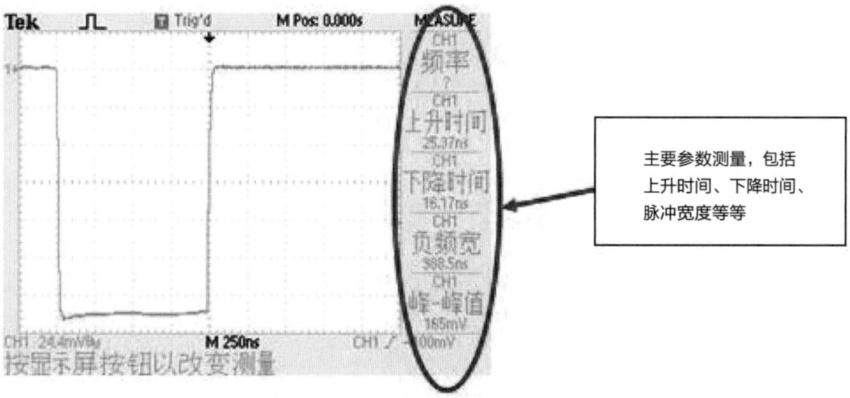

图7–51　发射机输出脉冲宽度

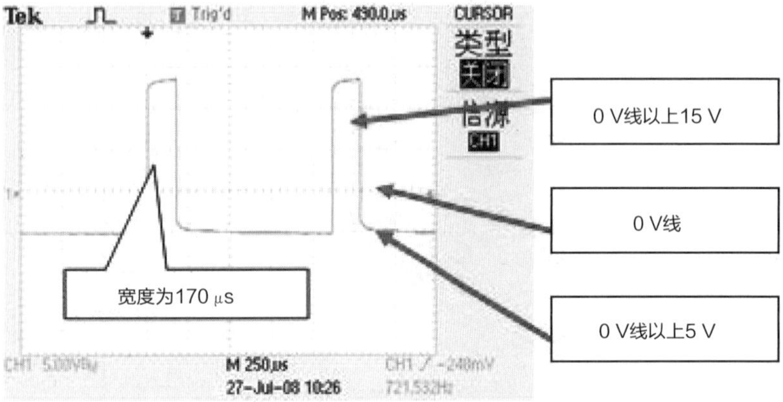

图7-52　IGBT驱动波形

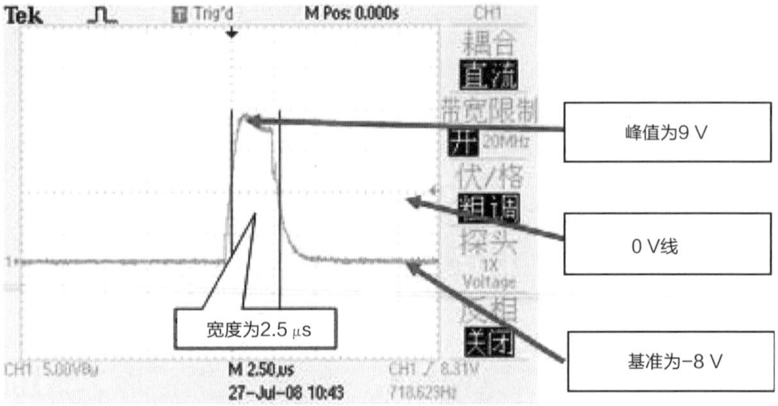

图7-53　可控硅驱动波形

（三）CINRAD/CC雷达发射系统故障分析方法

发射机主要为分立元件，所以在各个元件上均能测到相应的波形。发射机的故障分析通常采用测试元件的波形或相关参数的方法。这就要求雷达站机务人员能够熟练使用示波器以及掌握发射机各个关键监测点的波形。

发射机多为高电压，大电流元器件，维修时至少应有两人同时在现场。发射机速调管调制波形如图7-54。

二、典型个例分析

（一）可控硅风机故障

1. 现象

调制器电源损坏。

2. 原因

可控硅风机损坏，不能正常转动，为可控硅提供电源的+24 V电源损坏。

3. 故障排除流程

①发射机加冷却液，观察调制器中可控硅散热轴流风机不转动。

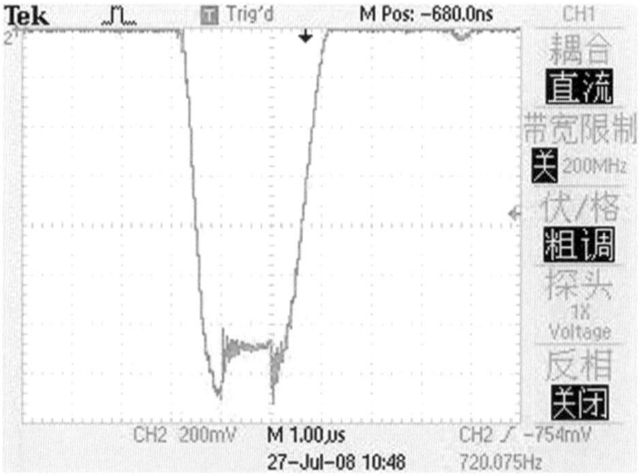

图7-54　发射机速调管调制波形（使用磁环测试加激励信号）

②使用三用表测量调制器线性电源，直流+24 V无输出。

③判断线性电源被烧坏，更换线性电源后，故障排除，雷达工作正常。

（二）可控硅故障

1. 现象

可控硅被击穿（图7-55）。

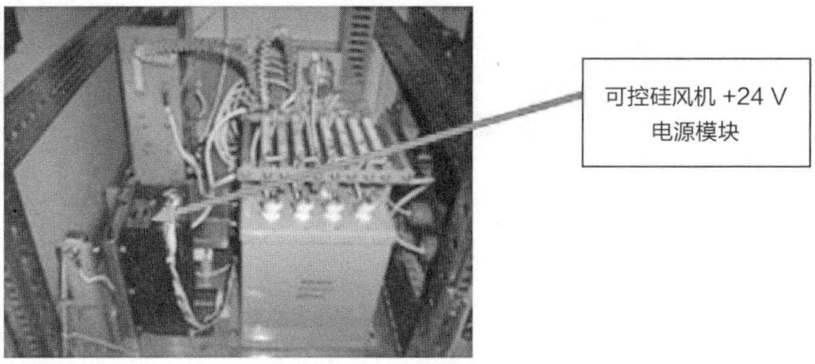

图7-55　可控硅风机故障部位

2. 原因

调制器六个可控硅中可能存在可控硅被击穿或阻值下降的情况。

3. 故障排除流程

①切断发射机电源。

②将万用表选到“kΩ”档，分别测量可控硅相邻两个散热片之间的正向和反向阻值，正常值应为200～300 kΩ。三用表测量如图7-56。

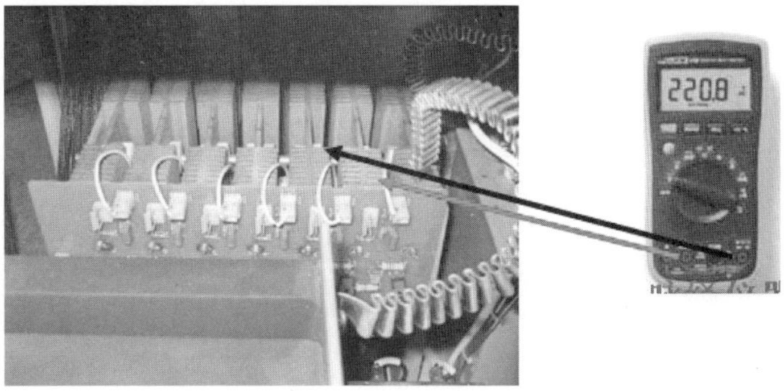

图7-56　三用表测量示意图

③如果实际测量结果显示最后一个可控硅阻值为100 kΩ，则基本可确定可控硅被击穿，更换可控硅后，故障排除，雷达工作正常（若出现≤200 kΩ的情况，则该可控硅可能被击穿或性能下降，需要进行更换）。

（三）回扫电源故障

1. 现象

回扫电源工作异常。

2. 原因

高压电源故障，不能为调制器提供稳定的直流500 V电源。

3. 故障排除流程

①切断雷达发射机电源，断开高压电源回扫变压器所有的连接电缆，使用万用表或摇表测量变压器初级与次级之间的阻值为MΩ量级，正常，排除回扫变压器损坏的可能。如图7-57、图7-58。

②将回扫变压器电缆连接好，将雷达发射机开到低压状态，使用示波器测量高压电源中两个IGBT驱动波形，示波器探头夹子（地）加白线，钩子钩蓝线，正确波形为0线以上15 V，0线以下5 V，1 μS时脉冲宽度为180 μS，2 μS时脉冲宽度为240 μS。测量结果没有该驱动波形，应检查充电触发信号是否正常或IGBT模块是否损坏。注意：此时示波器严禁接地！

③更换IGBT后，故障排除，雷达工作正常。

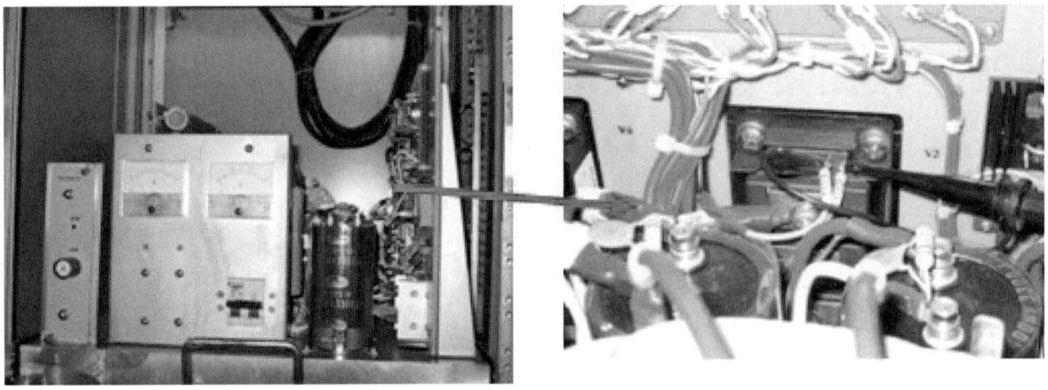

图7-57　变压器初级与次级间阻值测量

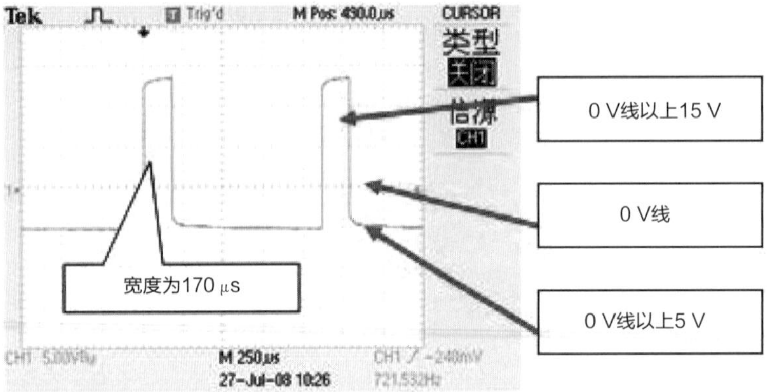

图7-58　IGBT驱动波形

（四）反峰电路故障

1. 现象

反峰电路工作异常。

2. 原因

雷达反峰电路的作用在于消除PFN放电后出现的负压。出现此故障的主要原因是当人工线（PFN）呈现负压，整流导通时，从电阻两端输出反峰报警信号。

3. 故障排除流程

①将雷达发射机断电，拆下调制器中的整流硅堆，使用摇表测试该整流硅堆的正向导通和反向阻值为2 MΩ（正常值为MΩ量级），可判断充电硅堆正常，排除硅堆损坏的可能；如果测得的硅堆阻值不在正常值范围内，则更换硅堆。

②为雷达加高压时，在雷达机房发射机柜Ⅱ旁边可听到脉冲变压器中存在打火现象，可同时观察到打火时反峰电流突然变大，说明为反峰电路故障，雷达高压自动去掉；可确定脉冲变压器中存在打火现象。

③更换脉冲变压器后，故障排除，雷达工作正常。

（五）KLY温度异常

1. 现象

KLY温度异常。

2. 原因

在雷达速调管收集极装有一个温度继电器，该继电器正常时为常闭状态，当雷达速调管收集极的温度超过110 ℃时，该继电器断开，如果雷达发射机报KLY温度异常故障，发射机高压将自动关闭。

3. 故障排除流程

①检查速调管散热风机转动是否正常，如果不存在刮叶片现象，则电机运转正常；如果电机不转，则说明电机烧坏，应更换电机或整个风机。

②检查风机转动方向是否正常。将雷达加上冷却，然后关冷却，从雷达速调管散热风机出风处观察叶片转动方向。正常情况下，叶片向外鼓风，风量非常大，若反转，则风机风量较小，达不到散热要求。经过观察，叶片转动方向正常（如果反转，则可调整电机供电电源任意两项之间的相序。例如，原来自左至右为A/B/C，可调整为B/A/C）。

③雷达发射机断电，如果使用三用表测量温度继电器两个焊接点之间为常开状态（正常时为常闭状态，即通路），可判断该温度继电器损坏。

④更换温度继电器后故障排除，雷达工作正常。

（六）冷却开关脱扣

1. 现象

冷却开关工作异常。

2. 原因

在发射机柜Ⅰ最上面的配电分机中有一个控制冷却电源的空气开关和一个辅助节点，当该空气开关断开时，其辅助节点也随之断开。如果雷达发射机报冷却开关脱扣故障，则高压自动断开。出现该故障，应该是雷达冷却系统存在短路现象。

3. 故障排除流程

①用手感觉雷达磁场线包和速调管散热电机表面温度，如果电机烧坏，表面温度应该很高，会感觉烫手。

②进一步判断雷达磁场线包和速调管散热电机是否烧坏。将冷却风机空气开关闭合，断开雷达磁场线包和速调管散热风机电源（该电源电缆连接在发射机机柜Ⅰ配电分机靠近发射机柜Ⅱ的侧面），打开雷达冷却，故障现象仍然存在。如果不再报故障，则可判断磁场线包和速调管散热风机中有一个损坏，应更换风机备件。

③逐个断开雷达机柜顶部的风扇电源插头，判断出现短路的机柜顶部风扇位置。

④采用排除法，逐个判断该机柜顶部4个风扇中损坏的风扇。

⑤更换风扇后故障排除，雷达工作正常。

（七）磁场电源故障

1. 现象

磁场电源无电流输出。

2. 原因

一是磁场电源本身损坏，无电流输出；二是磁场电源的负载处于断路状态。

3. 故障排除流程

①将雷达发射机断电，使用三用表测量磁场线包插座之间的阻值。磁场Ⅰ为1脚与2脚之间，阻值为8.5 Ω；磁场Ⅱ为3脚与4脚之间，阻值为8.5 Ω（正常值为8～9 Ω），磁场线包正常。如果所测阻值较大，则线包中存在断路现象，应更换磁场线包。

②连接好磁场线包上的插头，断开磁场电源后边连接XS03的电缆，使用三用表测量电缆插头中1脚与2脚之间的阻值为8.5 Ω（正常值为8～9 Ω），说明电缆正常。如果所测阻值较大，可判断为电缆存在虚焊现象，应更换电缆或检查电缆插头处的焊接处是否存在虚焊现象。

③将两个磁场电源位置对调，发现先前无输出的那个电源仍然无输出，可判断该磁场电源损坏。

④更换磁场电源后故障排除，雷达工作正常。

（八）灯丝电源故障

1. 现象

灯丝电源无电流输出。

2. 原因

灯丝电源本身损坏，无电流输出；灯丝电源的负载为断路状态。

3. 故障排除流程

①将雷达发射机断电，使用三用表测量脉冲变压器侧面3号端子与4号端子之间（上面两个）的阻值为3.1 Ω（正常值为2～4 Ω），说明速调管连接良好。如果所测阻值较大，则可判断速调管与脉冲变压器接触不好，需将速调管取出，重新调整脉冲变压器中的触点高度。

②断开灯丝电源后边连接XS03的电缆，使用三用表测量电缆插头中3脚与4脚之间的阻值为3.1 Ω（正常值为2～4 Ω），说明电缆连接正常。如果所测阻值较大，可判断电缆存在虚焊现象，应更换电缆或检查电缆插头处的焊接处是否存在虚焊现象。

③如果是灯丝电源损坏，更换灯丝电源后故障排除，雷达工作正常。

（九）发射脉冲包络检波明显变窄

1. 现象

脉冲包络检波明显变窄。

2. 原因

雷达发射机经过两级放大，第一级为固态放大器，第二级为大功率速调管放大，这两级放大是通过调制放大脉冲来实现的。正常时的激励信号应该处于调制脉冲的中间位置，若存在偏移现象，则会造成脉冲包络检波明显变窄的现象。

3. 故障排除流程

①使用示波器和检波器对接收机输出激励信号进行包络检波，如果脉冲宽度为1.0 μs，则说明接收机输出激励信号正常（正常时为一个标准矩形方波，宽度为1±0.1 μs）。

②使用示波器和检波器测试发射机固态放大器输出信号的脉冲包络，如果脉冲宽度为1.0 μs，则说明固态放大器及放大时序工作正常（正常时为一个标准矩形方波，宽度为1±0.1 μs）。如果较窄，可通过调整发射机监控分机中接口板中的可调电位器RP1（远离插件的面板）来调整激励信号和固态放大器调制脉冲之间的时序关系。

③雷达加高压，使用电流测试环来测试速调管调制脉冲与接收机激励信号之间的时序关系。在正常情况下，激励信号应该处于发射机调制脉冲的正中间位置，如果发现激励信号没有处于调制脉冲底部的正中间位置，则说明调制脉冲的时序与接收机送过来的激励信号之间的时序没有对上。

④通过调整发射机监控分机中接口板中的可调电位器RP2（靠近插件的面板），可调整两者之间的时序关系。调整后故障排除，雷达工作正常。

接口板电位器（RP1、RP2）的位置如图7-59。接收机激励信号包各异常状态如图7-60。

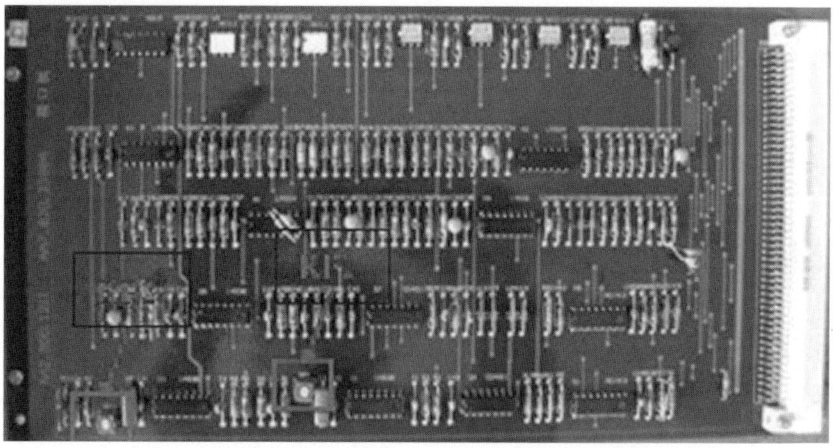

图7-59　接口板电位器（RP1、RP2）的位置

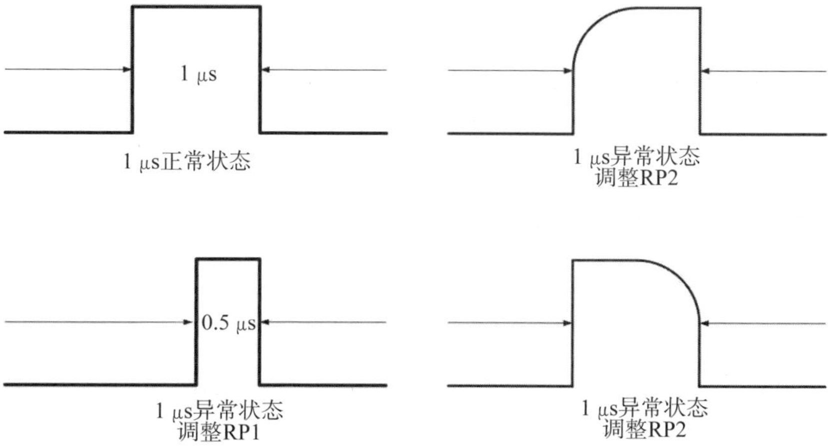

图7-60　接收机激励信号包络异常状态示意图

（十）雷达速调管指标异常

1. 现象

雷达速调管出现指标恶化情况。

2. 原因

CINRAD/CC雷达速调管

为大功率真空器件，正常使用时长≥5 000 h（加高压时间），当雷达速调管使用时间超过5 000 h后，应当密切关注雷达与速调管相关的各项参数，如总流、管体、峰值功率、调制脉冲大小等。

3. 故障排除流程

①观察雷达在1 μs单频900 Hz状态下的总流值与更换该速调管后总流值的差异，如果变化较大，可判断该速调管指标恶化。

②观察雷达峰值功率是否逐渐降低，如果逐渐降低，可判断该速调管指标恶化。

③使用磁环观察调制脉冲的大小，正常值应≥14 A；如果小于14 A，可判断该速调管指标恶化，已达到更换标准，应及时予以更换。

（十一）雷达无回波

1. 现象

雷达激励信号异常。

2. 原因

发射机处于非正常工作状态。

3. 故障排除流程

①将雷达设置在1 μs，单频900 Hz状态，雷达将处于非标定状态下（雷达在标定状态下会将激励信号封掉，雷达激励无输出）。

②使用示波器和检波器对接收机输出激励信号进行包络检波，如果脉冲宽度为1.0 μs，则说明接收机输出激励信号正常。

③雷达加高压，总流、管体均正常，峰值功率显示为0 kW。

④使用示波器和检波器测试发射机固态放大器输出信号的脉冲包络，如果检测不到信号输出，可判断固态放大器损坏或送到固态放大器的时序不对（正常时为一个标准矩形方波，宽度为1±0.1 μs）。

⑤通过调整发射机监控分机接口板中的可调电位器RP2（靠近插件的右面）来调整激励信号和固态放大器调制脉冲之间的时序关系，如果缓慢调整电位器，但在示波器上始终看不到激励信号，则可判断为固态功放损坏。

⑥更换固态功放后故障排除，雷达工作正常。

三、CINRAD/CC雷达发射系统故障汇总

CINRAD/CC雷达发射系统故障现象、原因及处理措施见表7–4。

表7-4　CINRAD/CC雷达发射系统故障现象、原因及处理措施一览表

故障现象	故障原因	采取措施
高压功率指示无回波	固态放大器坏	更换固态放大器
反峰故障	硅堆被击穿	更换硅堆
	脉冲变压器打火	更换脉冲变压器
回扫电源故障	IGBT被击穿	更换IGBT
	硅堆被击穿	更换硅堆
可控硅风机故障	+24 V电源模块烧坏	更换+24 V电源模块
可控硅故障	可控硅被击穿	更换可控硅
磁场电源故障	磁场电源烧坏	更换磁场电源
灯丝电源故障	灯丝电源烧坏	更换灯丝电源
	速调管接触不良	重新安装速调管
冷却风机脱扣	轴流风扇烧坏造成短路	更换轴流风扇
	冷却三项电机烧坏	更换冷却三项电机（风机）
KLY温度异常	三相电机相序不对	调整三相电机的相序
	速调管冷却三项电机烧坏	更换速调管冷却三项电机（风机）
	温度继电器损坏	更换温度继电器
线包温度异常	三相电机相序不对	调整三相电机的相序
	线包冷却三项电机烧坏	更换线包冷却三项电机（风机）
	温度继电器损坏	更换温度继电器
发射机温度不能在终端显示	发射机温度仪损坏	更换射机温度仪
真空度故障	速调管中有气泡	复位或更换速调管

第六节

CINRAD/CC雷达接收系统故障的分析与处理

一、CINRAD/CC雷达接收系统简介

（一）CINRAD/CC雷达接收系统信号流程（图7-61）

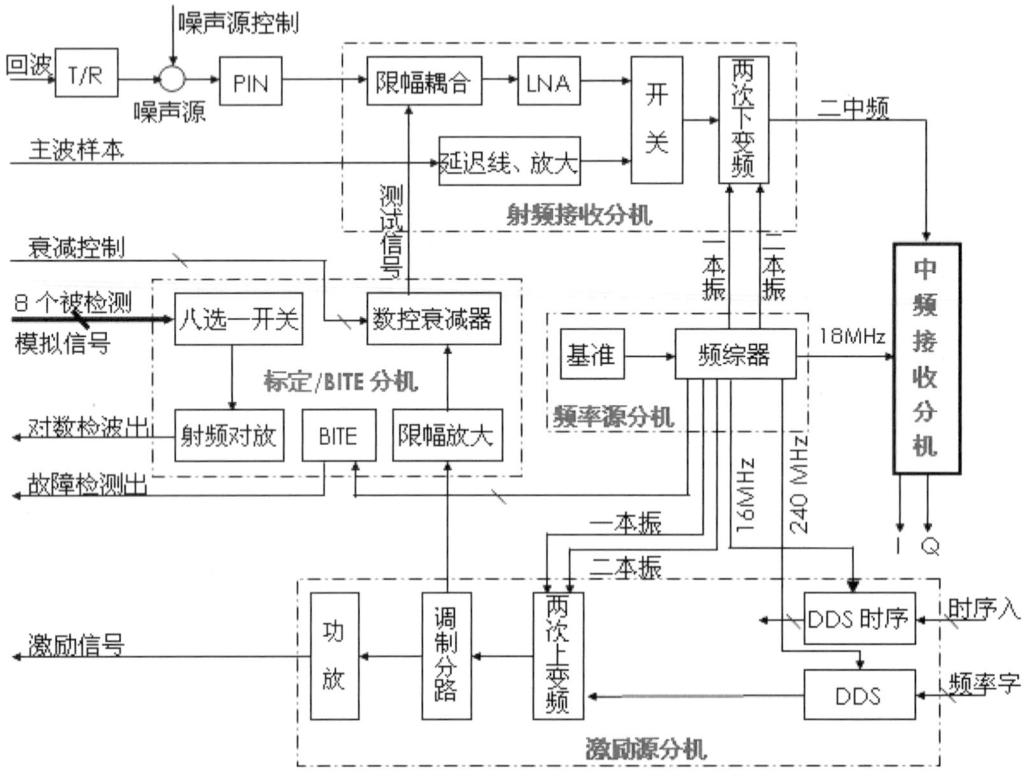

图7-61　CINRAD/CC雷达接收系统构成框图

（二）CINRAD/CC雷达接收系统概略工作过程

CINRAD/CC雷达接收系统主要由接收通道分机（包含射频接收分机和中频接收分机）、频率源分机、激励源分机、标定/BITE分机等组成如图7-61所示。此外还有一个接收电源分机，负责为以上各分机提供电源。

雷达接收系统构成框图反映了接收系统中各分机之间的信号连接关系及各信号特性。其中，T/R开关和PIN开关会对接收机起到保护作用，在发射机工作时，它们将把大功率的主波脉冲衰减掉，以此保证泄漏的主波功率不超过接收机限幅低噪声放大器所能承受的范围。在发射机不工作的情况下，

回波经T/R开关、PIN开关和串入式波导噪声源送入射频接收机，在射频接收机里进行二次下变频，将回波载频降到60 MHz。中频数字接收机的作用是对60 MHz的回波信号进行中频直接采样，然后对采样后的信号进行数字下变频，以得到正交的数字零中频信号，再通过数字匹配滤波后送给信号处理系统。频率源是一个直接合成源，它的作用是产生接收机和雷达系统所需的各种频率本振信号、时钟信号等。测试和激励信号产生部分是产生接收机的标定信号及发射机所需的发射激励信号。

（三）CINRAD/CC雷达接收系统关键点的波形与参数

CINRAD/CC雷达接收系统的主要参数范围见表7–5。

表7–5　CINRAD/CC雷达接收系统的主要参数范围

项目		正常范围1 μs单频900 Hz状态	备注
频率源分机			
一本振（4 970 MHz）激励中心频率为5 430 MHz	前端	≥9.0 dBm	频谱仪
	激励	≥–2.0 dBm	频谱仪
	测试	≥–2.0 dBm	频谱仪
二本振（400 MHz）	前端	≥7.0 dBm	频谱仪
	激励	≥–2.0 dBm	频谱仪
	测试	≥0.0 dBm	频谱仪
DDS时钟（240 MHz）		≥10.0 dBm	频谱仪
参考源（100 MHz）		≥–10.0 dBm	频谱仪
相干源（50 MHz）		≥–5.0 dBm	频谱仪
18 MHz（至中频数字接收机）		≥12.0 dBm	频谱仪
		≥4.0 V	示波器
16 MHz（至信号处理/监控分机）		≥12.0 dBm	频谱仪
		≥4.0 V	示波器
激励源分机			
射频激励（至发射机）		≥27 dBm	频谱仪
DDS标定信号峰值		–10 ~ –20 dBm	终端
标定/BITE分机			

续表

项目	正常范围1 μs单频900 Hz状态	备注
	频率源分机	
RF检测信号（011）激励	≥500 mV	示波器
RF检测信号（101）DDS	≥500 mV	示波器
RF检测信号（100）一本振	≥500 mV	示波器

（四）CINRAD/CC雷达接收系统关键点的波形（图7-62~7-73）

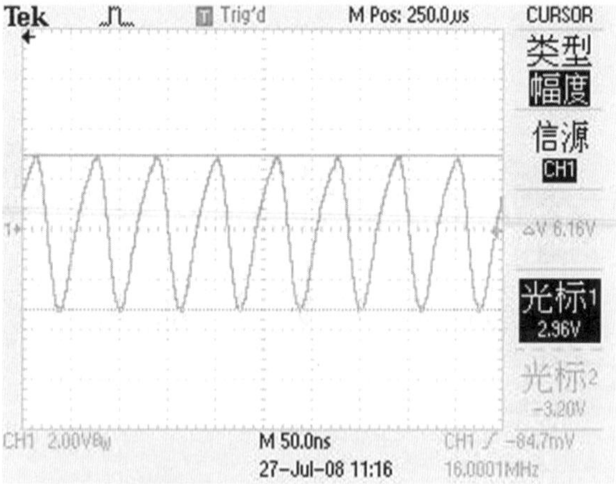

图7-62　频率源16 MHz的输出波形（示波器）

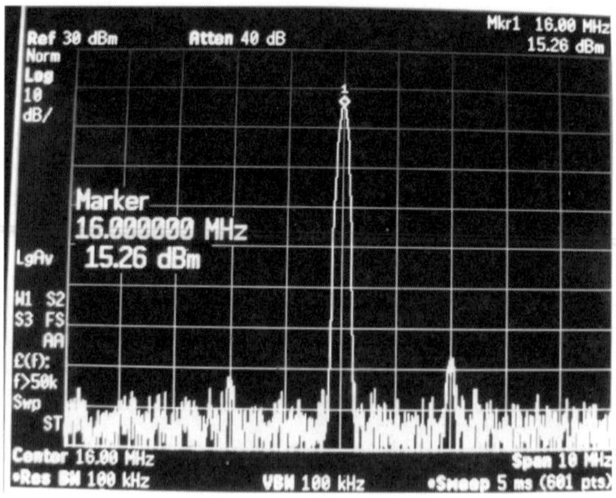

图7-63　频率源16 MHz功率波形（频谱仪）

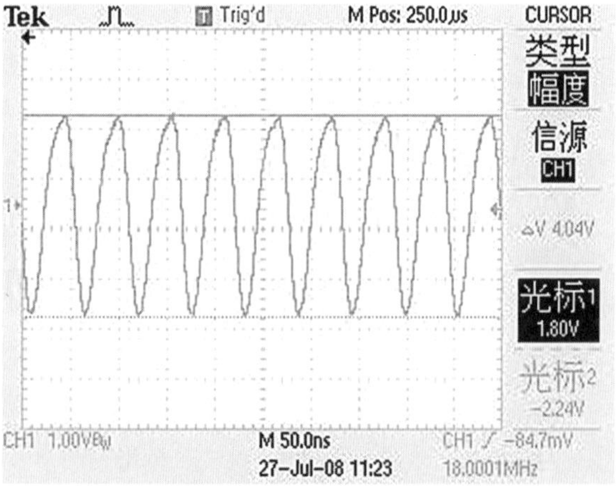

图7-64　频率源18 MHz输出波形（示波器）

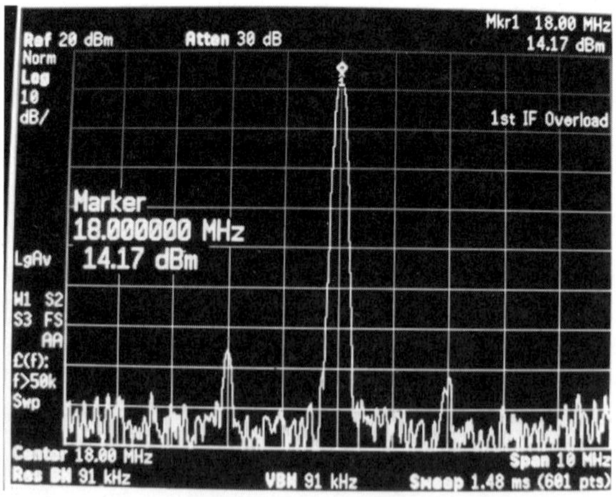

图7-65　频率源18 MHz功率波形（频谱仪）

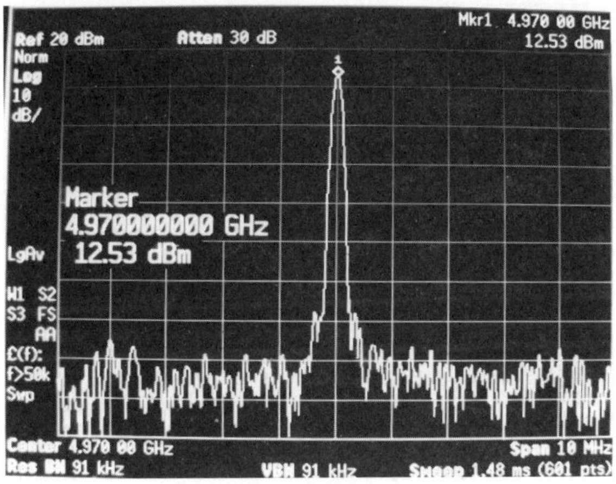

图7-66　频率源一本振功率波形（至接收前端）

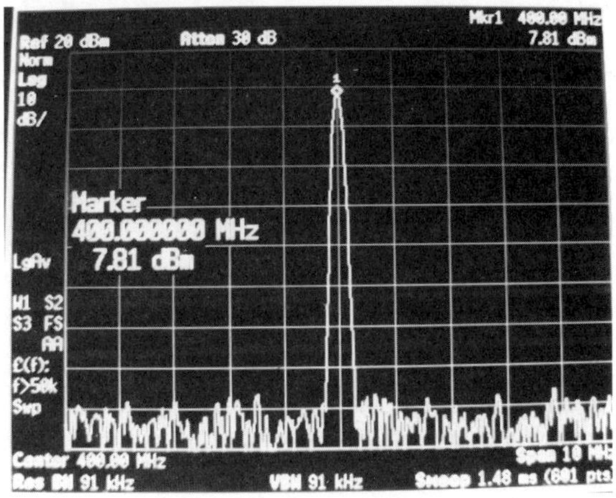

图7-67　频率源二本振功率波形（至接收前端）

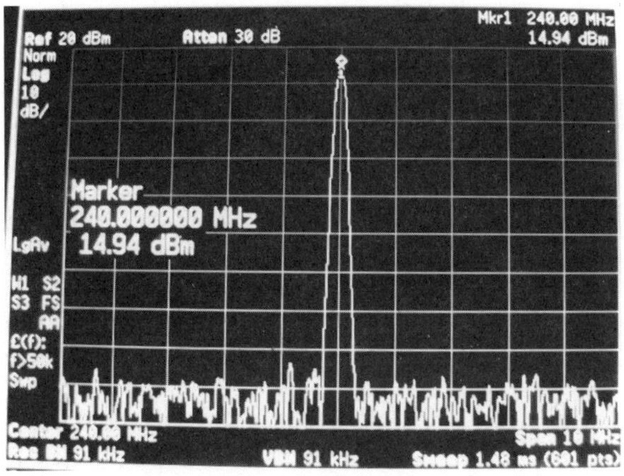

图7-68　DDS时钟（240 MHz）功率波形

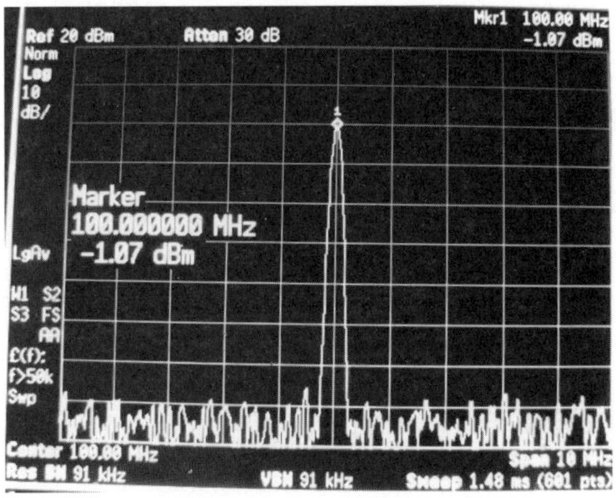

图7-69　参考源（100 MHz）功率波形（至标定/BITE分机）

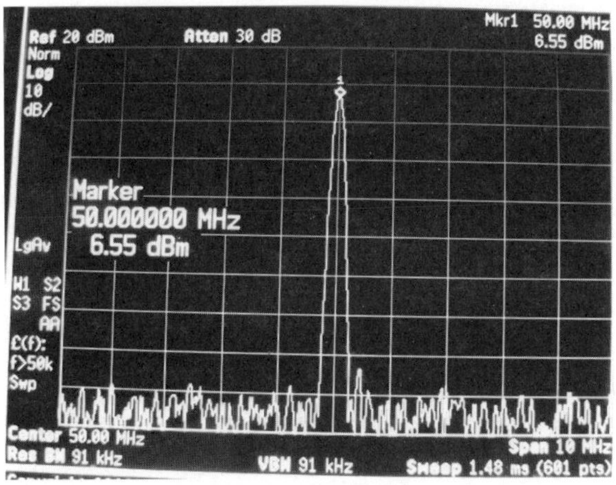

图7-70　相干源（50 MHz）功率波形（至标定/BITE分机）

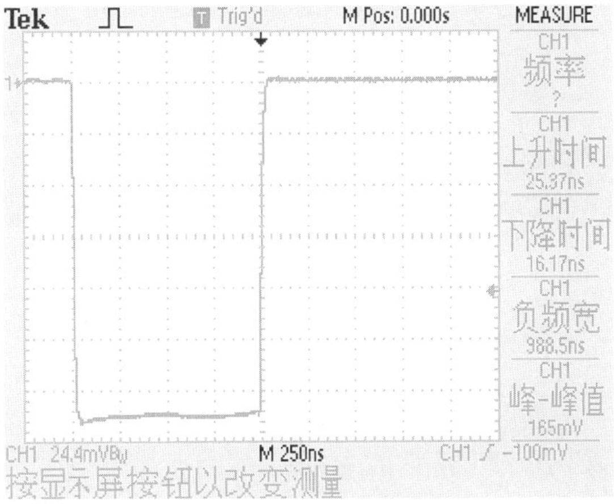

图7-71　激励源射频激励检波波形

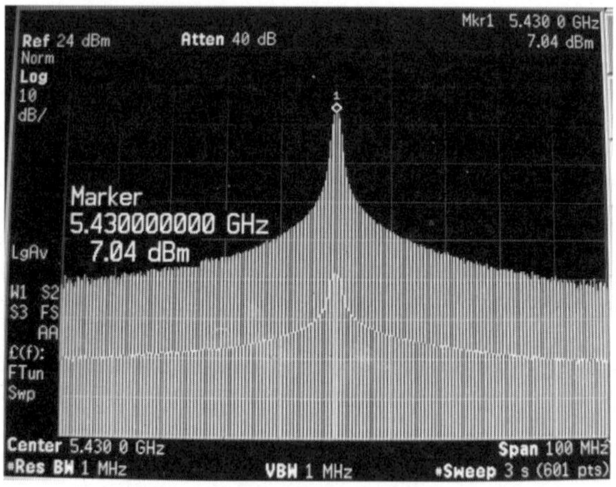

图7-72 激励源射频激功率波形（频谱仪，加23 dB衰减器）

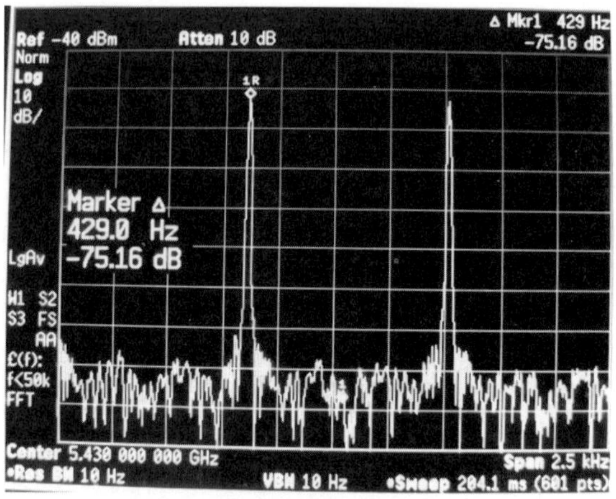

图7-73 激励源射频激信噪比波形（频谱仪）

（五）CINRAD/CC雷达接收系统故障分析方法

CINRAD/CC雷达接收机大部分为高频电路，包括自制件和外购件，模块内部电路维修相对复杂，需要有一定的高频电路基础，台站只需将故障定位到模块级，可通过更换模块备件来排除故障。需要熟练了解接收机内部信号流程和示波器、频谱仪的使用方法。

CINRAD/CC雷达接收机排除故障的主要方法，是通过测试模块波形的主要信号输出功率来判断模块正常与否。步骤一般为：有源器件首先检查电源是否正常，然后再逐渐缩小故障范围，并最终确定故障模块。

二、故障典型个例分析

（一）噪声电平偏低

1. 现象

接收机频率源中C频标模块故障，前端混放异常。

2. 原因

噪声电平是反映接收机前端工作状态的一个重要指标，1 μs正常范围为6 ~ 9 dB。由于一本振功率降低会改变前端混放的工作状态，并造成接收机噪声电平和噪声系数的改变，从而影响接收机的灵敏度，降低雷达的探测范围。

3. 故障排除流程

①断开射频接收分机和中频接收分机（接收通道）之间的中频电缆，如果在终端上观察噪声电平为3 dB，（正常值为3 dB左右），可判断中频数字接收机工作正常。如果异常，则可判定中频数字接收机出现故障，应更换备件。

②用频谱仪测试频率源至接收前端的一本振频率及输出功率，如果所测得的输出功率

为–20.0 dBm（正常值为≥9 dBm），表明功率明显降低，可判断一本振出现故障。

③打开接收机频率源，使用频谱仪测试雷达100 MHz晶振输出，如果所测得的功率为12 dBm（正常值为≥10 dBm），说明晶振工作正常。如果输出功率较小，则说明晶振工作异常，应更换晶振备件。

④使用频谱仪测试雷达C波段频标输入功率，如果测得的功率为12 dBm（正常值为≥9 dBm），说明频标综合中100 MHz功分电路正常。如果测试功率较小，则应检查频标综合中100 MHz功分电路或更换频标综合模块。

⑤使用频谱仪测试雷达C波段频标输出信号功率，如果测得的功率为–20 dBm（正常值为≥9 dBm），则说明C波段频标存在故障，更换C波段频标后，故障排除，雷达工作正常。

⑥如果检测到一本振至接收前端的输出功率正常（≥9 dBm），二本振的输出功率也正常（≥7 dBm），可基本判断为接收前端混频器出现故障。打开混放器盖子，用三用表测量各放大器工作电压（4.6～5.0 V），如果发现异常则更换该放大器，也可直接更换接收混频器。

（二）噪声电平跳变

1. 现象

如频率源16 MHz、机房温度、中频接收机中中频通道选择模块异常等。

2. 原因

如果频率源16 MHz（正常值为≥12 dBm）偏低，不能驱动信号处理正常工作，噪声电平可能不停跳变。另外，中频通道选择开关出现问题，也可能出现噪声电平跳变的情况。

3. 故障排除流程

①检查雷达机房温度，空调正常开启，雷达发射机显示温度为30 ℃，说明温度正常（正常保持雷达发射机显示温度在10～40 ℃）。

②使用示波器测试雷达接收机频率源的16 MHz信号输出波形，如果测得的峰值为6.0 V（正常值为≥4.0 V），则说明接收机16 MHz信号正常。如果信号异常，应检查频率源频标综合中16 MHz产生电路，也可直接更换频标综合模块。

③使用频谱仪测试雷达接收机频率源的16 MHz信号输出功率，如果测得的功率为15.26 dBm（正常值为≥12.0 dBm），则说明接收机16 MHz信号正常。

④通过上述检查、测试，可基本判断故障出现在频通道选择开关上。

⑤更换中频通道选择模块后，故障排除，雷达工作正常。

（三）特性曲线异常，噪声电平正常

1. 现象

多为DDS功率异常、数控衰减器异常。DDS异常时的特性曲线如图7-24，雷达正常时的特性曲线如图7-75。

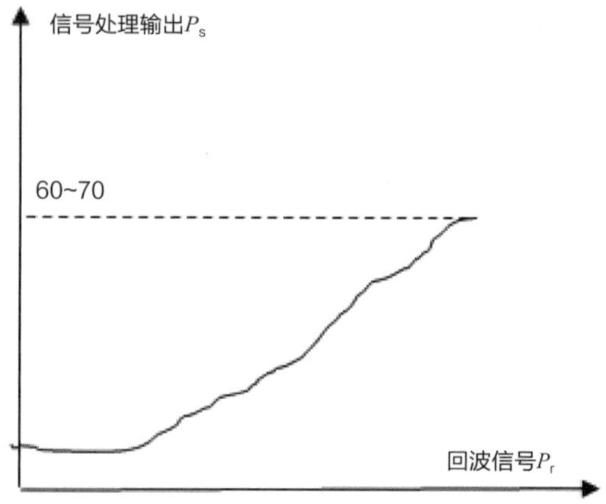

图7-74 DDS异常时的特性曲线示意图

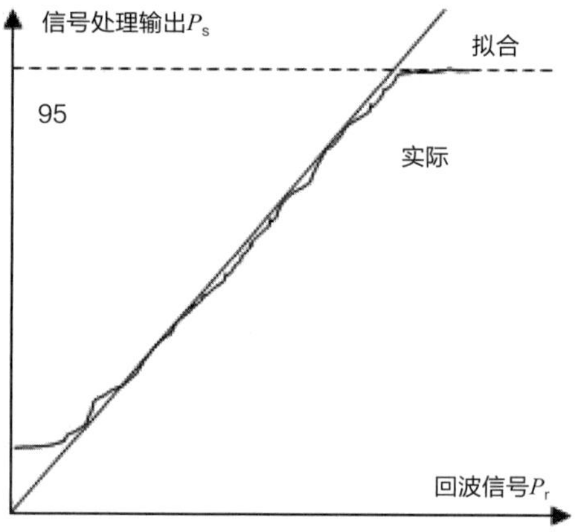

图7-75 雷达正常时的特性曲线示意图

2. 原因

由于DDS功率降低造成输入到接收机前端的实际功率与软件记录的功率差异非常大，一旦大功率时达不到要求，就会造成曲线顶部上不去，达不到最大值。

3. 故障排除流程

①在终端上观察接收机噪声电平（正常值为6～9 dB），如果标定噪声系数（正常值为≤4.0 dB）正常，则说明接收机前端无异常。

②检查接收机电源的保险丝，如果有损坏，则进行更换。

③将接收机设置到强度定标状态，选中功率最大值进行标定。此时使用频谱仪测量标定/BITE分机的“标定出”（XS03）输出功率，如果测得的功率为-20 dBm，则表明异常（正常值为≥0 dBm）。必须特别强调的是，以下所有的检测步骤均需让雷达接收机处于强度标定状态。如果此点测试结果达到要求，则可判定为场放耦合端损坏，必须更换场放备件。

④使用频谱仪测量标定/BITE分机的“限幅出”（XS06）输出功率，如果本次测得的功率为-20 dBm，则表明异常（正常值为≥5 dBm）。如果此测试点功率正常，则可判断为标定/BITE分机数控衰减器或给数控衰减器供电的电源稳压器1损坏，还有可能是监控分机发到接收机的衰减码不对。打开标定/BITE分机，使用三用表测量数控衰减器的供电电源（+5V，-5V），如果异常，可更换电源稳压器1模块；若电源正常，则更换数控衰减器，如果此后仍然不正常，可判断为监控分机发到接收机的衰减码不对，应更换数据接口板。

⑤使用频谱仪测量激励源分机的“信号出”（XS13）输出功率，如果本次测得的功率为-25 dBm（正常值为≥-10 dBm），则表明异常。如果此测试点功率正常，则可判断为标定/BITE分机中限幅放大器或给限幅放大器供电的电源稳压器1损坏。使用三用表测量限幅放大器的供电电源（+12V），如果异常，可更换电源稳压器1模块；若电源正常，则可判断限幅放大器坏，应更换限幅放大器备件。

⑥打开接收机激励源分机，使用频谱仪测试射频放大器（CXADD-5.4）DDS测试信号的（J1端）输出功率，如果本次测得的功率为-24 dBm（正常值为≥-5 dBm），则表明异常。如果此测试

点功率正常，可判断调制开关或隔离器损坏，应更换调制开关或隔离器备件。

⑦使用频谱仪测试射频放大器输入信号的功率，如果本次测得的功率为–35 dBm（正常值为≥–20 dBm），则表明异常，应更换射频放大器模块。

⑧使用三用表测量射频放大器的供电，如果本次测得的电压为+12 V（正常值为+12 V ），则表明雷达激励源中电源稳压器2正常。如果测得的电压值异常，则应更换电源稳压器2模块。

⑨观察雷达开高压时功率正常；使用雷达出场曲线时，回波正常，可判断雷达激励源上变频正常。

⑩测试雷达频率源输出到激励源的60 MHz信号输出功率，如果本次测得的功率为 12.0 dBm（正常值为≥10 dBm），可判断雷达频率源正常。如果测得的功率值异常，应检查频率源60 MHz信号产生电路或直接更换频标综合模块。此处要特别强调的是：如果是7CP以后（含）的雷达，则需要测试频率源输出到激励源的240 MHz信号输出功率（正常值为≥10 dBm）。如果测得的功率值异常，应检查频率源240 MHz信号产生电路或直接更换频标综合模块。

⑪通过上述检查，可判断为DDS信号源模块或中频调制器坏。更换DDS信号源模块后，故障排除，雷达工作正常。

（四）标定特性曲线结果

1. 现象

衰减码异常。数控衰减器损坏时特性曲线如图7-76。

2. 原因

图7-76中的曲线异常现象，是因为数控衰减器对其中一个衰减码不响应或信号处理送到接收机的衰减码出现错误所造成。

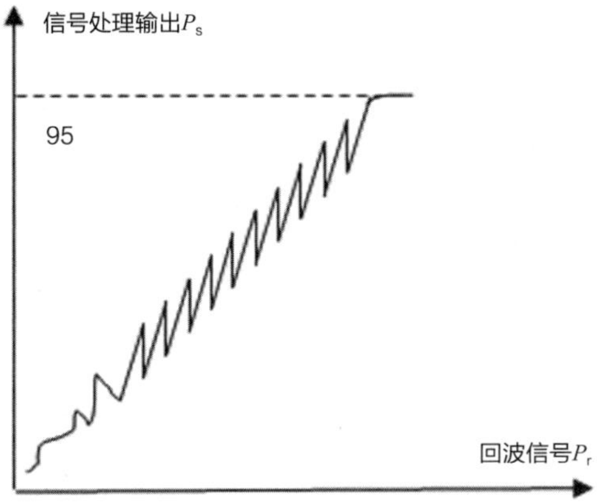

图7–76　数控衰减器损坏时特性曲线示意图

3. 故障排除流程

①如果在终端上观察接收机噪声电平（正常值为6 ~ 9 dB），标定噪声系数（正常值为≤4.0 dB）均正常，则说明接收机前端工作无异常。

②使用示波器测量监控分机发出的衰减码。分别定标终端强度，选择衰减不同的功率（步进为2），最大值为不衰减，每降低2 dBm，即衰减2 dB。取下接收机标定/BITE分机上的RF衰减控制电缆（XS02），对照整机电缆连接表进行测量，衰减码正常，可判断信号处理正常。如果衰减码异常，则直接在信号处理/监控分机上对衰减码进行测试，如果正常，可判断该根控制电缆接头中存在虚焊现象，更换电缆或重新焊接电缆；如果异常，则更换数据接口板。

③经过以上测试，可确认数控衰减器坏。更换数控衰减器后，故障排除，雷达工作正常。

（五）速度场回波区域全是噪声点，强度场正常

1. 现象

一本振失锁，频率源240 MHz异常。

2. 原因

多普勒天气雷达的测速是通过计算回波频率与发射出去的频率差异来实现的。一旦雷达发射出去的频率存在不稳定现象，那么接收机和信号处理就不能计算出探测目标的径向速度，表现出来就是速度场回波区域均为噪声点的现象。

此种现象主要是由于雷达一本振失锁或频率源60 MHz（7CP以后为240 MHz）功率降低造成，即雷达一本振信号频率不稳或中频DDS信号频率不稳造成雷达激励频率不稳。

3. 故障排除过程

①在终端上观察雷达强度回波及噪声电平，如果特性曲线正常，则可判断接收前端工作正常。

②雷达加高压，将信号处理设置到1 μs，单频900 Hz，接收机设置到相噪模式，使用BFFT（单库FFT处理方式）。将信号处理库号设置到第5个库左右（也可在前10个库内寻找到信号最大的库），如果在终端界面观察雷达信号与噪声的比值为15 dB，[正常时信噪比（差值）应该≥65 dB]，则表明异常。

③如果在雷达机房查看接收机频率源前面板的锁定灯熄灭，可判断为锁相环一本振失锁（正常工作时，该指示灯常亮）。

④打开频率源，如果测试锁相环和VCO的电源（+12 V）正常，可判断为雷达锁相环模块故障（如果电源电压不对，应更换频率源中的电源稳压器2）。

⑤将一本振（至激励源）接至频谱仪上，打开锁相环盖板，调节电位器PR2（靠外边，左边的那个），同时观察频谱仪上一本振波形，直到达到正常状态（功率≥−2.0 dBm）。若在没有频谱仪的情况下，需同时更换锁相环和VCO模块。

⑥使用频谱仪测试出雷达激励信号输出的信噪比为75.16 dB（1 μs，单频900 Hz状态），频谱仪中心频率设置到雷达工作频率，SPAN（显示带宽）设置到2.5 kHz，BW（分析带宽）设置到10 Hz，SWEEP（扫描速度）设置到800 ms左右。

⑦故障排除，雷达工作正常。

4. 其他

①如果锁定灯亮，但是使用频谱仪测试一本振处于失锁状态，则可判断为VCO模块坏，同时更换锁相环和VCO模块。

②如果锁定灯亮，但是使用频谱仪测试一本振也处于锁定状态，使用频谱仪测试雷达激励信号的信噪比非常差或根本测试不出来；再使用频谱仪测试雷达频率源240 MHz输出功率（正常值为≥12 dBm），若异常，则需更换频标综合模块或检修240 MHz产生电路，常见为电路中放大器损坏。

（六）接收机报基准源、二本振、相干源故障

1. 现象

100 MHz晶振，+24 V电源损坏。

2. 原因

雷达接收机基准源、二本振、相干源故障是接收机标定/BITE分机中功率检测模块进行检测的，是通过比较电平来进行判断的。正常工作时，比较电平小于雷达信号的功率，当雷达基准源、二本振、相干源中有小于其比较电平的，那么该信号就会报故障。

如果雷达同时报出接收机所有的故障，那么可以初步判断为接收机100 MHz晶振或频标综合问题。

3. 故障排除过程

①打开频率源，首先测试晶振的+24 V电源是否正常，如果存在异常，则将接收机电源分机中+24 V电源模块的负载去除，使用万用表测量该电源模块的输出电压，如果无输出，可判断该电源模块损坏，更换备件即可。如果输出正常，则应测试频率源中电源稳压器2的输入和输出电压，一旦结果显示输入正常，输出异常，则可判断电源稳压器2损坏，更换备件即可。如果输入异常，那就应查找从接收电源模块到电源稳压器2中的电缆有无虚焊现象。

②使用频谱仪测试100 MHz晶振的输出功率，假如本次测得的功率为−20 dBm（正常值为≥10 dBm），明显小于正常值，则可判断晶振损坏；如果晶振输出功率正常，则应检查频标综合中100 MHz功分电路或直接更换频标综合模块。

③更换晶振后，故障排除，雷达工作正常。

（七）噪声系数异常

1. 现象

+24 V电源、噪声源、前端混放损坏。

2. 原因

①噪声源电源损坏，造成噪声源不工作。

② 噪声源本身损坏，造成不能放出噪声信号。

③接收前端混放噪声系数较大，造成接收通道本身噪声系数较高。

3. 故障排除过程

①如果检查标定结果中的加电功率与不加电功率一样，都为31.50 dB，则可判断接收机没有接收到加电时的噪声信号。

②将噪声源电源接至示波器上，在雷达终端发出噪声系数标定指令，如果在示波器上没有发现有+24 V电源加上的过程，则可判断为接收机激励源DDS时序控制模块中+24 V继电器损坏。由于该继电器更换困难，故需专业人员操作。直接更换DDS时序控制模块后正常。如果+24 V正常，则应先检查馈线与接收通道之间的电缆连接，如果雷达回波正常，则说明馈线与接收通道之间的电缆连接没有问题，据此可判断为噪声源损坏，更换备件即可。

4. 其他方式

如果标定结果中的加电功率与不加电功率为存在一定的差值，且计算结果≥4.0 dB，可将固态同轴噪声源直接接到接收通道的回波口进行噪声标定，分别记录加电和不加电的功率，以及噪声源在该频率下的超噪比，使用公式计算出噪声系数，如果仍然≥4.0 dB，可更换接收前端中的混放模块。

噪声系数计算公式：

$$N_F = Ne - 10\lg\left(10^{0.1\Delta P} - 1\right)$$

式中：Ne为固态噪声源的超噪比。

ΔP为噪声源加电和不加电时的噪声功率的比值（dB）。

（八）雷达高压功率正常，无回波

1. 现象

雷达无回波。

2. 原因

雷达输出功率正常，说明发射机正常，接收机激励源正常，应该是馈线、信号处理或接收前端，频率源出现故障。

3. 故障排除过程

①检查接收机噪声电平异常，为0 dB（正常值为6～9 dB），明显异常。

②将信号处理设置为自检状态，若正常，可判断信号处理正常（如果异常，请参见CINRAD/CC雷达信号处理部分“雷达加高压后，信号处理不报故障，终端显示无回波” 故障处理）。

③使用频谱仪测试接收机频率源送出的18 MHz信号（18 MHz信号为中频数字接收机采样时钟），测得功率为14.17 dBm（正常值为≥12.0 dBm），18 MHz信号正常（如果异常，检查频率源频标综合中18 MHz产生电路，或直接更换频标综合模块）。

④断开射频接收分机和中频接收分机（接收通道）之间的中频电缆，在终端上观察噪声电平为0 dB（正常值为3 dB左右），若异常，可判断中频数字接收机故障。

⑤更换中频数字接收机后，故障排除，雷达工作正常。

（九）雷达加高压后，无输出功率，无回波

1. 现象

雷达无回波。

2. 原因

雷达高压无输出功率，可能是接收机激励源无激励输出或发射机工作不正常。

3. 故障排除过程

①检查雷达是否在标定状态下。重新应用信号处理和接收机后，雷达仍然无功率输出（雷达在标定状态下会将激励信号封掉，雷达激励无输出）。

②检查雷达噪声系数、特性曲线正常。

③用示波器对接收机激励信号进行脉冲包络检波，无信号输出（如果有输出，参见CC雷达发射系统部分“雷达无回波”故障处理）。

④使用频谱仪测试接收机激励信号的输出功率，为–21.5 dBm（正常≥27.0 dBm），功率太低，基本没有输出；激励源有问题。

⑤打开激励源分机，测试激励源中功率放大器的输出信号的功率为–20 dBm（正常≥27.0 dBm，测试时频谱仪需加衰减器），异常（如果正常，则多为电缆损坏，更换激励输出电缆）。

⑥测试中功率放大器输入的功率为–21 dBm（正常≥2.0 dBm），异常（如果正常，多为电缆或分机上的SMA型转接头损坏，更换电缆或转接头）。

⑦测试射频放大器输出端的功率为–20 dBm（正常≥2.0 dBm），异常（如果此测试点功率正常，可判断调制开关或隔离器坏，更换调制开关或隔离器备件）。

⑧测试射频放大器输入端的功率为–15 dBm（正常≥–20 dBm），正常（如果异常，更换DDS信号源模块或中频调制器模块）。

⑨判断射频放大器损坏。

⑩更换射频放大器后，故障排除，雷达工作正常。

三、故障汇总

CINRAD/CC雷达接收系统故障现象、原因及处理方式见表7-6。

表7–6　CINRAD/CC雷达接收系统故障现象、原因及处理方式一览表

故障现象	故障原因	采取措施
噪声电平跳变	16 MHz功率降低	更换频标综合模块
	机房温度较高	开启空调，降低机房温度
	中频通道选择模块损坏	更换中频通道选择模块
噪声电平降低	一本振功率降低	更换C频标模块
	前端混放模块损坏	更换前端混放模块中的放大器
噪声系数异常	+24 V继电器损坏	更换+24 V继电器
	噪声源损坏	更换噪声源
接收机不工作	100 MHz晶振损坏	更换100 MHz晶振
	+24 V无输出，电源稳压器2损坏	更换电源稳压器2
速度场回波区域全是噪声点，强度正常（一本振失锁）	锁相环失锁	调整锁相环中的电位器（同时更换锁相环和VCO模块）
	VCO模块损坏	维修VCO模块（同时更换锁相环和VCO模块）
	+12 V无输出，电源稳压器2损坏	更换电源稳压器2
	240 MHz功率降低	更换频标综合模块

续表

故障现象	故障原因	采取措施
特性曲线异常	数控衰减器损坏	更换数控衰减器
	DDS信号源损坏	更换DDS信号源中的放大器和电感
无回波（无高压功率）	雷达处于标定状态	重新应用接收机和信号处理参数
	中功率放大器损坏	更换中功率放大器
	调制开关损坏	更换调制开关
无回波（有高压功率）	前端场放模块损坏	更换前端场放模块
	前端开关耦合器损坏	更换前端开关耦合器
	前端混放模块损坏	更换前端混放模块

第七节 CINRAD/CC雷达伺服系统故障分析与处理

一、CINRAD/CC雷达伺服系统简介

（一）CINRAD/CC雷达伺服系统信号流程（图7-77）

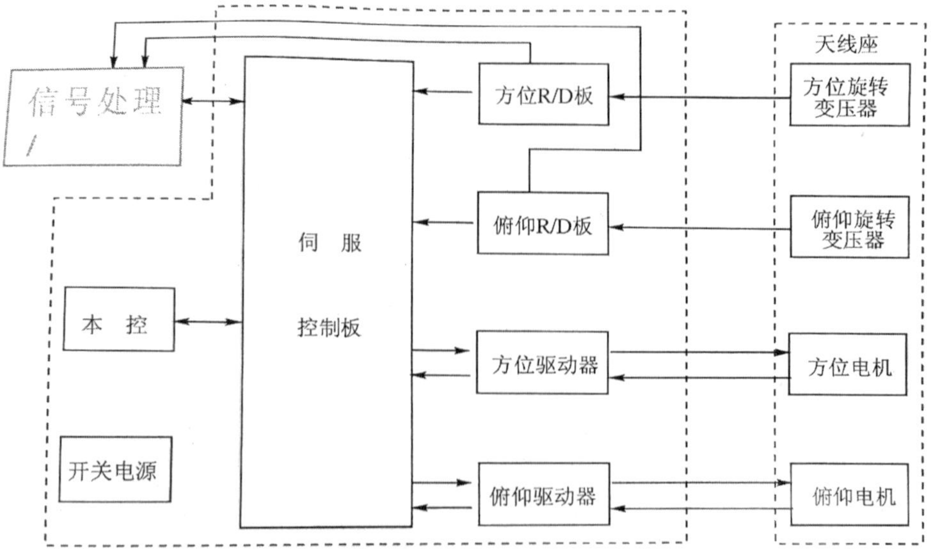

图7-77 CINRAD/CC雷达伺服系统框图

（二）CINRAD/CC雷达伺服系统概略工作过程简述

CINRAD/CC雷达伺服分系统可以接收综合机柜中伺服分机控制键盘发出的操作指令或雷达终端室主微机、监控微机经监控分系统送来的操作指令，经过相应软件的运算和处理，将产生驱动信号去控制天线做多种方式的扫描运动，以满足气象探测的需要，同时接收天线位置（方位角和仰角）信息，并经过量化后送往信号处理分系统。

伺服分系统内部的BITE会对本分系统的故障信息进行检测，并将故障信息送往监控分系统，进而在雷达终端显示器上进行显示。

伺服分系统由伺服控制板、方位和俯仰驱动器、方位和俯仰R/D变换板、本地控制键盘和显示面板以及开关电源组成，如图7–77所示。

伺服控制板是伺服分系统的核心电路，本控及遥控操作指令、天线位置信息和故障状态都会送到伺服控制板，相应的软件将对以上指令和数据进行运算处理，并产生控制方位和俯仰电机运转的不同频率的脉冲信号，经过驱动器控制天线做相应的方位和俯仰扫描。方位和俯仰旋转变压器产生的代表天线方位角和仰角信息的信号，经方位和俯仰R/D变换板变换为14位二进制数字信号，回馈给伺服控制板，再送至信号处理分系统。本控键盘与面板显示器用来对天线扫描运动进行本地控制并显示天线方位角和仰角位置。

开关电源电路产生+5 V、±15 V直流电压供伺服控制板和R/D变换板使用。

（三）CINRAD/CC雷达伺服系统关键点的波形、参数

1. R/D变换板测试（示波器）

（1）在25芯插座上的测试信号见表7–7。

表7–7　25芯插座上的测试信号表

XP2–1	TEST2，数字地
XP2–5	TEST9，R/D变换数据串行同步脉冲输出，至信号处理系统
XP2–17	TEST10，14位R/D变换数据串行输出，至信号处理系统
XP2–7	TEST8，60 V 400 Hz激励电源测试点，本板产生并使用
XP2–8	TEST6，旋转变压器输出信号sinθ，来自天线座
XP2–9	TEST5，旋转变压器输出信号cosθ，来自天线座
XP2–13	TEST1，+15 V电源，来自伺服系统电源电路
XP2–23	TEST4，−15 V电源，来自伺服系统电源电路
XP2–24	TEST3，+15 V电源，来自伺服系统电源电路

（2）测试点的波形

伺服系统关键点测试波形如图7–78。

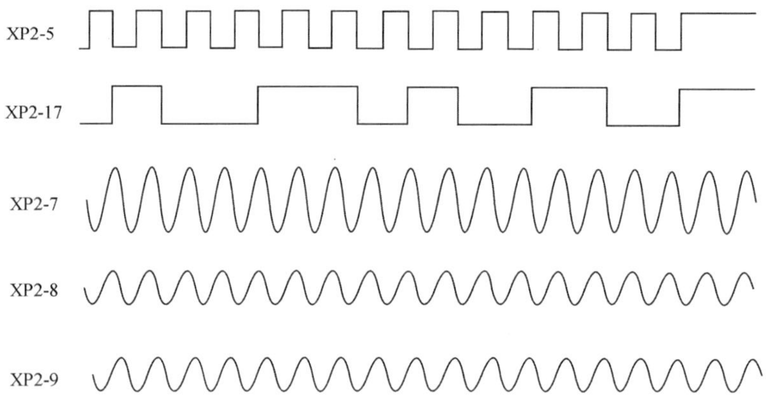

图7–78　伺服系统关键点测试波形

2. 伺服控制板的主要测试信号（表7–8）

表7–8　伺服控制板的主要测试信号表

XP2–1	I/OW，TTL电平
XP2–14	I/OR，TTL电平
XP2–7	串口发送，232电平
XP2–19	串口接收，232电平
XP2–13	数字地
XP2–24	复位

3. 天线转台的部分接线关系（表7–9）

表7–9　天线转台的部分接线关系表

信号名称	转台转接板插座（俯仰信号）	转台转接板插座（电机电源）	汇流环外壳上接线柱	汇流环	汇流环上部接线柱	俯仰电机信号	俯仰电机电源	俯仰旋转变压器
GND	1							
GND	2							
FY–A	3		9"	9	9′	1		

续表

信号名称	转台转接板插座（俯仰信号）	转台转接板插座（电机电源）	汇流环外壳上接线柱	汇流环	汇流环上部接线柱	俯仰电机信号	俯仰电机电源	俯仰旋转变压器
FY-/A	4		10"	10	10′	2		
FY-B	5		11"	11	11′	3		
FY-/B	6		12"	12	12′	4		
	7							D3/D4
FY-Z	8		13"	13	13′	5		
FY-/Z	9		14"	14	14′	6		
FY-RX	10		15"	15	15′	11		
FY-/RX	11		16"	16	16′	12		
+5 V	12		17"	17	17′	13		
0	13		18"	18	18′	14		
+5 V	20		17"	17	17′	13		
0	21		18"	18	18′	14		
UXWKG	22		19"	19	19′			
DXWKG	23		20"	20	20′			
60V/400 Hz	24		21"	21	21′			D1
AGND	25		22"	22	22′			D2/Z2/Z4
SINQ	26		23"	23	23′			Z1
COSQ	27		24"	24	24′			Z3
	28		25"	25	25′			
	29		26"	26	26′			
AGND	31							
AGND	32							
FY-U		5	1"	1	1′		1	
			2"	2	2′			

续表

信号名称	转台转接板插座（俯仰信号）	转台转接板插座（电机电源）	汇流环外壳上接线柱	汇流环	汇流环上部接线柱	俯仰电机信号	俯仰电机电源	俯仰旋转变压器
FY-V		6	3"	3	3′		2	
			4"	4	4′			
FY-W		7	5"	5	5′		3	
			6"	6	6′			
FY-E		8	7"	7	7′		4	
			8"	8	8′			

（四）汇流环说明

如图7-79，7-80所示，汇流环第1导电环在最上面，向下依次为第1、第2、第3、第4……第25、第26环，该汇流环共26环，实际使用20环，剩余6环为备份环。汇流环外壳上接线柱旁边的丝印数据表明该环是第几环。汇流环上部接线柱对应的环数按顺时针观察，由SMA式插座过渡到螺钉式的接线柱时，螺钉式接线柱为第1环，顺时针方向依次为第2、第3、第4……第25、第26环。

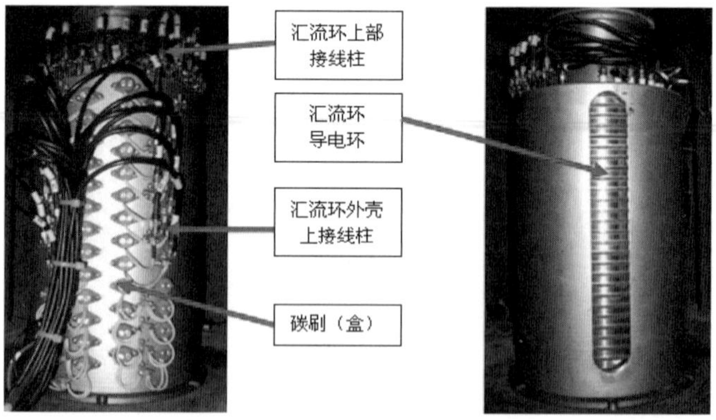

图7-79 汇流环

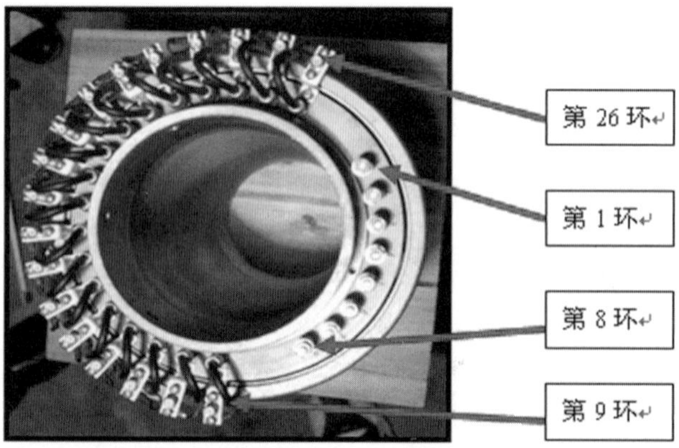

图7-80 汇流环上部

（五）CINRAD/CC雷达伺服系统故障分析方法

伺服分机的故障基本上是板级故障，通过更换备件，相对易于排除。天线转台内部的故障相对较难以定位，需要清楚信号走向，在各个器件之间进行测量，并最终将故障定位，通过更换器件或维修的方法予以解决。

二、故障典型个例分析

（一）俯仰电源21#故障

1. 现象

汇流环（9～18环）损坏。

2. 原因

21#故障表现为驱动器与电机之间的通信异常，可能是由于汇流环上碳刷接触不好或汇流环上电缆插头接触不良造成的。该故障主要检查通过汇流环9～20环的信号在哪一路存在断路现象。

3. 故障排除过程

①打开伺服分机本地显示面板，观察俯仰驱动器上的故障号为21#故障。

②雷达整机断电，打开天线转台盖板，取下天线转台转接板上的俯仰信号、方位信号和电机电源电缆，取出伺服系统图册。

③根据图册，使用万用表检查转台转接板俯仰信号、电机电源插座与俯仰电机之间线路是否为通路状态，经检查发现FY-RX信号电缆（转台转接板俯仰信号插座第10脚和俯仰电机信号线插头第10脚）不通，存在断路现象，其余所有信号均正常，可判断该信号存在故障现象。经过查图册，发现此信号经过汇流环第15环。

④根据图册，使用万用表检查汇流环第15环导电环（汇流环15）与转台转接板俯仰信号插座第10脚之间为断路状态，可判断此段信号连接存在问题。

⑤使用万用表检查汇流环第15导电环（汇流环15）与俯仰电机信号线插头第10脚之间为通路状态，经过第4步和第5步的检查，可判断故障是由于汇流环第15导电环和转台转接板俯仰信号插座第10脚之间存在问题。如果第4步正常，第5步为断路，则可判断汇流环15导电环损坏或汇流环上部接线座上连接的SMA型插头电缆插芯缩短，将该信号更换到备份环上或将该SMA型电缆插头重新焊接。

⑥取下汇流环第15环对应的外壳上的接线柱上的SMA型接头电缆，如果观察到该电缆插头中间的插芯有缩短现象，当电缆接上后，该插芯不能与插座之间有效接触，从而造成信号中断，电机工作异常。将该电缆插头重新焊接后，故障排除。如果电缆插头中间的插芯没有缩短现象，可能是碳刷接触不良或转台转接板俯仰信号插座第10脚上的电缆存在虚焊，可通过调整碳刷位置或更换新的碳刷（盒）、重新焊接电缆。

⑦将该电缆插头重新焊接后，故障排除，雷达工作恢复正常。

（二）俯仰电源16#故障

1. 现象

汇流环（1、3、5、7、21~24环）损坏。

2. 原因

①16#故障为驱动器过载保护故障。

②可能是俯仰电机损坏，造成阻力偏大。

③可能是旋转变压器损坏，造成伺服角度判断错误导致天线冲顶或到下限位。

④可能是由于汇流环上碳刷接触不好或汇流环上电缆插头接触不良造成的。该故障主要检查通过汇流环1、3、5、7、21～24环的信号哪一路存在断路现象。

3. 故障排除过程

①打开伺服分机本地显示面板，观察俯仰驱动器上的故障号为16#故障。

②雷达整机断电，打开天线转台盖板，取下天线转台转接板上的俯仰信号、方位信号和电机电源电缆，取出伺服系统图册。

③用手推动天线上下转动,如果俯仰转台处无异常响声，则表明电机工作正常。如果有异常响声，可将电机拆下，再转动天线，如果异常响声仍没消除，可判断为俯仰减速机损坏；如果异常响声消失，再用手转动电机，如果感到很涩，应该是电机损坏，应更换俯仰电机。

④更换俯仰旋转变压器，如果故障现象依然存在，可判断旋转变压器正常。

⑤根据图册，使用万用表检查转台转接板俯仰信号与俯仰旋转变压器之间线路是否为通路状态，如果经检查发现FY COSQ信号电缆（转台转接板俯仰信号插座第27脚和俯仰旋转变压器Z3脚）不通，存在断路现象，其余所有信号均正常，可判断该信号存在故障现象。经过查图册，发现此信号经过汇流环第24环。

⑥使用万用表检查俯仰旋转变压器Z3脚和汇流环第24导电环之间为通路，正常。如果为断路，可判断汇流环第24导电环损坏或汇流环上部接线座上连接的SMA型插头电缆插芯缩短，将该信号更换到备份环上或将该SMA型电缆插头重新焊接。

⑦使用万用表检查转台转接板俯仰信号插座第27脚和汇流环第24导电环之间存在断路，可判断此段电缆存在问题。

⑧如果检查发现转台转接板俯仰信号插座第27脚电缆存在虚焊现象，经重新焊接后，使用检查万用表检查转台转接板俯仰信号插座第27脚和汇流环第24导电环之间仍为断路。

⑨在检查发现与汇流环第24导电环对应的外壳接线座上连接的SMA型插头电缆插芯缩短，重新焊接电缆插头后，故障排除，雷达工作恢复正常。

（三）天线方位或仰角定位不准

1. 现象

天线方位或仰角定位不准。

2. 原因

①R/D板上A/D转换模块损坏。

②天线方位或俯仰减速机前面的小齿轮与大齿轮之间的间隙增大。

3. 故障排除过程

①用示波器测量R/D板上25芯插座测试口中的第17孔，该测试口为R/D板上的A/D转换模块的数据串行输出，如果检测结果正常，则表明R/D板正常。如果发现输出不稳定，即使在天线不转动的情况下，也存在频繁跳动的现象，则需更换R/D备件。

②在天线不转动的情况下，人工轻推天线，发现在水平方向左右晃动较小，在垂直角度上下晃动较大，可能是由于俯仰减速机前面的小齿轮与扇形齿轮之间的间隙较大造成的。更换小齿轮后，间隙正常，故障排除，雷达工作恢复正常。

（四）转台转动时噪声过大

1. 现象

转台转动时噪声过大。

2. 原因

方位（俯仰）电机或减速机损坏。

3. 故障排除过程

①雷达整机断电，打开天线转台盖板，取下天线转台转接板上的俯仰信号、方位信号和电机电源电缆。

②用手推动天线做平扫转动，转台内部噪声较大，用手摸方位电机底部有较多的油渗出，用手推动天线做上下转动，转台内部噪声较小，可判断方位电机或减速机损坏，俯仰方位电机或减速机正常。反之，可判断为俯仰电机或减速机损坏，方位电机或减速机正常。

③可将方位电机拆下，再转动天线，异常响声仍然存在，可判断为方位减速机损坏；将拆下的电机用手转动，感觉非常轻松且无异常响声，可判断方位电机工作正常。

④更换方位减速机后，噪声消除，故障排除，雷达工作恢复正常。

（五）显示方位角度无规则跳变

1. 现象

显示方位角度无规则跳变。

2. 原因

方位旋转变压器损坏或R/D板损坏。

3. 故障排除过程

①将方位与俯仰R/D板对换（注意板子上拨键开关1、2的位置），结果仍然是方位角度跳变，仰角正常，可判断R/D板工作正常。如果更换后方位显示正常，仰角跳变，则可判断为R/D板损坏，更换备件即可。

②用示波器测量方位或俯仰R/D板测试口8和9，如果输出为非正常的正（余）弦波，更换方位旋

转变压器后，故障排除，雷达工作恢复正常（更换旋转变压器前，需注意记下接线关系，便于更换后电缆的焊接）。

（六）伺服分机不能启动

1. 现象

伺服分机不能启动。

2. 原因

伺服控制板上PC104模块损坏。

3. 故障排除过程

①伺服开机后，伺服控制不能启动，本地方位和仰角无显示。

②更换伺服控制板后，故障排除，雷达工作恢复正常。

（七）伺服本地方位显示，终端方位或仰角不显示

1. 现象

终端方位或仰角显示异常。

2. 原因

R/D板上串行数据或串行时钟没有输出，R/D板损坏。

3. 故障排除过程

①伺服开机后，本地方位和仰角显示正常，终端方位异常、仰角正常，可判断信号处理MDSP板工作正常。

②将方位与俯仰R/D板对换（注意板子上拨键开关1、2的位置），如果本地方位和终端显示均正常，本地仰角显示正常，则表明终端异常，可判断为原方位R/D板损坏。

③更换原方位R/D板备件后，故障排除，雷达工作恢复正常。

（八）天线不能做PPI扫描，报方位R/D板故障

1. 现象

天线PPI扫描异常。

2. 原因

R/D板故障。

3. 故障排除过程

①伺服开机后，方位R/D板报故障。

②更换原方位R/D板备件后，故障排除，雷达工作恢复正常。

三、CINRAD/CC雷达伺服系统故障汇总

CINRAD/CC雷达伺服系统故障现象、原因及处理措施见表7–10。

表7–10　CINRAD/CC雷达伺服系统故障现象、原因及处理措施一览表

故障现象	故障原因	采取措施
方位（仰角）角度乱跳	方位（俯仰）旋转变压器损坏	更换方位（俯仰）旋转变压器
	方位（俯仰）R/D板损坏	更换方位（俯仰）R/D板
伺服本地方位显示，终端不显示	信号处理MDSP板损坏	更换MDSP板
	方位（俯仰）R/D板损坏	更换方位（俯仰）R/D板
伺服不能启动	伺服控制板损坏	更换伺服控制板
转台转动时噪声大	方位（俯仰）电机损坏	更换电机
	减速机损坏	更换减速机
天线方位（仰角）定位不准	方位（俯仰）R/D板损坏	更换方位（俯仰）R/D板
	方位（俯仰）间隙增大	调整间隙，更换小齿轮
俯仰电源故障16#故障	俯仰旋转变压器损坏	更换俯仰旋转变压器
	碳刷（盒）损坏	更换碳刷（盒）
	转台内部有电缆虚焊	重新焊接
	汇流环导电环损坏	更换到备份环上
俯仰电源故障21#故障	碳刷（盒）损坏	更换碳刷（盒）
	转台内部有电缆虚焊	重新焊接
	汇流环导电环损坏	更换到备份环上

第八节 CINRAD/CC雷达信号处理系统故障分析与处理

一、CINRAD/CC雷达信号处理系统简介

（一）CINRAD/CC雷达信号处理系统信号流程（图7-81）

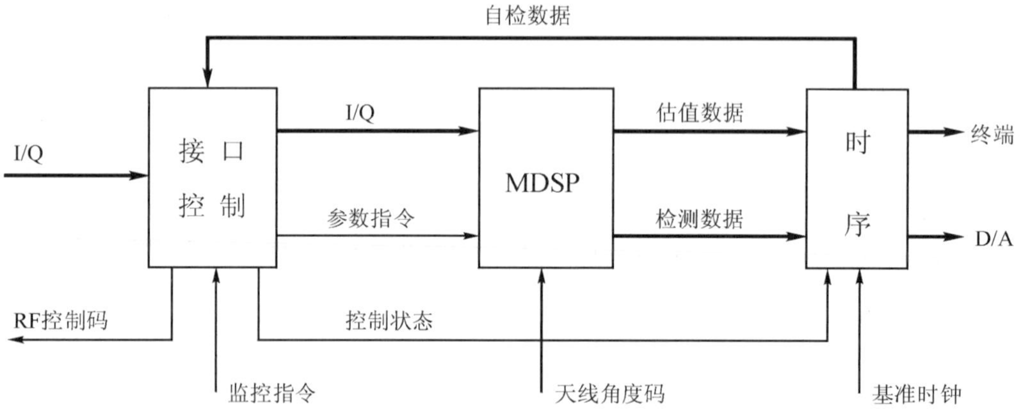

图7-81　CINRAD/CC雷达信号处理系统框图

（二）CINRAD/CC雷达信号处理系统工作过程概述

CINRAD/CC雷达信号处理系统采用模块化设计，所有的功能分别由四块插件来完成，分别为数据接口板、MDSP板、时序板和监控主板。

CINRAD/CC雷达信号处理系统中最先与接收系统相连接的是数据接口板，来自接收系统的数字16位I/Q首先经数据接口板进行数据格式转换，以便与MDSP进行正确数据接口。I/Q信号经过MDSP 板中的DVIP处理得到气象目标的强度估值，经过FFT/PPP 处理得到气象目标的平均多普勒速度和速度谱宽。所有估值数据通过时序板数据缓存接口送往监控主板。时序板的作用贯穿于整个信号处理分系统的工作过程中，完成同步和监测的任务。

（三）CINRAD/CC雷达信号处理系统自检时的状态

将雷达信号处理参数设置成1 μs，单频900 Hz，不加滤波器状态，控制天线在仰角0° 做PPI扫描。信号处理自检时，噪声电平为67.5 dB左右，强度（dBZ）显示自中心向外按照雷达强度色标由小至大，速度场显示自中心向外按照雷达速度色标进行循环，如果加滤波器，则显示中白色的环回被信号处理滤掉。信号处理系统自检如图7-82。

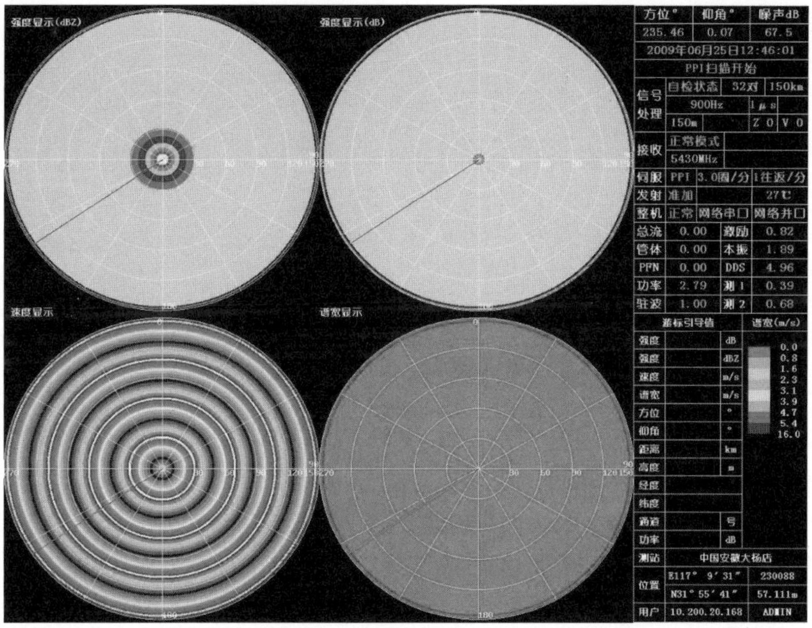

图7-82　信号处理系统自检

（四）CINRAD/CC雷达信号处理系统故障分析方法

CINRAD/CC雷达信号处理系统全部为数字电路，如果插件损坏，台站维修相对比较困难，排除故障的方法主要是通过更换插件来完成。

二、故障典型个例分析

（一）CINRAD/CC雷达加高压后，信号处理不报故障，终端显示无回波

1. 现象

信号处理、终端显示异常。

2. 原因

可能是由于信号处理插件工作异常造成的。

3. 故障排除过程

①经过检查，雷达发射机和接收机均正常。

②将信号处理设置到自检状态，信号处理参数设置成1 μs，单频900 Hz，不加滤波器状态，控制天线在仰角0°做PPI扫描，在终端上观察回波区域显示不正常（如果正常，则可能是数据接口故障，应更换数据接口板）。

③检查MDSP板的DSP1 ~ DSP4指示灯，如果不能轮流闪烁，可判断MDSP板损坏。

④更换MDSP板后，故障排除，雷达工作恢复正常。

（二）仅报接口板故障

1. 现象

接口板工作异常。

2. 原因

数据接口板损坏。

3. 故障排除过程

①关闭雷达高压。

②重新启动综合分机，如果故障依然存在，可判断为数据接口板损坏。更换数据接口板后，故障排除，雷达工作恢复正常。

（三）仅报MDSP故障

1. 现象

MDSP工作异常。

2. 原因

MDSP板损坏。

3. 故障排除过程

①关闭雷达高压。

②重新启动综合分机，如果故障依然存在，可判断为MDSP板损坏。

③更换MDSP板后，故障排除，雷达工作恢复正常。

（四）仅报时序板故障

1. 现象

时序板工作异常。

2. 原因

雷达重复频率超出正常范围。

3. 故障排除过程

①关闭雷达高压。

②重新启动综合分机，如果故障依然存在，可判断为时序板损坏。

③更换时序板后，故障排除，雷达工作恢复正常。

（五）接口板、MDSP板、时序板有两块或三块同时报故障

1. 现象

多点故障显示。

2. 原因

接口板、MDSP板、时序板同时损坏的概率很小，很可能是16 MHz时钟故障。

3. 故障排除过程

①关闭雷达高压。

②重新启动综合分机，故障依然存在。

③检查数据接口板的DSP指示灯亮，MDSP板的DSP1～DSP4指示灯不能轮流闪烁。

④使用示波器测量接收机输送到信号处理器的16 MHz信号，峰值为6.2 V（正常值为≥4.0 V），结果异常。

⑤使用频谱仪测量接收机送到信号处理器的16 MHz信号。功率为15.26 dBm（正常值≥12.0 dBm），结果异常，但16 MHz信号正常（有条件的用户进行测试）。

⑥将时序板设置到内时钟工作状态（将拨键开关2拨到相反的位置），开启综合分机，如果故障现象依旧，可判断为时序板损坏。

⑦更换时序板后，故障排除，雷达工作恢复正常。

（六）CINRAD/CC雷达PPP处理正常，FFT处理不正常

1. 现象

FFT处理异常。

2. 原因

MDSP板上储存器出现故障。

3. 故障排除过程

①将雷达信号处理方式设置为PPP方式时，工作正常；当设置成单库FFT或全程FFT助理方式时，雷达信号处理没有响应。

②更换MDSP板后，故障排除，雷达工作恢复正常。

（七）CINRAD/CC雷达加高压后，回波强度正常，无速度和谱宽

1. 现象

回波显示异常。

2. 原因

MDSP板上计算速度和谱宽的芯片损坏或程序加载时出错。

3. 故障排除过程

①关闭雷达高压，对信号处理进行复位，故障现象仍然存在。

②关闭雷达高压，重新启动综合分机，故障依然存在。

③关闭雷达高压，将信号处理设置到自检状态，参数设置成1 μs，单频900 Hz，不加滤波器状

态，控制天线在仰角0°做PPI扫描，在终端上进行观察，如果回波区域强度显示正常，但速度、谱宽无显示，可判断为MDSP板上计算速度和谱宽的芯片损坏。

④更换MDSP板后，故障排除，雷达工作恢复正常。

（八）PIN报开路故障

1. 现象

PIN工作异常。

2. 原因

PIN信号未加到PIN开关或PIN开关内部开路。

3. 故障排除过程

①取下PIN开关上的控制电缆，使用示波器检查PIN控制电缆插头上的PIN方波。将示波器探头连接到PIN控制电缆的2和3脚，测试结果均为一个44 μs宽度的负脉冲[正常为44 μs宽度的负脉冲（–5 V）]，表明PIN方波正常。如果PIN方波异常，应对照整机电缆表，使用示波器测试综合分机PIN方波输出口插座上的PIN方波是否正常，如果测试结果正常，则说明电缆中存在虚焊现象，可更换电缆或重新焊接；如果测试结果仍然异常，则应更换PIN板（6CP以前）或时序板（7CP以后）。

②更换PIN开关后，故障排除，雷达工作恢复正常。

（九）PIN报短路故障

1. 现象

PIN出现短路现象。

2. 原因

信号对地短路，时序板、PIN开关、线缆损坏。

3. 故障排除过程

①取下PIN开关上的控制电缆，仍然报PIN短路。如果改报PIN开路故障，则可能是PIN开关损坏，应更换PIN开关。

②对照整机电缆表，使用示波器测试综合分机PIN方波输出口插座上的PIN方波，如果波形正常，则说明信号处理正常。如果没有波形，则应更换PIN板（6CP以前）或时序板（7CP以后）。

③根据以上测试，可判断出应该是PIN控制电缆中存在短路现象。打开电缆的两个插头，发现接在PIN开关上的插头中2脚与3脚短路了，重新焊接后，雷达工作恢复正常。

三、CINRAD/CC雷达信号处理系统故障汇总

CINRAD/CC雷达信号处理系统故障现象、原因及处理措施见表7–11。

表7-11　CC雷达信号处理系统故障现象、原因及处理措施一览表

故障现象	故障原因	采取措施
无回波	MDSP板损坏	更换MDSP板
强度正常，无速度、谱宽	MDSP板损坏	更换MDSP板
数据接口板故障	数据接口板损坏	更换数据接口板
时序板	时序板损坏	更换时序板
信号处理所有插件报故障	时序板损坏	更换时序板
MDSP板故障	MDSP板损坏	更换MDSP板
不能进行FFT处理	MDSP板损坏	更换MDSP板
PIN开路	PIN开关损坏	更换PIN开关
	PIN板（时序板）损坏	更换PIN板（时序板）
	PIN控制电缆断路	重新焊接
PIN短路	PIN开关损坏	更换PIN开关
	PIN板（时序板）损坏	更换PIN板（时序板）
	PIN控制电缆短路	重新焊接

第九节 CINRAD/CC雷达监控系统故障分析与处理

一、CINRAD/CC雷达监控系统简介

（一）CINRAD/CC雷达监控系统信号流程（图7-83）

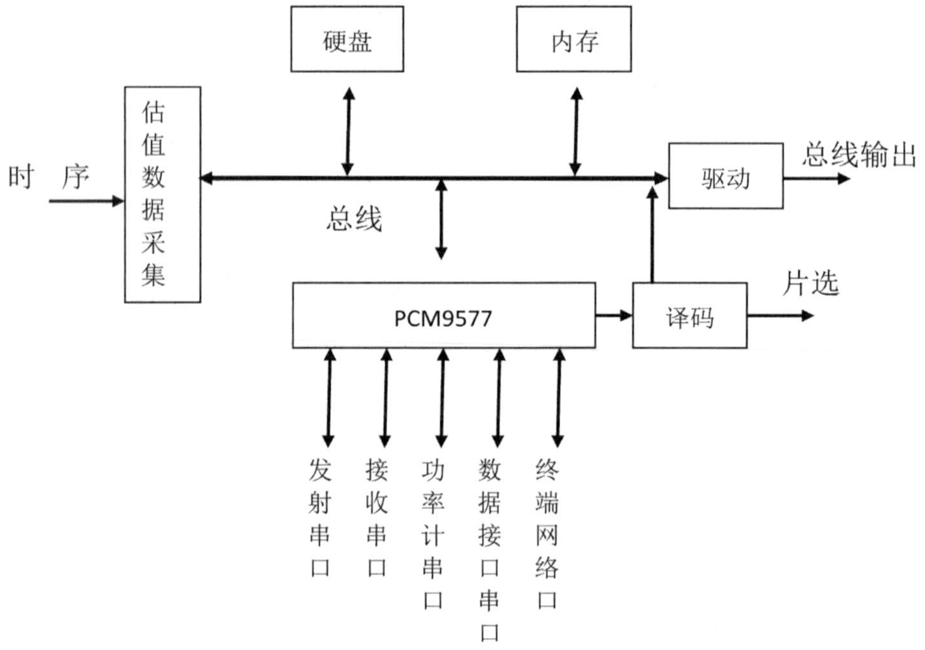

图7-83 CINRAD/CC雷达监控系统框图

（二）CINRAD/CC雷达监控系统工作过程概述

CINRAD/CC雷达监控系统监控主板的功能是接收本控和遥控操作指令，由主控模块进行运算处理，并产生相应的控制信号送往有关的分系统；接收各分系统经串口和并口送来的工作状态、工作参数和故障信息，对于各工作参数的模拟量进行模数转换，然后进行运算处理，通过网络口送往雷达终端。信号处理估值数据经估值数据采样模块将数据导入监控主板内存，再由PCM9577模块处理后经网络口传给终端系统计算机。监控主板的组成及信号处理流程见图7-83。

（三）CINRAD/CC雷达监控系统故障分析方法

CINRAD/CC雷达监控系统为一块独立的监控主板，安装在综合分机内部，如果出现故障，就应更换监控主板。

二、故障典型个例分析

1. 现象

不能控制伺服系统，不能收到终端的控制指令。

2. 原因

监控主板与伺服系统通信串口出现故障。

3. 故障排除过程

①在终端软件上，如果雷达接收、发射、信号处理系统均正常，则表明雷达通信系统应该正常，如果所有分系统均不能控制，可能是通信出现故障，应检查光端机，有可能是监控主板损坏，应更换监控主板。

②使用示波器测试雷达伺服数据电缆插头中第9脚［SIO入（+）监控发、伺服收］，在终端上发送伺服控制指令，未能在这里测试到监控串口发出的控制信号，如果能测试到控制信号，则可能是伺服控制板损坏，应更换雷达伺服控制板。

③在综合分机背后转接板伺服数据插座上测试监控串口发出的伺服控制信号，如仍然没有，则可判断为监控主板损坏。如果此处有信号，则说明电缆中存在虚焊现象，应重新焊接电缆。

④更换监控主板后，故障排除，雷达工作正常。

三、CINRAD/CC雷达监控系统故障汇总

CINRAD/CC雷达监控系统故障现象、原因及处理措施见表7-12。

表7-12　CC雷达监控系统故障现象、原因及处理措施一览表

故障现象	故障原因	采取措施
不能控制伺服系统	监控主板损坏	更换监控主板
	监控系统出现误码	修改监控程序，增加容错功能
不能控制接收系统	监控主板损坏	更换监控主板
不能控制发射系统	监控主板损坏	更换监控主板
终端不能显示各项参数	监控主板损坏	更换监控主板

第十节 CINRAD/CC雷达天馈系统故障的分析与处理

一、CINRAD/CC雷达天馈系统简介

（一）CINRAD/CC雷达天馈系统信号流程（图7-84）

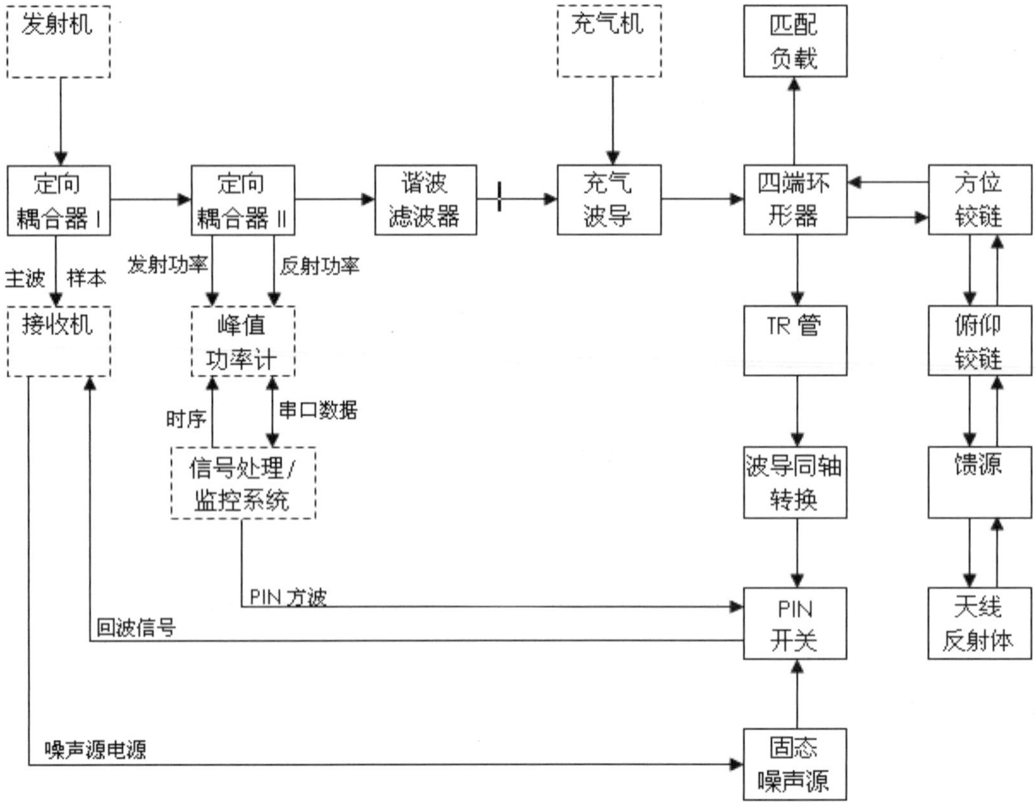

图7-84　CC雷达天馈系统框图

（二）CINRAD/CC雷达天线馈线分系统工作过程概述

CINRAD/CC雷达的天线馈线分系统由天线部分和馈线部分组成。其组成如图7-84所示。

天线部分由共轴双模喇叭口辐射器、圆抛物面反射体和天线罩构成；馈线部分由定向耦合器Ⅰ、定向耦合器Ⅱ、四端环形器、谐波滤波器、方位及俯仰高功率铰链、收发放电管、固态噪声源、波导同轴转换器、PIN开关组件、若干段H型、E型弯波导和直波导（有一段软波导）组成。

发射分系统高功率速调管输出的射频脉冲能量，先后经定向耦合器Ⅰ、定向耦合器Ⅱ、一段软波导和E型弯波导进入谐波滤波器，射频发射脉冲的二、三次谐波被滤除后，进入四端环形器的发射臂，然后从环形器的天线臂输出，经过H型弯波导再先后通过方位及俯仰高功率铰链，将射频发射脉冲的电磁能量以TE10型横电波的形式传送给天线部分的共轴双模喇叭口辐射器。由抛物面反射体将

喇叭口辐射的射频发射脉冲电磁能量聚集成一个针状波束，向空间定向辐射。发射时，在射频发射脉冲持续期间，有极小一部分发射脉冲能量，通过定向耦合器Ⅰ的副臂，作为主波样本信号输出到接收分系统射频接收分机的RF延时线；同时，还有极小一部分发射脉冲能量，以及随后产生的由于系统不完全匹配而形成的反射脉冲能量，通过定向耦合器Ⅱ的副臂耦合输出，分别作为发射功率和反射功率的检测样本送至峰值功率计。四端环流器的接收臂通过一段H型弯波导与收发放电管（TR管）、噪声源、波导同轴转换器连接，波导同轴转换器以同轴射频电缆与PIN开关组件相接。雷达发射时收发放电管打火，PIN开关在发射期间时导通（即微波信号被阻断），它们与四端环形器配合，不使发射脉冲能量进入接收分系统。

接收时，天线将目标反射回来的回波脉冲能量接收下来，先后通过俯仰及方位高功率铰链，进入四端环形器的天线臂，然后从接收臂输出，经收发放电管和PIN开关，将回波脉冲能量送给接收分系统射频接收分机的场效应管放大器。由于回波脉冲能量比较微弱，收发放电管不会打火，PIN管也不导通，因此，不影响回波脉冲能量进入接收分系统。四端环形器则不使回波脉冲能量进入发射分系统，从而使雷达的工作处于双工状态。

连接在PIN开关组件耦合口上的固态噪声源，在雷达作在线测试噪声系数时使用，它不影响天线馈线分系统的正常工作。

（三）CINRAD/CC雷达天线馈线分系统故障分析方法

CINRAD/CC雷达天线馈线分系统主要为波导器件，主要问题是存在漏气现象，需采用逐阶段排除的方法进行分析。T/R管和PIN开关主要采取直接更换备件的方法进行故障排除。

二、故障典型个例分析

（一）充气机频繁启动

1. 现象

波导漏气，旋转关节漏气，密封窗漏气。

2. 原因

因馈线系统中气密性不好而造成漏气。

3. 故障排除过程

①开启充气机，在波导接头处涂上肥皂水，如果没有观察到气泡冒出，则表明波导接头处不存在漏气现象。如果波导接头处有气泡冒出，则说明该波导接头处存在漏气现象，应将波导断开，在更换橡胶密封圈后重新连接。

②将波导从方位高功率铰链下边断开，使用密封窗将方位高功率铰链以下的波导堵上，充气机不再频繁启动，可判断方位高功率铰链以下的波导气密性良好。

③将波导从方位高功率铰链上边断开，使用密封窗将方位高功率铰链的输出堵上，充气机仍然

频繁启动，可判断方位高功率铰链漏气。

④更换方位高功率铰链后，故障排除，雷达工作恢复正常。

（二）终端回波中心区域有较大空洞

1. 现象

TR管故障，PIN方波时序关系异常。

2. 原因

雷达TR管放电时间延长，造成雷达在激励结束后一段时间内，TR管仍然处于隔离状态，回波信号不能通过，造成雷达近区无回波。

3. 故障排除过程

①取下PIN开关上的控制电缆，使用示波器检查PIN控制电缆插头上的PIN方波。将示波器探头连接到PIN控制电缆的第2和第3脚，测试结果均为一个44 μs宽度的负脉冲[正常为44 μs宽度的负脉冲（–5V）]，PIN方波正常。

②第1步保持不动，将示波器另一个通道连接到时序板测试插孔的第22孔（导前触发），PIN方波延迟导前触发4 μs（正常延迟4 μs），时序关系正常。

③更换TR管备件后，故障排除，雷达工作恢复正常。

（三）发射功率正常，回波明显较弱

1. 现象

回波显示强度偏弱。

2. 原因

由于充气机损坏或长期不开机，由此造成波导内部潮湿，从而被腐蚀。这样会造成射频信号在波导内部打火，功率严重降低。另一方面，由于波导腐蚀，会造成馈线部分插入损耗变大，与雷达记录的插入损耗不符，造成回波功率降低，而雷达方程并没有校正回来，从而导致显示强度降低，回波偏弱。

3. 故障排除过程

①在潮湿的季节或地区，充气机要长期开启。如果发现充气机频繁启动，可能是馈线漏气，解决方法可参见上文“充气机频繁启动”的处理方式。

②将雷达加高压，如果能听到波导内部存在打火现象，可判断波导内部存在腐蚀现象。

③将波导全部断开，检查波导中间镀银层，如果发现两根存在氧化、腐蚀现象，在更换备件后，故障排除，雷达工作恢复正常。

三、CINRAD/CC雷达天馈系统故障汇总

CINRAD/CC雷达天馈系统故障现象、原因及处理措施见表7-13。

表7-13 CINRAD/CC雷达天馈系统故障现象、原因及处理措施一览表

故障现象	故障原因	采取措施
充气机频繁启动	方位高功率铰链漏气	更换方位高功率铰链
	波导接头处漏气	更换波导及波导密封圈
	波导密封窗漏气	更换波导密封窗
终端回波中心区域有较大空洞	TR管损坏	更换TR管
发射功率正常，回波明显较弱	波导被严重腐蚀	更换被腐蚀波导
太阳标定找不到太阳信号	TR管损坏	更换TR管

第八章

DZZ4型自动气象站技术保障指南

本章主编◎董　洋

第一节

DZZ4型自动气象站的结构和工作原理

一、概述

DZZ4型自动气象（气候）站是依据中国气象局监测网络司《第二代自动气象站功能规格需求书》要求，按照统一标准、统一功能、统一结构、统一方法、统一规范的设计思路所生产的一种高精度、高稳定、易维护、低功耗、易扩展和具有实时远程监控功能的新型自动气象观测系统。

在硬件结构设计上，DZZ4自动气象站采用“积木式”结构和CAN总线技术，利用双绞线互联主采集器和各分采集器。在现场能快速实现功能扩展，充分贯彻了灵活性的特点。

二、系统结构

DZZ4型自动气象站由传感器、采集器和外围设备组成。采集器由一个主采集器和若干分采集器构成，采集器之间采用CAN总线互连。在现场只需接入新的分采集器和传感器，就可以实现功能扩充，满足监测需求的变化。系统结构图如图8-1所示。

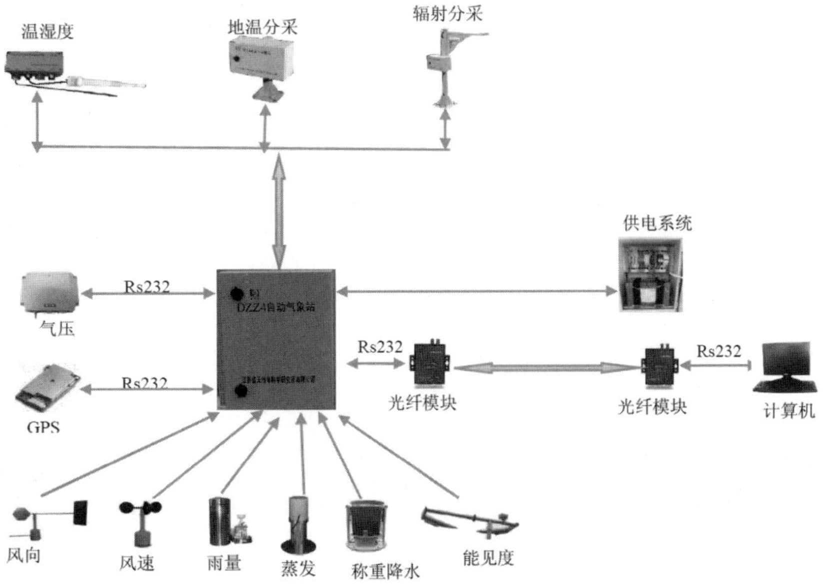

图8-1　DZZ4型自动气象站系统结构图

三、采集器

DZZ4型自动气象站中包括WUSH-BH主采集器、WUSH-BG地温分采集器和WUSH-BR辐射分采集器。

（一）WUSH-BH主采集器

WUSH-BH主采集器基于ARM9平台和嵌入式LINUX

实时多任务操作系统设计，是DZZ4型自动气象站的核心。负责采集本身及分采集器上挂接的所有传感器的数据，按统一的规范进行处理、存储、传输，并实现对总线网络的管理。

本身可挂接气温、湿度、风向、风速、气压、蒸发、能见度、称重降水等传感器。其主要技术指标如下：

主电源：DC12 V，采集器工作范围9 ~ 15 V；

功耗：主采集器<2 W；

内部数据存储器：30 d；

外部数据存储器：取决于CF卡容量，1 G的CF卡可存储1年多的数据。

主采集器传感器通道见表8-1。

表8-1　WUSH-BH主采集器传感器通道

传感器类型	通道类型	数量
气温	模拟（铂电阻）	1
湿度	模拟（电压）	1
气压	RS232	1
风向	数字（7位格雷码）	1
风速	数字（频率）	1
降水量	数字（计数）	1
总辐射	模拟（差分电压）	1
能见度	RS485	1
蒸发量	模拟（电流）	1
门开关	数字（电平）	1

1.主采集箱

DZZ4型自动气象站主采集箱内部安装了WUSH-BH主采集器、气压传感器、光纤转换器、防雷组件、接线端子等部件，机箱底部是电源、传感器、通信、天线等部件的接口。根据选配的传感器类型、通信方式等的不同，主采集箱内的部件及底部接口都会有所不同。图8-2和图8-3是采用光纤通信方式、基本六要素、蒸发和防雷组件的主采集箱的内部布局图和底部接口图。

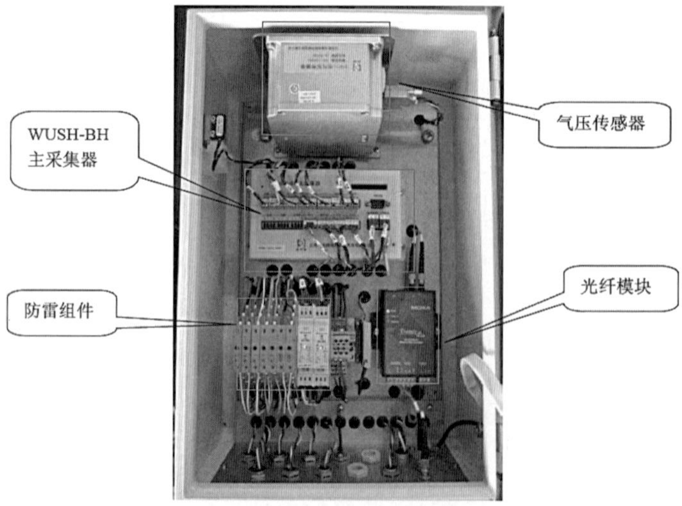

图8-2　DZZ4型自动气象站主采集箱内部布局

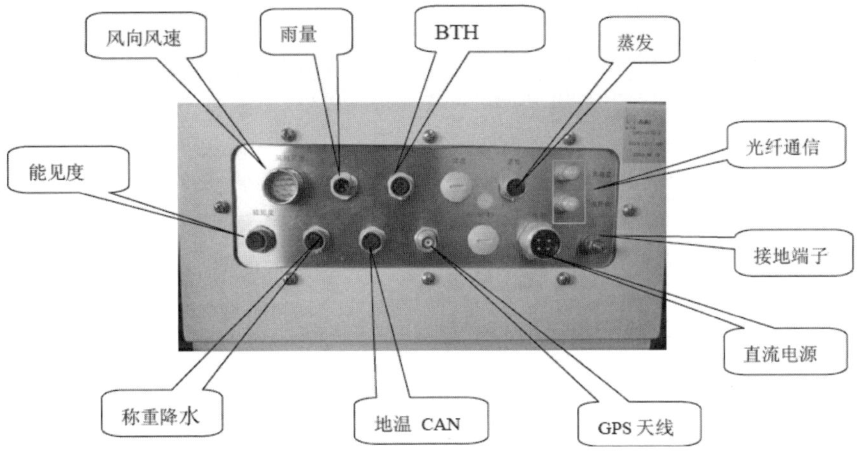

图8-3 DZZ4主采集箱底部接口

2.面板接口布局

WUSH-BH主采集器的面板接口布局见图8-4。

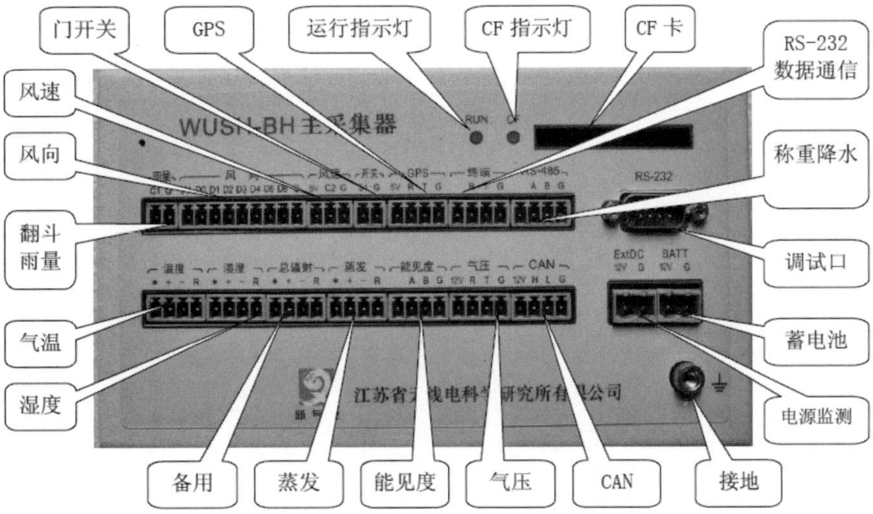

图8-4 DZZ4型自动气象站WUSH-BH主采集器面板接口布局

（1）各个接口简要说明

目前，在云南省大监自动气象站所使用的DZZ4型自动气象站中，WUSH-BH主采集器的气温、湿度通道和总辐射通道是备用的，使用WUSH-BTH温湿度智能传感器来测量气温和湿度，使用WUSH-BR辐射分采集器来测量总辐射。

（2）采集器重启

将图8-4 主采集器面板上BATT口（蓄电池）和ExtDC口（电源监测）的插头拔下再插上，即可对采集器实现重启。

3.指示灯说明

WUSH-BH主采集器有两个指示灯，标有RUN的为采集器运行指示灯，CF卡插口旁的是CF卡操作指示灯。

（1）RUN指示灯

WUSH-BH主采集器RUN指示灯说明见表8–2。

表8–2　WUSH–BH主采集器RUN指示灯说明

序号	指示灯状态	描述
1	常亮	系统正在启动中，此过程持续时间约为30 s
2	1/4秒闪（0.25 s亮、0.25 s暗）	应用程序正在启动中，此过程持续时间约为15 s
3	秒闪（1 s亮、1 s暗）	表示应用程序运行正常
4	快闪（0.1 s亮、0.1 s暗）	表示应用程序已停止运行，一般在维护过程中出现。若在非维护过程中出现，说明系统出现故障
5	2次快闪（闪2次，停1 s）	CF卡加载成功，等待操作。此过程持续时间可达2 min。若长时间处于此状态，说明CF卡未插好或有故障，请拔下后重新插入再试一次
6	3次快闪（闪3次，停1 s）	已检测到插入CF卡，正在进行加载。此过程持续时间约为2 s。若长时间处于此状态，说明CF卡未插好或有故障，请拔下后重新插入再试一次
7	4次快闪（闪4次，停1 s）	CF卡故障。说明CF卡未插好或有故障，请拔下后重新插入再试一次

采集器上电后，RUN指示灯状态变化过程如下：

无CF卡：1→2→3；

有CF卡：1→2→6→5→3。

如果RUN指示灯不亮、常亮或闪烁异常，则表明采集器有故障存在，需要进行检查。

（2）CF卡指示灯

CF卡指示灯平时不亮，只有在采集器对CF卡进行读写操作时才会点亮。在该指示灯点亮期间，不应拔下CF卡，以免丢失数据。

（二）WUSH–BTH温湿度分采集器

1.WUSH–BTH温湿智能传感器

WUSH-BTH电子单元接口和分采内部接线分别如图8–5、图8–6。

2.指示灯说明

WUSH-BTH温湿度分采集器有3个指示灯（表8–3）：标有“运行”的为采集器运行指示灯；标有CANE的为CAN通信错误指示灯；标有CANR的为CAN通信运行指示灯。

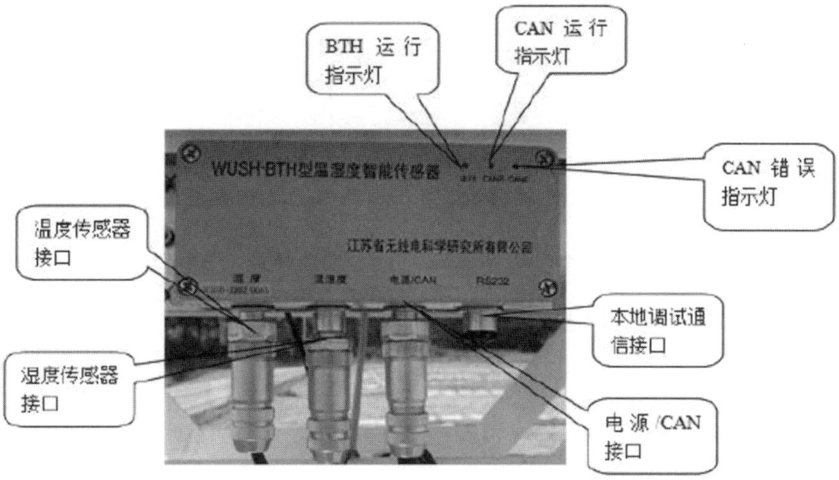

图8-5　WUSH-BTH电子单元接口

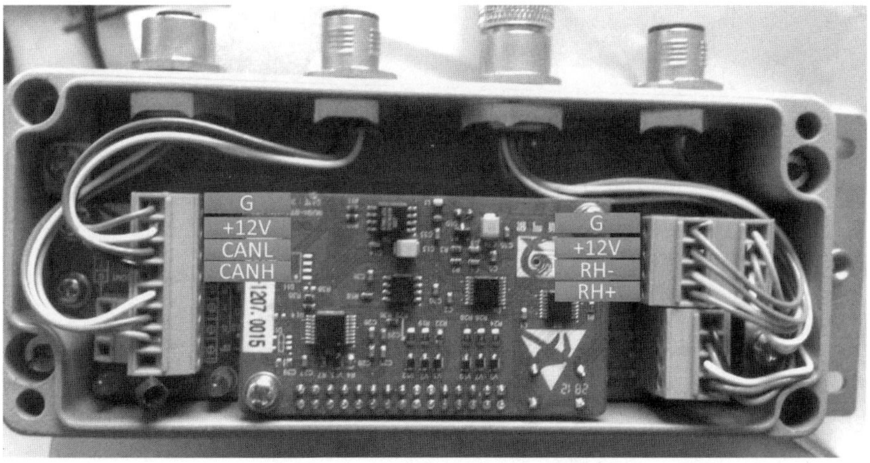

图8-6　WUSH-BTH分采内部接线

表8-3　WUSH-BTH温湿度分采集器指示灯说明

序号	指示灯	描述
1	RUN	上电后，该指示灯约每2 s闪一次（亮1 s，灭1 s），表示采集器正常运行
2	CANE	当CAN通信正常时，此灯不亮。如果通信出现故障时，CANE指示灯将闪烁，需要进行检查
3	CANR	采集器初始化完成后，开始连接CAN总线。采集器在连接总线期间，CANR指示灯将每秒闪烁一次。连接总线可能要花几秒时间，连接成功后，该指示灯保持常亮。如果CANR指示灯长时间闪烁，则表明CAN总线有问题，需要检查接线

（三）WUSH-BG地温分采集器

该分采集器负责采集草温、地表温、浅层地温、深层地温等气象要素数据，通过CAN总线与主采集器交互。

1.地温分采集箱

图8-7和图8-8是DZZ4型自动气象站地温分采集箱的内部布局图和底部接口图。

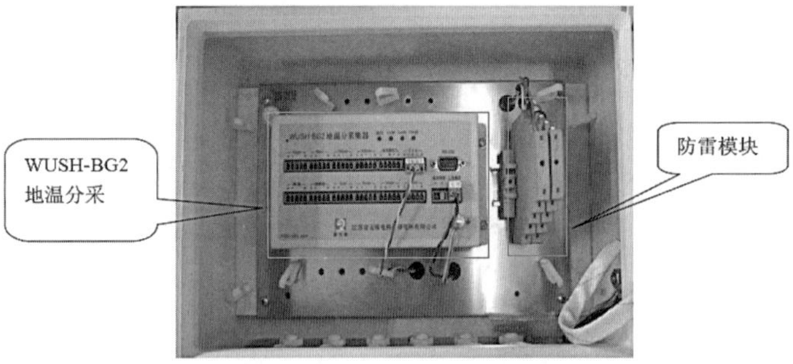

图8-7　DZZ4型自动气象站地温分采集箱内部布局

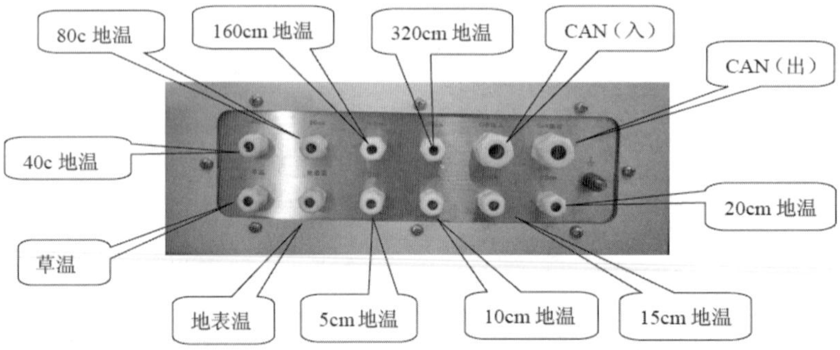

图8-8　DZZ4型自动气象站地温分采集箱底部接口

2.面板接口布局

WUSH-BG地温分采集器的面板接口如图8-9所示。

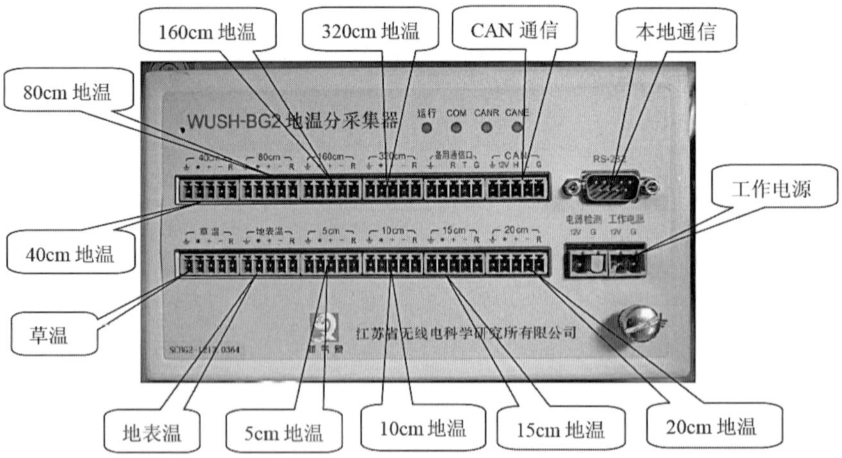

图8-9　WUSH-BG地温分采集器面板接口布局

3.指示灯说明

WUSH-BG地温分采集器有4个指示灯（表8-4）：标有RUN的为采集器运行指示灯；标有CANE

的为CAN通信错误指示灯；标有CANR的为CAN通信运行指示灯（绿色）；标有COM的为串口通信指示灯。

表8-4 WUSH-BG地温分采集器指示灯说明

序号	指示灯	描述
1	RUN	上电后，该指示灯约每2 s闪一次（亮1 s，灭1 s），表示采集器正常运行
2	CANE	当CAN通信正常时，此灯不亮。如果通信出现故障时，CANE指示灯将闪烁，需要进行检查
3	CANR	采集器初始化完成后，开始连接CAN总线。采集器在连接总线期间，CANR指示灯将每秒闪烁一次。连接总线可能要花几秒时间，连接成功后，该指示灯保持常亮。如果CANR指示灯长时间闪烁，则表明CAN总线有问题，需要检查接线
4	COM	当进行串口数据通信时，此灯点亮

（四）WUSH-BR辐射分采集器

该分采集器负责采集总辐射、直接辐射等气象要素数据，通过CAN总线与主采集器交互。

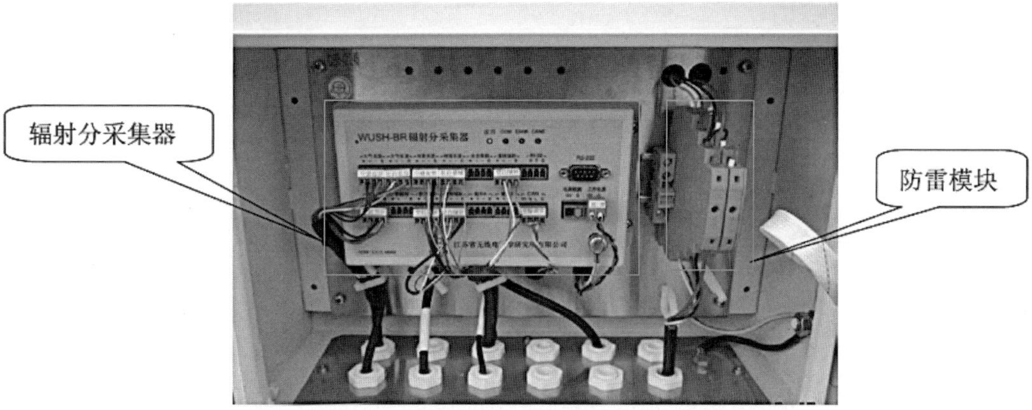

图8-10 DZZ4型自动气象站辐射分采集箱内部布局

四、传感器

目前，DZZ4型自动气象站使用的传感器主要可分为模拟量传感器、数字量传感器和智能型传感器三类。

①模拟量传感器：该传感器输出电流或电压，采集器按规范要求对其进行采样计算，输出各气象要素值。

②数字量传感器：该传感器输出脉冲或频率，采集器对其采样计算。

③智能型传感器：该传感器内含嵌入式处理器，进行数据采样和处理，直接输出数据。采集器按一定协议直接读取其数据。

DZZ4型自动气象站使用的主要传感器见表8-5。

表8–5　DZZ4型自动气象站使用的主要传感器

种类	名称	型号	工作原理	主要技术指标
模拟传感器	气温传感器 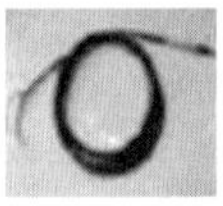	WUSH-TW100	铂电阻测温，Rt=100+0.385t	测量范围：−50～+60℃ 精度：±0.2℃ 灵敏度：0.385Ω/℃ 输出信号：四线制电阻值
模拟传感器	地温传感器 	ZQZ-TW	铂电阻测温	测量范围：−50～+80 ℃ 精度：±0.5 ℃（地表），±0.4 ℃（浅层），±0.3 ℃（深层） 输出信号：四线制电阻值
	湿度传感器 	DHC2	铂电阻测温和湿敏电容测湿	测量范围：0%～100% RH 分辨力：1% RH 最大允许误差：±3% RH（≤80%），±5% RH（>80%） 工作电压：12 V 输出信号：0~1 V模拟电压
	蒸发传感器 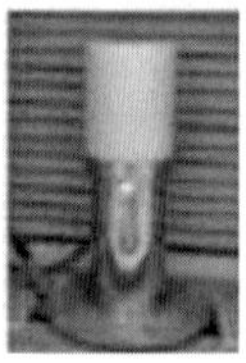	WUSH-TV2	连通器和超声波测距，水位高度H＝100/（2.5–0.5）×（V–0.5）	测量范围：0～100 mm 分辨力：0.1 mm 电源供电：DC9～15V@300 mA 精度：±0.2 mm（≤10 mm时）±2%（>10 mm时） 输出：4（高水位刻度）～20（低水位刻度）mA，对应电压为0.5~2.5 VDC
	总辐射传感器 	FS-S6	热电效应，感应核心由高精度热电堆元件组成，感应元件外镀高稳定性、高吸收率的无机碳膜	测量范围：0～1 400 W/m² 分辨力：5 W/ m² 最大允许误差：±5%（日累计）

续表

种类	名称	型号	工作原理	主要技术指标
数字传感器	翻斗式雨量计 	SL3-1	双翻斗，干簧管	承雨口内径尺寸：Ȼ200 mm 承雨口刃口锐角：40～45° 传感器感量：0.1 mm/斗 雨强：0～4 mm/min 分辨率：0.1 mm 精度：±0.4 mm（≤10 mm时） ±4%（>10 mm时） 输出信号：脉冲（通断）
数字传感器	风向风速传感器 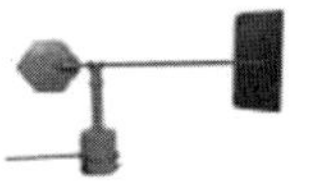 	ZQZ-TF	风向传感器：7位格雷码光码盘和光电耦合器，输出7位格雷码 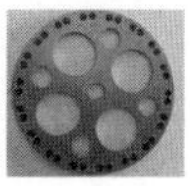 风速传感器：三杯式风杯旋转，通过轴带动磁棒盘旋转，霍尔磁敏元件中感应输出脉冲（频率），V=0.1 F	工作电源：5 VDC 风向 测量范围：0～360° 响应灵敏度：0.5 m/s 分辨率：3° 输出信号：7位格雷码（CMOS电平输出） 风速 测量范围：0～60 m/s 分辨率：0.1 m/s 起动风速：≤0.5 m/s 输出信号：脉冲（频率输出）
智能传感器	气压传感器 	DYC1	硅电容测压	电源供电：12 V 测量范围：500～1 100 hPa 分辨力：0.1 hPa 最大允许误差：±0.3 hPa 长期稳定性：±0.1 hPa/a 输出信号：RS232
智能传感器	能见度传感器 	DNQ1	光的前向散射原理	电源电压：12 VDC或220 VAC 输出信号：RS232，RS485

五、 辅助设备

（一）供电系统

交流电供电单元由开关电源、防雷组件、蓄电池、充电模块等部件组成（图8-11）。供电单元的输入为220 V AC，输出有两组（可扩充到四组），均为12 V DC，分别给主采集箱和分采集箱供电。

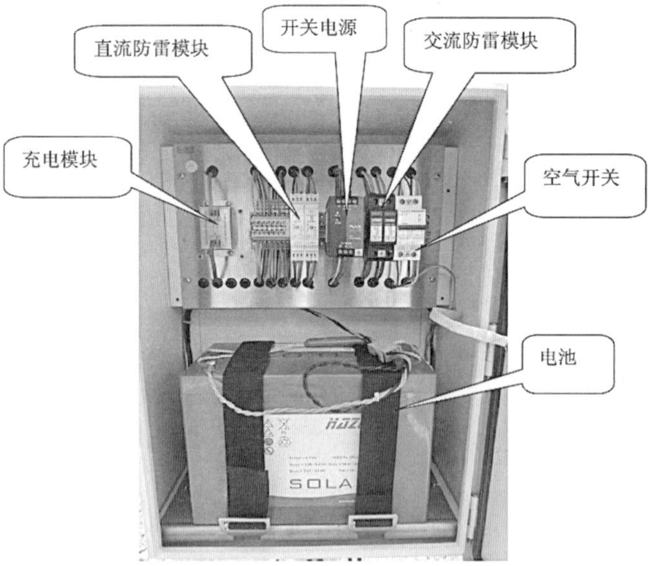

图8-11　DZZ4型自动气象站交流电供电单元的组成

（二）通信系统

DZZ4型自动气象站主采集器与计算机采用光纤连接，一根光缆里共有三对光纤，一对使用，两对备用。光纤转换模块如图8-12，光纤交叉连接如图8-13。

图8-12　光纤转换模块

光纤转换器各指示灯说明如下：

①PWR：电源指示灯。

②Fiber Rx：数据接收指示灯，接收光纤数据时亮。

③Fiber Tx：数据发送指示灯，发送光纤数据时亮。

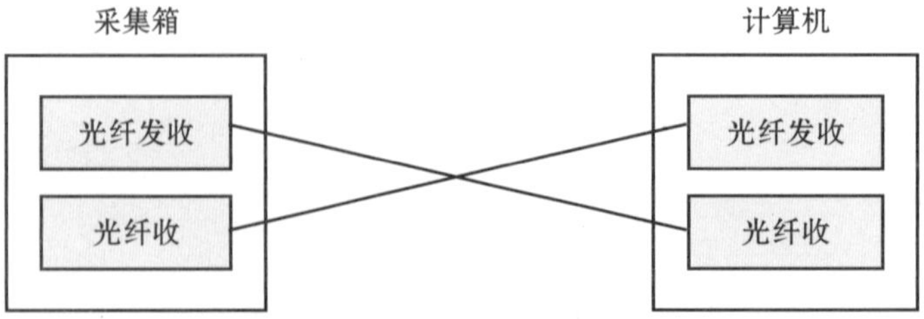

图8-13　光纤交叉连接示意图

第二节 DZZ4型自动气象站的设备更换和现场调试

一、设备更换

DZZ4型自动气象站的设备更换主要包括故障设备更换和传感器检定周期到期更换两种。

（一）设备更换注意事项

更换设备时，必须切断电源，严禁带电操作。

（二）ZQZ-TF型风传感器的更换

从近年来DZZ4型自动气象站设备更换的实际情况来看，风传感器的安装和拆卸是一个难点和易出问题的环节。下面着重对ZQZ-TF型风传感器的安装和拆卸要点进行介绍（参见图8-14）。

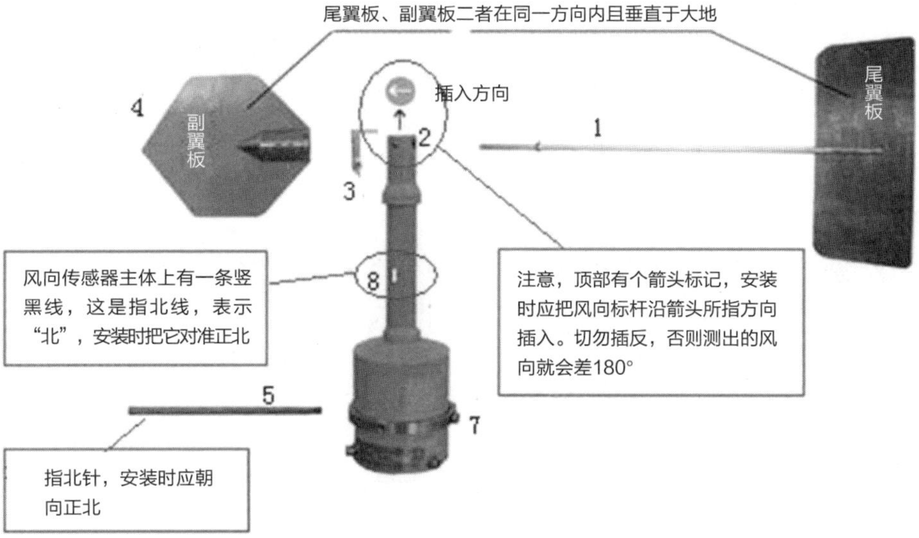

图8-14　DZZ4型自动气象站风向传感器组装图示

1.风向传感器组装要点

①风向传感器轴套“2”顶部有一个“←”箭头标记，风向标杆“1”必须沿箭头方向插入轴套；

②尾翼板和副翼板“4”必须在同一平面内，这个平面应该垂直于水平面；

③别忘了拧紧轴套“2”、防旋夹“3”和副翼板“4”这三个地方的紧固螺丝（已发现有用户自己安装时忘记拧紧螺丝了）；

④风向传感器上标有黑色指北线（见图8-14中“8”），请将指北针拧紧到固定环“7”上，指北针与指北线应该在一个方向。

2.风速传感器

风速传感器出厂时已组装好，直接使用即可。

3.连接横臂

风向、风速传感器固定到横臂上时，别忘了把横臂中的插头拧到传感器上（见图8-15）。

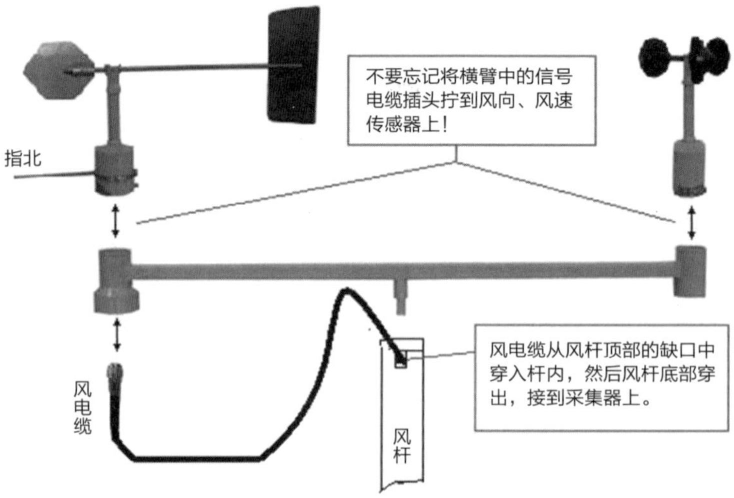

图8-15　DZZ4型自动气象站风向、风速传感器安装图示

二、现场调试

1.电源箱调试（图8-16）

①将电源箱内的空气开关拨至“ON”位置。

②用万用表直流电压档检查开关电源的输出电压（应在14.5 V左右）。

③用万用表直流电压档检查蓄电池的电压应该高于12 V。

④将蓄电池连接线与底板上的连接线插好，用万用表直流电压档检查蓄电池电压应该在13.8 V左右。

⑤将直流输出电源电缆逐个插到电源箱上。

⑥用万用表直流电压档检查每根直流输出电源电缆的另一端，电缆中有两组电源线，一组应为14.5 V左右，另一组应为13.8 V左右。

⑦关断空气开关。至此，电源箱调试完成。

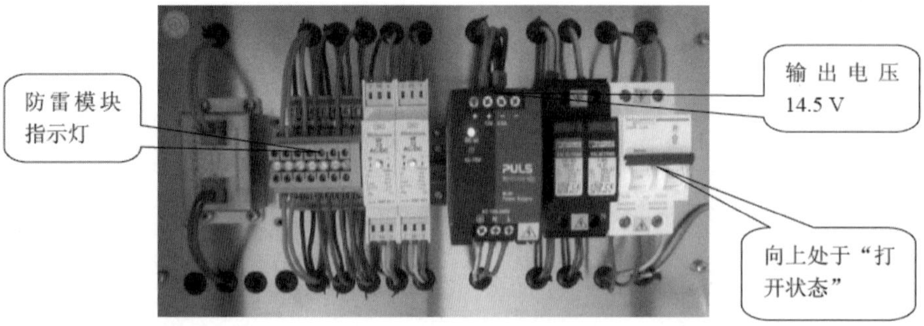

图8-16　电源箱

2.主采集箱调试

①将主采集箱的电源电缆插到主采集箱的电源插座上。

②合上电源箱内的空气开关。

③观察主采集箱内WUSH-BH主采集器的运行指示灯是否正常闪烁（指示灯状态描述见表8–2）。

④主采集器运行正常后，关断空气开关。

第三节

DZZ4型自动气象站的硬件故障诊断与处理

一、故障诊断的原则

（一）安全原则

在排查和判断DZZ4型自动气象站故障的过程中，应注意人身和设备安全，在插拔电源插座、打开带市电的DZZ4型自动气象站各组件时，不主张由非专业人员进行操作。

（二）逻辑原则

DZZ4型自动气象站发生故障时，应依据电原理一一进行分析，逐个排除。要进行充分分析和列出众多的故障可能性，找出最符合逻辑，亦即最符合电原理的故障原因来判别故障部位。

（三）分解原则

DZZ4型自动气象站的组件很多，在分析故障时，可能会认为一个故障是因为多个原因和多个组件引起的，在这种情况下，就要脱开部份连接线，把DZZ4型自动气象站分成几个部分，通过缩小范围来进行检查、分析。

（四）记录原则

在DZZ4型自动气象站维修过程中，应注意记录故障现象、故障判断分析方法、维修过程、维修结果。通过记录，一方面方便台站积累维护、维修经验；另一方面可以将维护、维修经验与其他台站和仪器主管部门交流，以此促进DZZ4型自动气象站维护、维修水平的提高。

二、故障诊断方法

（一）替代方法

在有备份组件的条件下，可依据电原理图进行分析、判断，确定故障部位，用“好”的组件替代“坏”的组件，如果故障现象消失，则说明该项分析、判断正确。也可利用DZZ4型自动气象站气象要素信号发生器模拟相应气象要素值来判断采集器和传感器的故障。

（二）测量方法

如果DZZ4型自动气象站没有备份组件，当发生故障时，就需要台站人员用万用表对一些组件进行通断，通过对电阻、电压等电参数进行测量，从而分析、判断出故障部位，然后开展自行维修或联系上级仪器主管部门进行维修。

在使用万用表测量电参数时，应注意万用表的“档”“量程”和“极性”。另外还应注意万用表的“测笔”较粗，一旦操作稍有不当，往往会导致单笔同时触及两个“点”或“线”，从而造成线路短路。

1.万用表的使用

万用表又叫多用表，是一种多功能、多量程的测量仪表。万用表一般能测量电流、电压和电阻，还可测量晶体管的放大倍数、频率、电容值等。万用表基本上以数字式为主，使用方法简单，是自动气象站安装、维护和维修的必备工具。UT39A型万用表如图8–17。

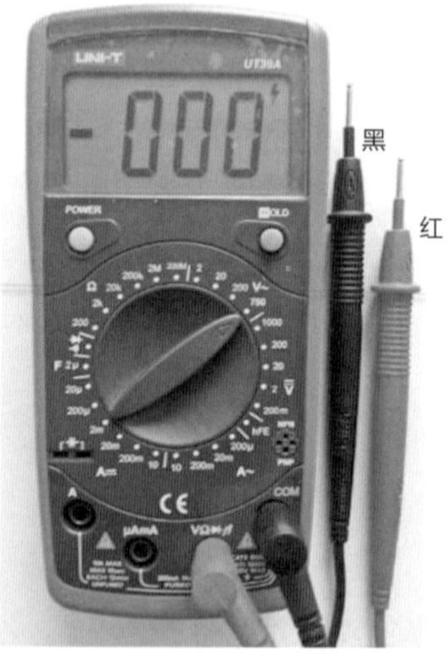

图8–17　UT39A型万用表

注：如果表内的电池电压不足，会影响测量结果的准确性，所以务必保证万用表电量充足，显示屏上未出现电池报警图标。

（1）直流电压的测量

将黑表笔插入“COM”孔，红表笔插入“VΩ▶|”。把旋钮旋到“V⎓”档，比估计值大的量程可进行测量。把表笔接电源或电池两端，保持接触稳定，数值可以直接从显示屏上读取。若显示为“1.”则表明量程太小，那么就要加大量程后再测量。如果在数值左边出现“–”，则表明表笔极性与实际电源极性相反，此时红表笔接的是负极。

测量蓄电池直流电压举例（如图8-18所示）：电池正常电压一般在12.8 V左右，万用表选用“20”V档，测得电压为12.75 V。

（2）交流电压的测量

将黑表笔插入“COM”孔，红表笔插入“VΩ▶|”。将旋钮打到交流档“V~”档，比估计值大的量程可进行测量。交流电压无正负之分，直接读取数值即可。

注：测交流电压时要注意人身安全，测量时，不能用手触摸表笔的金属部分。

测量交流电压举例（如图8-19所示）：标准电压为220 V，选用“750”V档，测得电压为238 V。

（3）直流电流的测量

先将黑表笔插入“COM”孔，若测量大于200 mA的电流，则将红表笔插入“A”孔，将旋钮打到“V⎓”档，“10 A”量程；若测量小于200 mA的电流，则将红表笔插入“mA”孔，将旋钮打到“V⎓

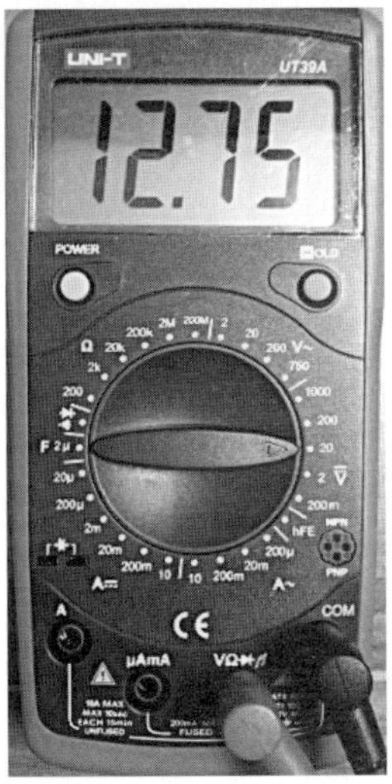

图8-18　交流电压的测量

图8-19 交流电压的测量

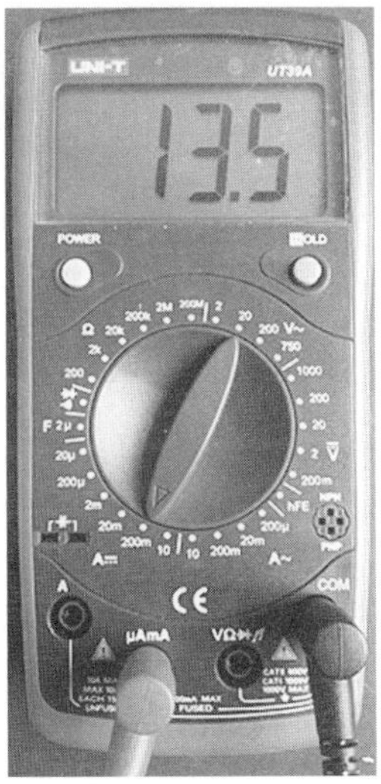

图8-20　直流电流的测量

”档，“200 mA”以内的合适量程。将万用表串进电路中保持稳定即可读数。若显示为“1.”那么就要加大量程，如果在数值左边出现“-”，则表明电流从黑表笔流进万用表。

测量采集器工作电流举例（如图8-20所示）：F采集器的工作电流一般在20 mA左右，采用“200 mA”档，测得电流为13.5 mA。

（4）电阻的测量

将黑表笔插入“COM”孔，红表笔插入“VΩ▶|”孔，把旋钮打旋到“Ω”档，选择比估计值大的量程。将表笔和电阻两端接触，保持稳定即可读数。

注：单位有区分，在“200”档时，单位是“Ω”；在“2 k”到“200 k”档时，单位为“kΩ”；“2 M”以上的单位是“MΩ”。

测量温度传感器电阻举例（如图8-21所示）：温度传感器采用PT100铂电阻，选用“200”Ω的量程，测得阻值为112 Ω。

图8-21　电阻测量

图8-22　频率测量

（5）通断测量

将黑表笔插入“COM”孔、红表笔插入“VΩ▶|”，把旋钮打旋到“▶|·))”，将表笔与被测物体的两端接触，如果听到蜂鸣声，说明是导通的，且电阻值极小。

（6）频率的测量

将黑表笔插入“COM”孔、红表笔插入“Hz”，把旋钮打旋到“Hz”档，将红表笔与频率信号端接触，黑表笔与信号地接触，显示屏上将直接显示频率值。

注：有些万用表的频率档为kHz，转换关系为1 kHz=1 000 Hz。

风速频率的测量举例（如图8-22所示）：风速与频率关系为V=0.1F（F为频率，单位Hz），测得值为0.022 kHz，换成风速为2.2 m/s。

2.DZZ4型自动气象站传感器供电和输出信号测量（表8-6）

在DZZ4型自动气象站中，可用万用表测量传感器的相关数据，如气温、湿度、风向、风速、地温、蒸发、雨量等，针对气压传感器和CAN总线，则可用万用表测量其供电电压（12 VDC）。DZZ型自动气象站传感器供电和输出信号的测量值对应见表8-7。

表8-6　DZZ型自动气象站传感器供电和输出信号的测量

要素	传感器	供电	测量电信号	测量位置
气温	铂电阻	无	电阻	温湿度分采集器
相对湿度	湿敏电容	12 VDC	直流电压	温湿度分采集器
风向	格雷码光码盘	5 VDC脉冲	CMOS电平 （直流电压）	主采集器
风速	霍尔磁敏元件	5 VDC	频率	主采集器
地温	铂电阻	无	电阻	地温分采集器
蒸发	超声波	12 VDC	直流电压	蒸发接线盒和主采集器
雨量	干簧管	无	电阻或通断	雨量传感器和主采集器

表8-7　DZZ4型自动气象站传感器信号测量值对应表

传感器	测量值	对应关系
温度	80 ~ 120 Ω	-50 ~ 50℃
湿度	0 ~ 1 V	0 ~ 100%
风向	7位高低电平组合	0° ~ 360°
风速	2.2 V左右摆动	0 ~ 60 m/s
蒸发	0.5 ~ 2.5 V	0 ~ 100 mm
雨量	导通一次	0.1 mm

三、DZZ4型自动气象站的故障诊断思路和流程

（一）故障诊断思路

就DZZ4型自动气象站而言，其故障诊断手段主要采取以下几种方式：

①根据指示灯的状态进行检查和故障判断。

②利用超级终端或串口调试软件检测采集器。

③利用万用表对供电系统进行检查和测量。

④利用万用表对电缆的断路和短路进行测量。

⑤利用万用表对传感器的供电和输出信号进行测量。

总体来说，采用不同测量方法对DZZ4型自动气象站进行故障诊断的思路，是在DZZ4型自动气象站的不同位置逐级测量同一量值，并以此判断部件及电缆是否存在故障。

1.主采集器故障诊断思路

①当所有地温和温湿度都观测不到时，若两个分采集器的电源部分是正常的，CAN线电缆也是好的，则应是主采集器的问题。

②当风向、风速、雨量、气压、蒸发等指标都观测不到时，若主采集器的电源部分是正常的，则应是主采集器的问题。

③当风向、风速、雨量、气压、蒸发等指标有一个或几个观测不到时，可按前面所述方式检查传感器和连接电缆，若正常，则应是主采集器的问题。

2.分采集器故障诊断思路

（1）温湿度分采集器的故障判断

①当观测不到温度和湿度，而地温显示正常，且温湿度分采集器的电源（12 V）和CAN总线均正常，则按前面所述检查温度和湿度传感器是否正常，如果正常，则说明温湿度分采集器出现了问题。

②当温度或湿度其中之一观测不到时，可按前面所述检查传感器，若正常，则说明温湿度分采集器出现了问题。

（2）地温分采集器的故障判断

①当所有地温都观测不到、温湿度能观测到，而同时地温分采集器的电源（12 V）和CAN总线工作正常，则表明地温分采集器有问题。

②当某一个或几个地温观测不到时，可按前文所述检查传感器，若正常，则表明也是地温分采集器的问题。

3.传感器的故障诊断思路

当观测不到某一个要素时，请按下文“辅助设备故障”一节所述方法检测该传感器，若测量值异常，则表明可能是该传感器、传感器连接电缆、信号防雷板的问题。

（二）故障诊断流程

DZZ4型自动气象站的硬件故障主要包括供电系统故障、数据采集系统故障、传感器故障、电缆等辅助设备故障。图8-23为DZZ4型自动气象站故障诊断和处理的一般流程。

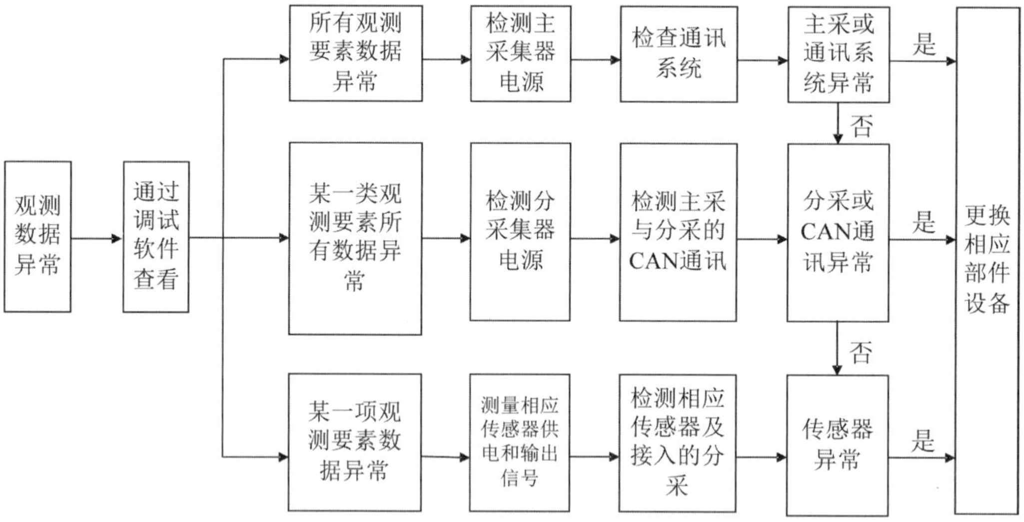

图8-23 DZZ4型自动气象站故障诊断流程

四、故障处理与维修

（一）供电系统故障

DZZ4型自动气象站供电系统的检测方法如下。

①检查采集器输入电压。使用万用表的直流电压（0～20 V）档测量电源输入端子正负端之间的电压，正常电压范围为10.8～14.4 V。如果为0，则为系统电源故障，应进一步检查充电控制器电压和蓄电池电压。

②检查外部输入电压和市电供电。合上断路器，使用万用表的交流电压（750 V）档测量断路器两接线柱之间的电压，正常电压范围为220 V±30%。

③检查蓄电池电压。将蓄电池与充电控制器的连接线断开，使用万用表的直流电压（20 V）档测量蓄电池正负端之间的电压，正常电压范围为10.8～14.4 V。

（二）采集器故障

当业务软件界面上出现通信异常提示或发现数据不准确，需要检查WUSH-BH采集器工作状态。

WUSH-BH采集器正常运行时，运行指示灯（RUN）以一秒亮一秒暗的频率闪烁。如发现非正常运行状态，请使用万用表测量采集器工作电压是否为直流11～14.5 V，并尝试重启采集器。

保障人员要尤其注意不能带电插拔各种接线端子，不要带电撤换或安装传感器。如果发生故障，应对相应部分做单独维护。

数据采集器机箱内部有一工作状态指示灯，可根据其状态判断故障。在正常工作情况下，指示灯为秒闪状态。闪烁间隔不对时，有可能是采集程序走乱，如果这时采集数据也不正确，就需要重新启动数据采集器。一旦传感器出现故障，也可能影响采集程序的运行，这时可先拔下采集器上所有的传感器插头，只留供电端，然后重新开机，查看采集器工作是否正常。若正常，再依次插上传感器插头，逐一判断具体是哪一个传感器引起的故障。

1.根据指示灯的状态进行检查和故障判断

（1）主采集器RUN指示灯异常

①不亮。可能是采集器无工作电压，请用万用表检查采集器的电源电压是否在9 ~ 15 VDC。

②半明半暗。可能是采集器供电电压不足，请用万用表检查采集器的电源电压，正常值为9 ~ 15 VDC。

③闪烁异常。可对照前文第一节描述“采集器”中“指示灯说明”的内容来帮助确认。

如果是CF卡问题，重新插拔或更换CF卡可以排除。

如果是应用程序未成功启动或异常终止，可给采集器重新上电解决问题。

若故障不能排除，则可能是主采集器故障，需要更换。

（2）分采集器RUN指示灯异常

①不亮。可能是分采集器供电中断，请用万用表检查采集器的电源电压是否在9~15 V范围内。

②半明半暗。可能是分采集器供电电压不足，请用万用表检查分采集器的电源电压是否在9~15 V。

③闪烁异常。可能是分采集器故障，需要更换。

（3）分采集器CANR或CANE指示灯异常

①总线终端匹配电阻阻值（120 Ω）不对、未安装、安装位置不在总线终端，或安装了超过2个匹配电阻。

②CAN总线电缆未连接好，或线缆有断路、短路现象。

③分采集器或主采集器的CAN通信防雷组件因受到冲击而失效。

④如果上述均正常，可给分采集器重新上电。

⑤若仍未解决问题，可能是分采集器或主采集器的CAN通信道已损坏，需要更换分采集器或主采集器。

2.主采集器检测

DZZ4型自动气象站具有较为完整的终端命令体系，通过终端串口命令可获得较多的设备与数据信息，包括采集器序列号、软件版本号、采集器交直流电源电压、分采挂接状态、传感器开启或关闭状态、传感器的配置参数、CAN总线状态等。主采集器的检测及故障诊断主要是利用串口调试软件来进行。

（1）调试工具

通过RS-232通信电缆或USB转串口电缆，将光纤盒/主采集器与电脑连接。

通过串口调试工具可以直接给观测系统的采集器发出指令进行相关的维护操作。调试工具软件可以是“超级终端”软件，或者是SSCOM32程序。推荐使用SSCOM32程序，其运行界面如图8-24所示。

①设置参数：请按图8-24指示位置设置好以下参数。

通信串口号：串口号的设置必须与计算机上连接主采集器的那个串口一致。

波特率：波特率必须与主采集器的波特率相一致，通常使用9 600 bps。

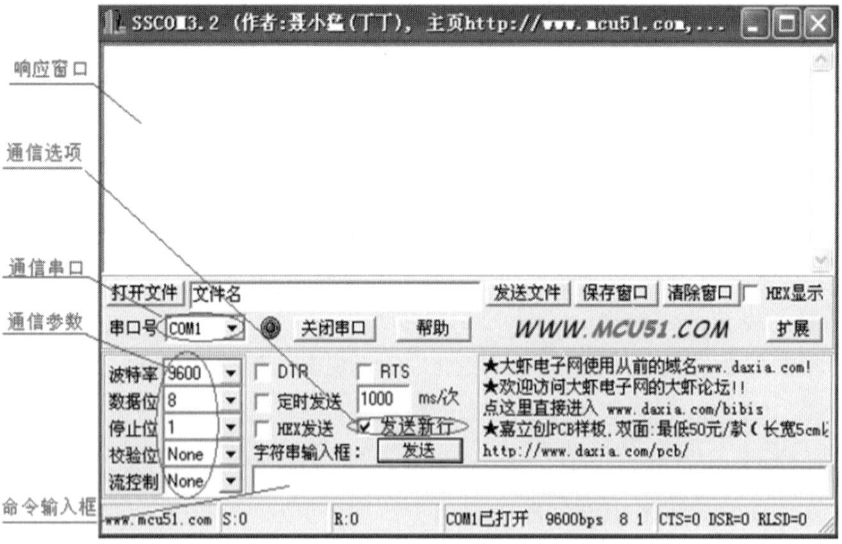

图8-24　SSCOM32串口调试软件界面

通信参数：按图示设置。

通信选项：按图打上勾。

②打开串口：点击“打开串口”按钮，指定的串口即被打开。串口打开后，此按钮上的文字将变为“关闭串口”。

③输入维护命令：设置好参数并打开串口后，可在命令输入框中输入所需的维护命令，如读取采集器时间命令：TIME。然后点击“发送”按钮，采集器的响应内容将显示在响应窗口中。

（2）终端命令

终端命令为主采集器和终端微机之间进行通信的命令，以实现对主采集器各种参数的传递和设置，并从主采集器读取各种数据和下载各种文件。按照操作命令性质的不同，可分为监控操作命令、数据质量控制参数操作命令、观测数据操作命令和报警操作命令四大类。

WUSH-BH主采集器检测中经常用到的调试命令有采集器自检命令AUTOCHECK、数据采样命令SAMPLES、分钟常规观测数据下载命令DMGD、小时常规观测数据下载命令DHGD等，有关命令的详细说明见《新型自动气象（气候）站功能需求书（修订版）》中《附录二　新型自动气象（气候）站终端命令格式》。

```
采集器时间: 2011-09-26 14:32:41
GPS 授时  : 正常(已定位 6 星)
通信参数  : 9600 8 N 1
机箱温度  : 18.7
供电电压  : DC,13.6
气候分采(id:  3)     : Offline
地温分采(id:  6)     : Operational
辐射分采(id:  5)     : Offline
土壤水分分采(id:  9): Offline
海洋分分采(id:  12) : Offline
智能分采(id:  14) : Offline
温湿度智能传感器(id:15): Operational
……
```

图8-25　自检命令AUTOCHECK返回信息

①自检命令AUTOCHECK。使用AUTOCHECK命令可对数据采集器的日期、时间、GPS授时状态、通信参数、机箱温度、电源电压、各分采集器挂接状态等进行检查。自检命令AUTOCHECK返回信息如图8-25。

②数据采样命令SAMPLES。输入数据采样命令SAMPLES后的返回采样数据如图8-26所示。

③分钟常规观测数据下载命令DMGD。参数按如下三种方式给出：

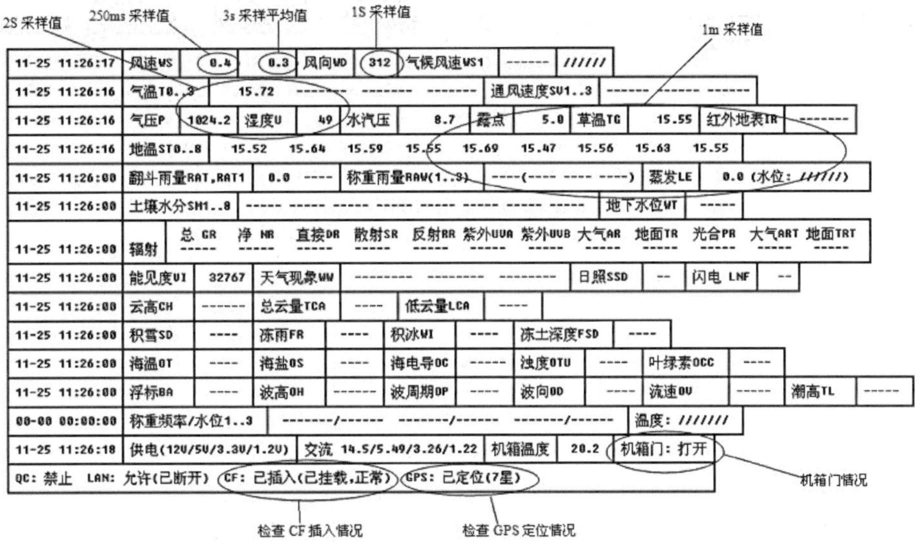

图8-26　数据采样命令SAMPLES返回采样数据

不带参数，下载数据采集器所记录的最新分钟观测记录数据（最后一次下载结束以后的分钟观测记录数据）；

参数为开始时间、结束时间，系下载指定时间范围内的分钟观测记录数据；

参数为开始时间 n，系下载指定时间开始的n条分钟观测记录数据。

开始时间、结束时间格式：YYYY-MM-DD HH:MM。

分钟常规观测数据下载命令DMGD返回分钟常规观测数据。如图8-27。

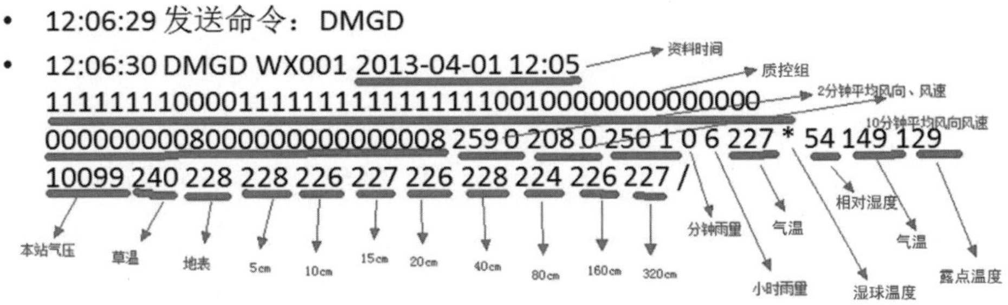

图8-27　分钟常规观测数据下载命令DMGD返回分钟常规观测数据

④小时常规观测数据下载命令DHGD。参数按如下三种方式给出：

不带参数，下载数据采集器所记录的最新小时观测记录数据（最后一次下载结束以后的小时观测记录数据）；

参数为开始时间、结束时间，系下载指定时间范围内的小时观测记录数据；

参数为开始时间 n，系下载指定时间开始的n条小时观测记录数据。

开始时间、结束时间格式：YYYY-MM-DD HH。

观测数据及排列顺序：

12:06:37 发送命令：DHGD

12:06:37 DHGD WX001 2013-04-01 12 11111111111110011111111111111111111111111111111111100111 0000000000000 000000000000000000800000000000000000000000000000000888 181 0 189 1 198 1 1157 153 0 73 25 1157 9 227 227 1152 225 1148 * 54 54 1154 149 129 10099 10100 1149 10099 1155 226 227 1149 226 1157 227 227 1151 226 1149 228 225 226 225 227 223 225 227 / / /

（三）防雷板故障

DZZ4型自动气象站防雷板的故障处理方法如下：

①如果确认故障出在防雷板，则分别检查其各个通道有无对地短路或两端开路，以及相邻通道间有无短路。

②跳过防雷通道将两端接线直接连接，如故障消失，则可确认是防雷板的故障。

③如果能确认是某个防雷通道出现问题，则将此通道的连接线缆移至其他无故障通道。DZZ4型自动气象站主采集箱内防雷板如图8-28。

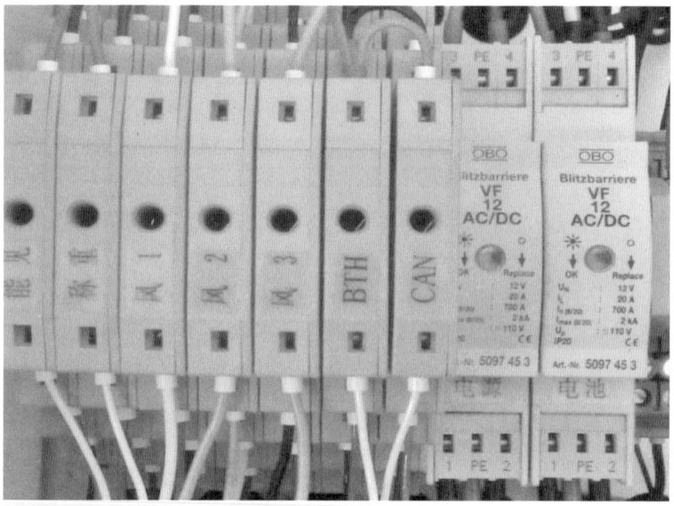

图8-28　DZZ4型自动气象站主采集箱内防雷板

（四）辅助设备故障

1.电缆故障

（1）电缆线芯故障分类

如图8-29所示，电缆线芯故障可分为同芯断路、两端异芯短路、同端异芯短路三种类型，以及由这三种故障组合而成的故障。

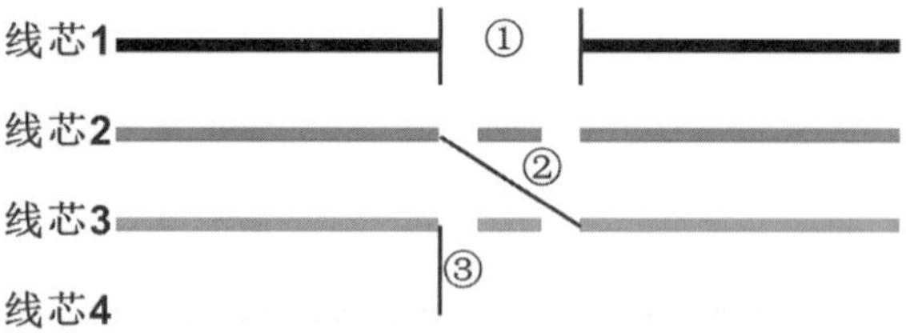

图8-29　电缆线芯故障分类示意图

（2）全面检测断路和短路故障的方法（仅依靠万用表）

①两端线芯之间的通断测量。用万用表的一支表笔接触信号线一端的一根线芯，而用另一支表笔依次对信号线另一端的4根线芯逐一接触，通过测试其通断性来检测信号线两端各线芯之间是否存在短路（不同线芯之间）或断路（同一根线芯上）。在此过程中，每一根线芯都要进行与对端的另外4根线芯抽头的通断性测量，以此判断是否存在短路和断路情况，一共需要进行4 ×4共16次测量（图8-30）。

②同端线芯之间的通断测量。如图8-31所示，先对1~2、1~3、1~4之间的两两线芯抽头进行测量，再对2~3、2~4之间的两两线芯抽头进行测量，最后测量3~4之间线芯抽头的通断性。不同线芯之

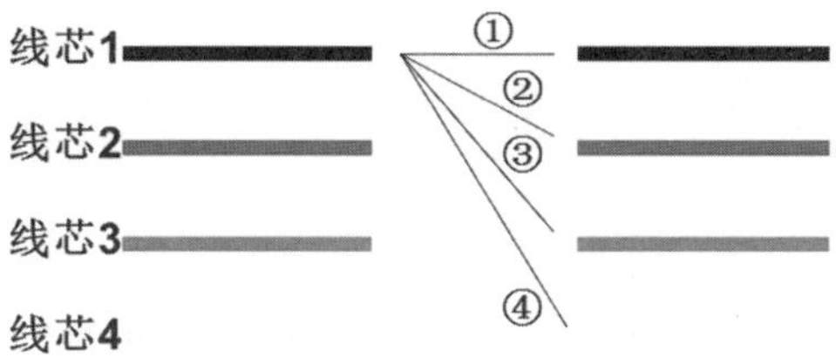

图8-30　两端线芯断路和短路故障测量示意图

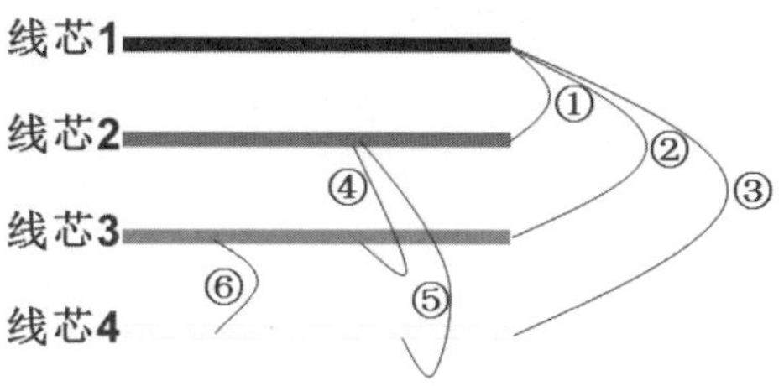

图8-31　同端线芯断路和短路故障测量示意图

间相互断路为正常，其他均为异常。

用万用表的一支表笔接触信号线一端的一根线芯，再用另一支表笔依次对信号线同一端的另外3根线芯逐一接触，以此测试相互之间的通断性。待信号线同一端的4根线芯检测完以后，还要对信号线另外一端的四根线芯进行同样的检测，以确认相互之间的通断性。每一端的四根线芯均需要测量6次（如图8-31 所示），两端总共需测量12次。必须强调的是，在测量电缆时，应与设备断开后测量，否则容易造成误判。

2.通信系统故障

（1）故障原因

造成自动气象站与终端计算机通信系统故障的主要原因包括以下几种：

①串口通信隔离器故障，检查更换串口通信隔离器。

②通信电缆出现断路和短路，检查通信电缆。

③采集器串口出现故障，使用测试线连接采集器的主通信串口和笔记本电脑串口，检查采集器的主通信串口是否正常。

（2）故障处理方法

通信系统的故障处理方法主要可以采取以下方式：

①在超级终端、SSCOM32、ISOS软件中输入终端命令，通过观察主采集箱和光纤通信盒中两个光纤转换器的数据接收指示灯（Fiber Rx）与数据发送指示灯（Fiber Tx）的状态来诊断故障。

②运用串口调试软件或超级终端，分别在光纤转换盒和主采集器RS-232串口上查看数据，以此判断光纤通信模块及线路是否存在故障。

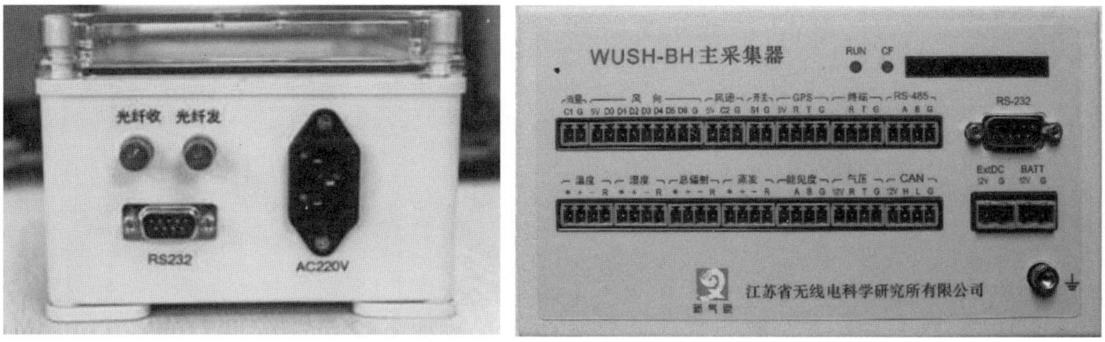

图8-32　通信系统故障判断

（五）传感器测量与故障诊断

1.温度传感器

（1）工作原理

铂电阻温度传感器是根据铂电阻的电阻值随温度变化的原理来测定温度的。铂电阻在0 ℃时的电阻值为100 Ω，以0 ℃作为基点温度，在温度t时的电阻值R_t为：

$$R_t=100+0.385t$$

式中：R_t——温度t时的电阻值；

t——温度。

即温度每变化1 ℃，电阻值变化0.385 Ω，阻值变化量小，测温灵敏度较小。

DZZ4型自动气象站中使用的铂电阻一般是四线制的铂电阻，也就是说，从铂电阻的两端各引出2根导线（如图8–33所示）。

DZZ4型自动气象站中采用的测量电路是将电阻值的变化转化为电压值的变化，使用方法是四线制恒流源供电方式及线性化电路（如图8–34）。

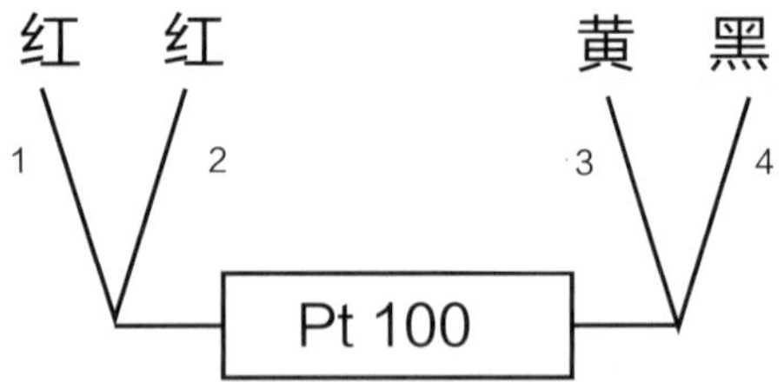

图8–33　四线制测温示意图

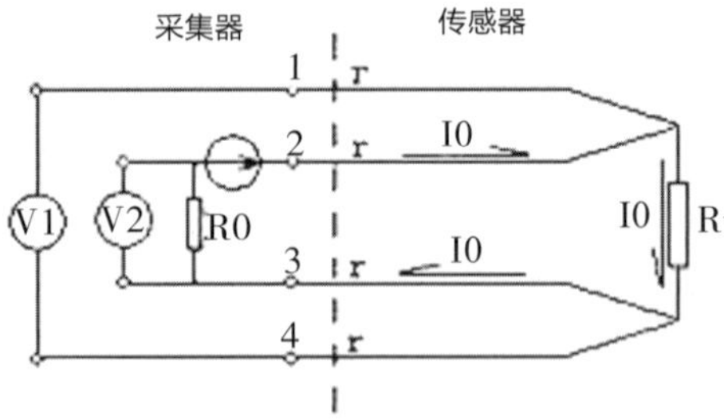

图8–34　四线制恒流源测量电路示意图

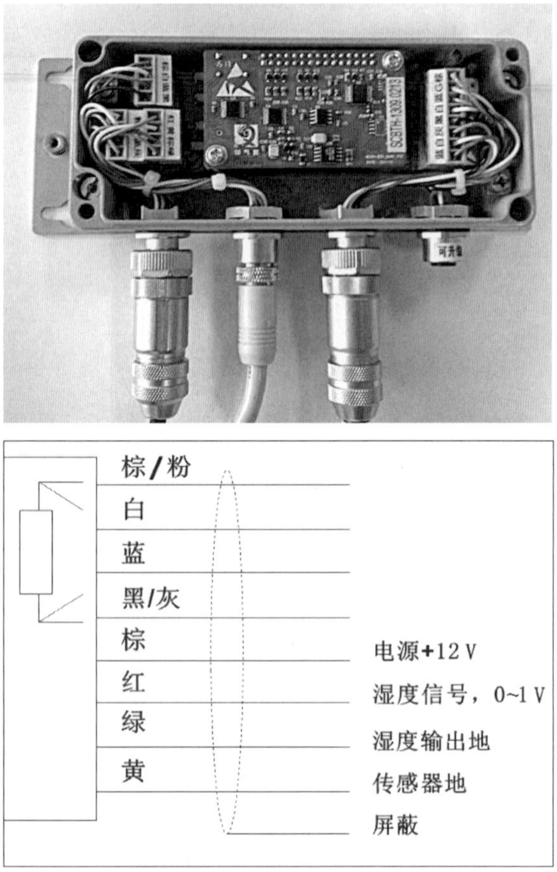

图8–35　DHC2型温湿度接线图

（2）测量方法

导线电阻R_1：1、2（或3、4）之间的电阻。

导线电阻+铂电阻阻值R_2：1、4（或2、3，或2、4，或1、3）之间的电阻。

铂电阻阻值：$R_t=R_2-R_1$。

计算温度值：

$t=(R_t-100)/0.385$。

若不知道铂电阻的线序，可通过测量两两之间的电阻值来判断，电阻较小的两对线分别是电阻两端的引线，按顺序接入接线端的“1、2、3、4”即可（如图8-34）；在通过测量电阻来估算环境温度时，应该断开传感器与采集器的连接（即在未加电的状态下测量）。

（3）故障诊断

由于采用CAN总线，DZZ4型自动气象站的气温传感器用万用表只能在温湿度分采集器中测量其供电信号和输出信号。若气温要素不正常，则按以下步骤诊断故障原因：

①指示灯状态判断和命令调试。结合WUSH-BTH温湿度分采集器的指示灯，以及相应的串口调试命令（STATTARH，STATSENSOR）进行故障判断。

②铂电阻测量判断。用数字万用表电阻（200 Ω）档测量导线电阻，电阻很小，接近于短路状态；用数字万用表的电阻（200 Ω）档测量温度传感器的“导线电阻+铂电阻”，其电阻值应在80~140 Ω，对应温度应为－50~80 ℃；只要上述任何一个显示不正常，则可判定为温度传感器故障。

图8-36　气温传感器测量示例

③如果以上测量数据均正常，则可对温湿度CAN电缆的短路和断路情况进行测量，以检查防雷板是否存在故障现象（电缆防雷板故障判断参见前文“防雷板故障”）。WUSH-BTH温湿度分采CAN电缆接线方式如图8-37所示（电缆故障判断方法参见前文“辅助设备故障”）。

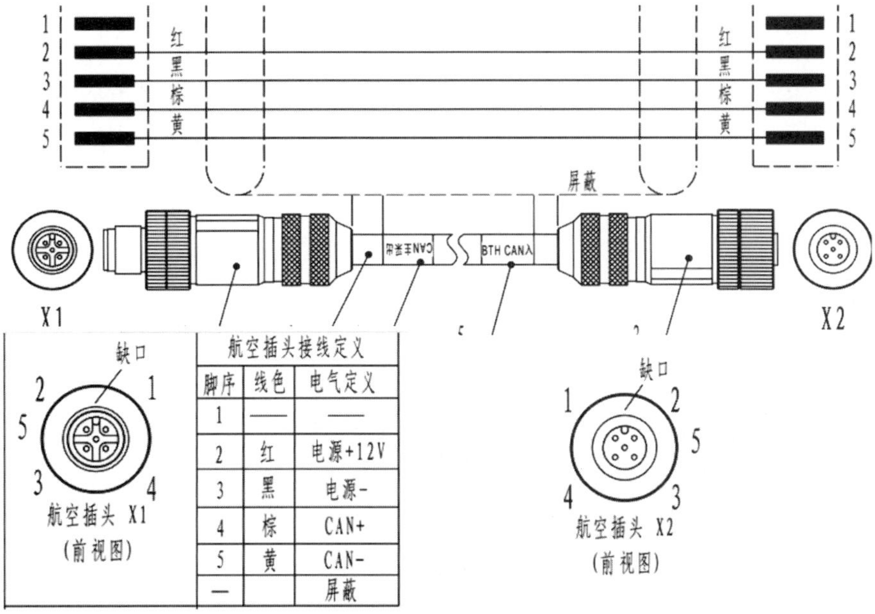

脚序	线色	电气定义
1	—	—
2	红	电源+12V
3	黑	电源-
4	棕	CAN+
5	黄	CAN-
—		屏蔽

图8-37　WUSH-BTH温湿度分采CAN电缆接线图

2.湿敏电容湿度传感器

（1）工作原理

湿敏电容湿度传感器是用有机高分子膜作介质的一种小型电容器。有机高分子膜是具有感湿特性的电介质，其介电常数会随着相对湿度的变化而变化。湿敏电容器的上电极是一层多孔金膜，能透过水汽，下电极为一对刀状或梳状电极，引线由下电极引出，基板是玻璃。整个传感器是由两个小电容器串联组成（如图8-38所示）。

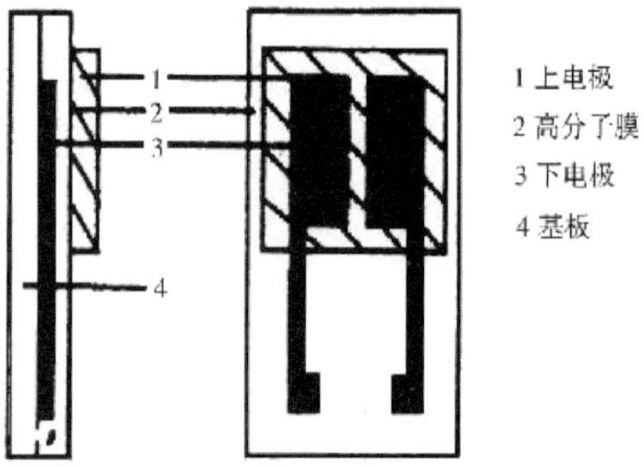

图8-38　湿敏电容湿度传感器结构示意图

湿敏电容湿度传感器的吸湿聚合物一般为醋酸纤维素，厚度为0.5~1 μm。表面电极厚度为0.02 μm。基底电极为两块相互分离的金属膜，以吸湿聚合物为介质，同表面电极形成两个小电容串联组成（图8–39）。$C=C_1\times C_2/(C_1+C_2)$。

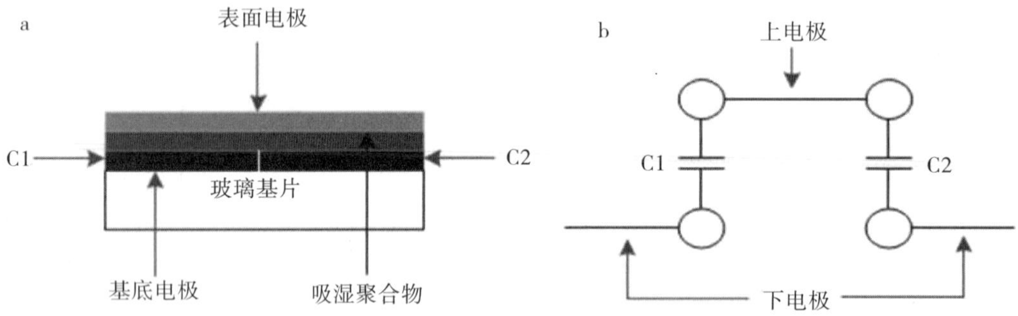

图8–39　湿敏电容湿度传感器原理

将湿敏电容湿度传感器置于大气中，当大气中的水汽透过上电极进入介电层，介电层吸收水汽后，其介电系数会发生变化，从而导致电容器的电容量发生相应变化。电容量的变化正比于相对湿度。因湿度变化引起湿敏电容的变化，会通过信号变换电路将湿敏电容的变化转换为电压信号，当相对湿度由0至100%变化时，信号变换电路输出0至100 mV的电压，经放大得到0 ~ 1 V的电压，输出给测量及控制系统。

湿度：工作电压为12 V；输出信号：0 ~ 1 V（对应湿度为0 ~ 100% RH）。

（2）常见故障

①当传感器感应端有灰尘或其他杂物导致水汽不能顺利进入介电层时，会引起传感器测量性能下降，此时需要对传感器进行清洁。

②当传感器一直处于饱和状态的水汽中（如传感器感应端受潮），或者传感器所处的环境与实际环境差距较大时（如百叶箱或辐射罩污染较大等），会导致测量的结果与实际的环境湿度出现误差，此时需要对传感器进行相应的处理。

③为了保证传感器输出正常，首先应对传感器供电（12 V直流供电）；其次，应确保输出信号电缆不存在短路（或断路）情况。

④当传感器输出信号线（0～1 V）与电源线存在短接情况时（如电缆短路，或接头受潮比较严重等），输出电压会超过1 V，从而导致输出信号失真，此时可根据不同情况进行相应处理。

（3）故障诊断

若气温要素显示不正常，则按以下步骤进行故障诊断：

①指示灯状态判断和命令调试。可结合WUSH-BTH温湿度分采集器的指示灯及相应的串口调试命令（STATTARH，STATSENSOR）进行故障判断。

②供电和输出信号测量判断（图8-40）。用万用表直流电压（20 V）档测量湿度电源与地之间的电压，正常值应在12 V左右；若电压异常，则在防雷板两端和主采集器端测量CAN电源。

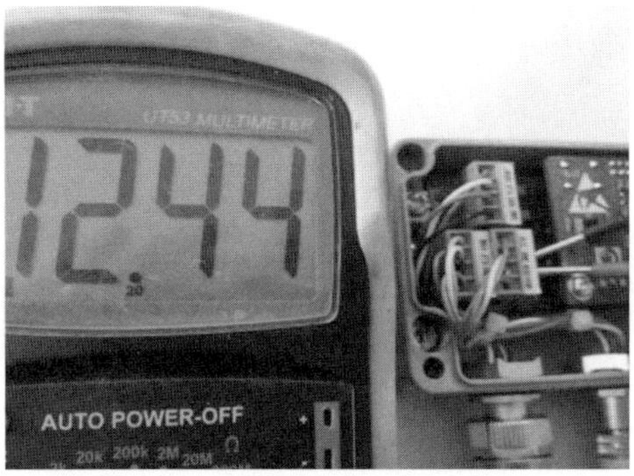

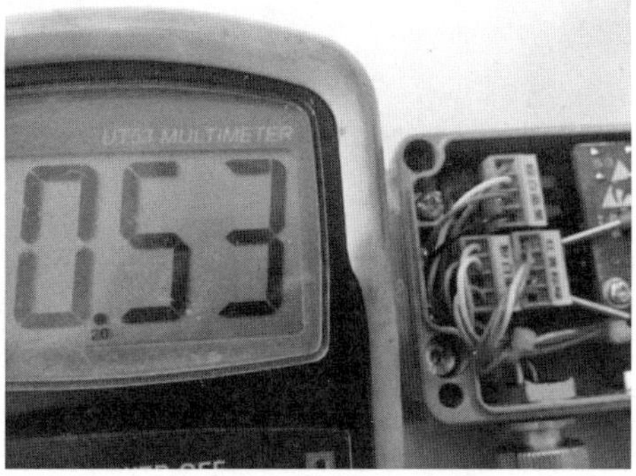

图8-40 湿度传感器供电（左）和输出信号测量（右）示例

③用万用表直流电压（2 V）档测量湿度信号脚与地之间电压，应在0～1 V，对应相对湿度为0～100%，可根据环境湿度判定传感器是否正常；若测量电压大于1 V，则可直接判定湿度传感器存在故障。

④若以上情况均正常，则应该进行温湿度CAN电缆的短路和断路测量，此外，还要检测防雷板是否存在故障。

3.气压传感器

（1）工作原理

我国DZZ4型自动气象站目前常用的气压传感器，是一种硅膜盒式智能型全补偿数字式气压传感器，具有较宽的工作温度范围和气压测量范围。传感器安装在采集器机箱内，通过静压压力连通管与外界大气相通。当外界大气压力发生变化时，硅膜盒发生弹性形变，从而引起硅膜盒平行板电容器电容量的变化，电容量的变化情况将通过RC振荡电路转换成频率信号。同时，温度传感器会连续测量空气温度，而微处理器会对测得的频率信号和温度信号进行线性补偿，通过温度补偿后获取准确的大气压力值。

BAROCAP硅电容绝对压力传感器的感应元件为真空膜盒（图8-41）。当大气压力发生变化时，会导致真空膜盒（包括金属膜盒和单晶硅膜盒）的弹性膜片产生形变而引起电容量的改变，然后通过测量电容量的变化值来确定气压大小。

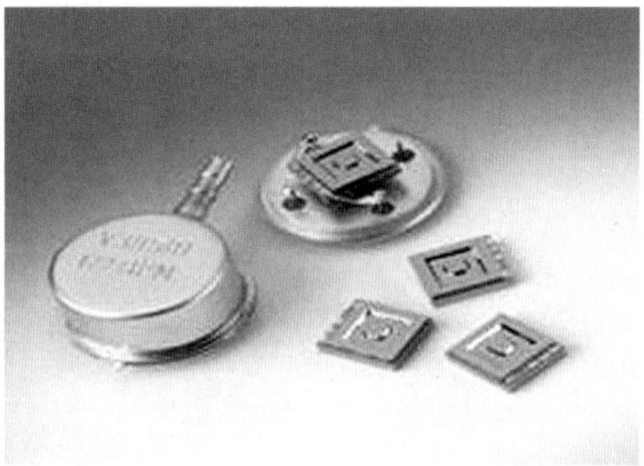

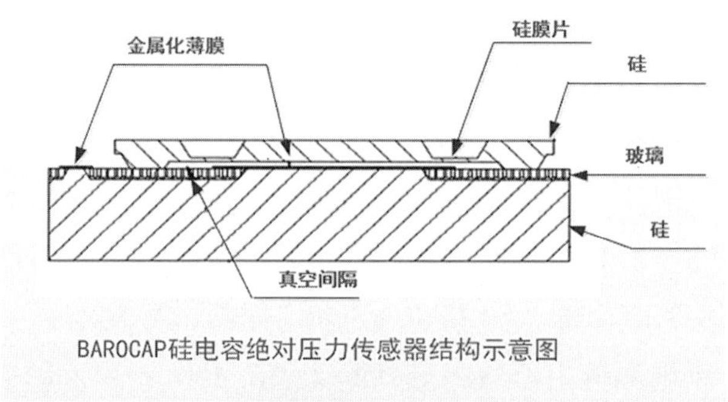

图8-41 BAROCAP硅电容绝对压力传感器结构示意图

（2）故障诊断

①当传感器静压管（或静压孔）出现堵塞（如静压管有明显的弯折情况）时，会造成气压传感器内的气压与环境气压不一致，传感器测量结果也会与环境气压有偏差，此时需要对静压管（或静压孔）进行清洁。

②为保证传感器输出功能正常，首先需对传感器供电（12 V直流供电）；其次，由于新型自动气象站使用的气压是采用RS-232输出，所以，输出串口参数及接线方式需与主采集器相应接口的参数及接线方式保持一致（详细参数及接线方式参考设备的使用说明书）。

3.风速、风向传感器

（1）工作原理

①风速传感器的工作原理。在水平风力的驱动下，会推动三杯式风杯组旋转，当风杯转动时，会带动同轴的磁棒盘旋转，其上的36只磁体将形成18个小磁场，风杯每旋转一圈，便会在霍尔集成电路中感应出18个脉冲信号，其频率将随风速的增大而线性增加，经计数器处理后，便可输出实际风速值。

其校准方程为：

$$V=0.1F$$

式中：V——风速（单位：m/s）；

F——脉冲频率（单位：Hz）。

②风向传感器的工作原理（图8-42）。风标转轴会带动7位格雷码光码盘，而格雷码光码盘上分布着7个同心圆轨道，分别为2、22、23、24、25、26、27等分，7个同心圆轨道相邻部分均作了透光与不透光处理。在码盘两侧同一半径上有7对光电耦合器件对应7个同心圆

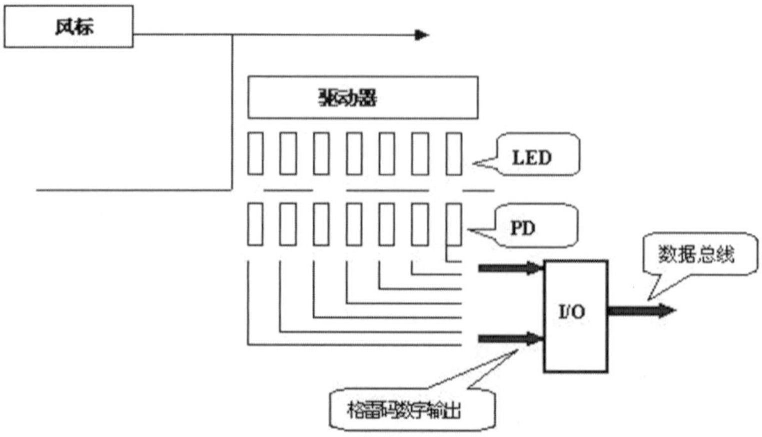

图8-42 风向传感器工作原理示意图

轨道，以感应风向方向，并输出相应的格雷码，每组格雷码有7位，代表一个风向。由于外圈是128等分，故风向分辨率为360°/128≈2.8°。

（2）常见故障

①安装风向传感器时，要保持风向标的平衡状态和水平状态，风向传感器的指北（指南）要准确，否则会造成风向角度偏移。

②当风向标存在变形或转动不灵活等现象时，要及时采取更换风向传感器等处理措施。

（3）故障诊断

①传感器供电测量：首先对传感器5 V直流供电进行检测。

②风向信号带电测量（图8–43）：在主采集器端或信号防雷模块两端找到传感器电缆中标记为“D0”～“D6”的导线端子。用万用表直流电压（20 V）档，分别测量“D0”～“D6”对地电压（正表笔接“D0”～“D6”，负表笔接“GND”），高电平（大于3.5 V）代表1，低电平（小于1 V）代表0，根据7位格雷码对照表查得对应的风向值，通过与实际值的比较来判定传感器是否正常。

③风速信号带电测量：在主采集器端或信号防雷模块两端找到风速信号的导线端子；转动风杯，用万用表直流电压（20 V）档，测量“风向信号”对地电压（正表笔接“风向信号”脚，负表笔接“GND”），电压应在2.2 V左右（风杯转动时，电压在高低电平之间来回波动，万用表测量的是单位时间内的平均电压，所以显示值为高低电平电压的平均值），否则传感器有故障；若万用表带有频率（Hz）档，则可直接测量“风向信号”的输出频率，然后按照传感器自身的“频率—风速转换公式”计算出风速值，由此判断传感器是否正常。

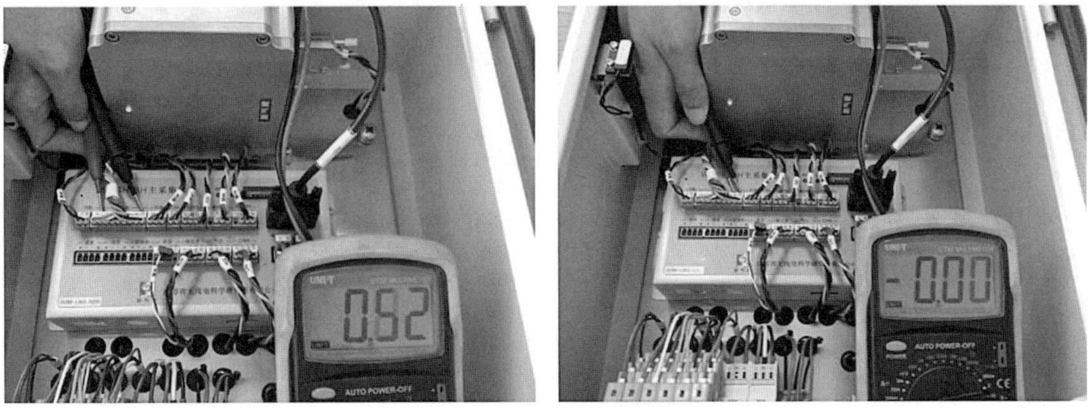

图8–43　风向传感器信号测量示意图

④若以上均正常，则进行风电缆的短路和断路测量，此外，还要检测防雷板是否存在故障情况。参见图8–44及表8–8。

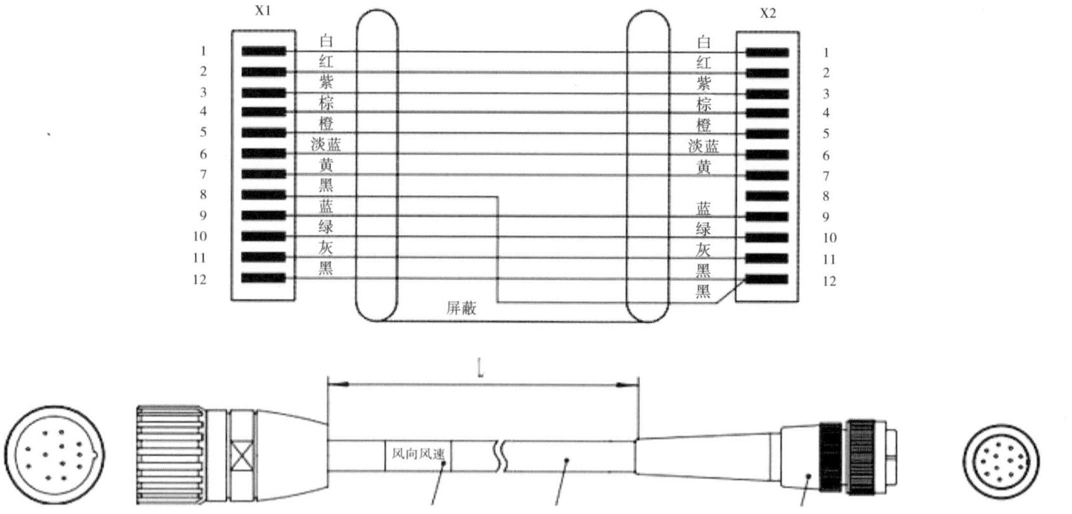

图8-44　风电缆连接示意图

表8-8　DZZ4型自动气象站风电缆线缆脚号连接对应表

主采集器端航空插头线缆脚号	脚定义	风横臂端航空插头线缆脚号
1	D0	1
2	D1	2
3	D2	3
4	D3	4
5	D4	5
6	D5	6
7	D6	7
8	地	
9	风速信号	9
10	风速电源（+5 V）	10
11	风向电源（+5 V）	11
12	地	12

4.超声波蒸发传感器

超声波蒸发传感器结构如图8-45。

（1）工作原理

超声波蒸发传感器由超声波测量头和圆筒架组成，其工作方式是根据超声波测距原理来测量蒸发皿内水面高度的变化。超声波蒸发传感器内置有温度补偿测量电路，可连续监测环境温度变化，并确保工作温度范围内的测量准确度。其工作方式具体表现为以下几个方面。

①蒸发水位数值越大，说明蒸发桶水面下降，水也越少，反之亦然。传感器输出为电流信号4～20 mA，水位数值越大，电流越大。

②采集器输入端配置标准电阻将电流信号转换为电压信号。标准电阻为125 Ω，对应电压输出为0.5～2.5 V。对应电压与水位对应关系如下：

$$H=100/(2.5-0.5)\times(V-0.5)$$

式中：H——蒸发水位高度；

V——标准电阻两端测量的电压。

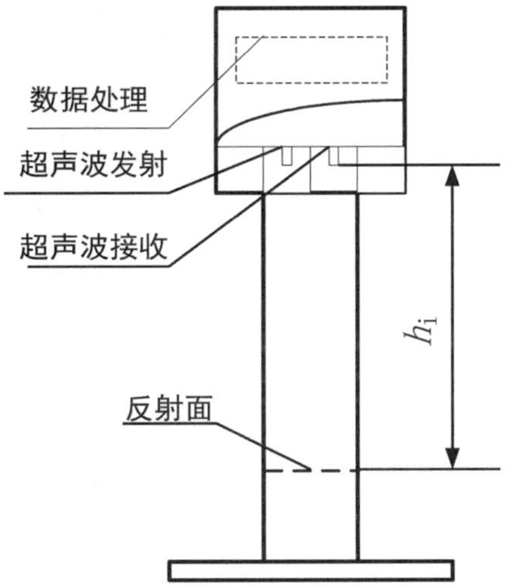

图8-45 超声波蒸发传感器结构示意图

③数据采集器内置蒸发量算法，通过测量电压数据得到相应水位后，再根据算法计算出蒸发量。

WUSH-TV2蒸发传感器接线如图8-46。

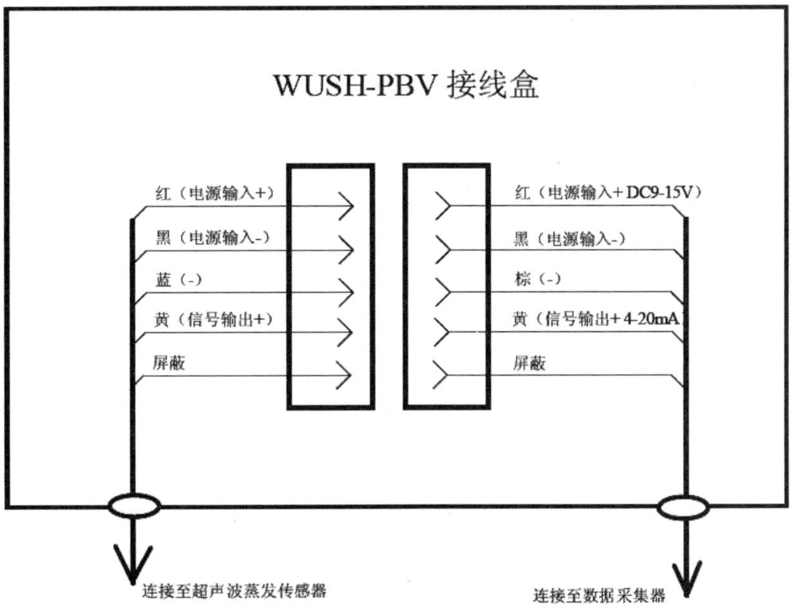

图8-46 WUSH-TV2蒸发传感器接线示意图

（2）故障诊断

WUSH-TV2型蒸发传感器的故障诊断可采用以下几种方法。

①测量电压：用万用表测量采集器上的电压与采集器的采集电压和水位数据是否一致，如果不一致，则说明存在故障。

②加水测试：可使用雨量量杯往蒸发桶内倒水（30 mm），延时5~6分钟后，读取稳定水位数据，是否为水位上升（3 mm左右）。

③比对：可使用蒸发测量探针和自动蒸发数据进行24 h数据比对。

④用万用表测量接线盒内的传感器供电电压（红、黑），电压在10~14 V为正常。

⑤测量采集器蒸发输入端电压，电压范围应在0.5~2.5 V。

传感器端蒸发供电和信号测量示例如图8-47，主采集器端蒸发信号测量示例如图8-48。

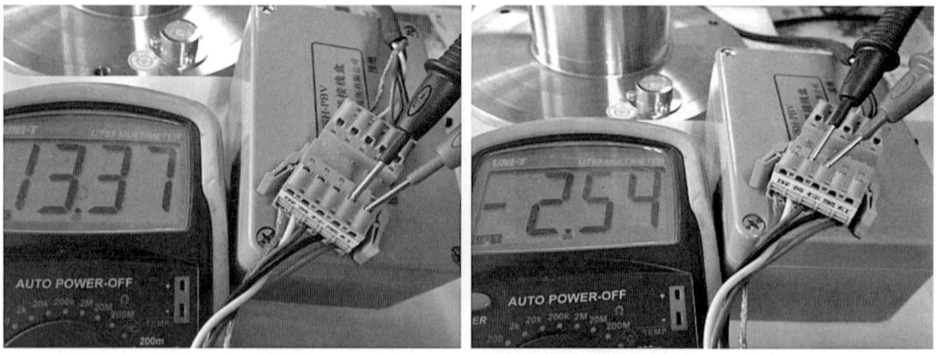

图8-47　传感器端蒸发供电和信号测量示例

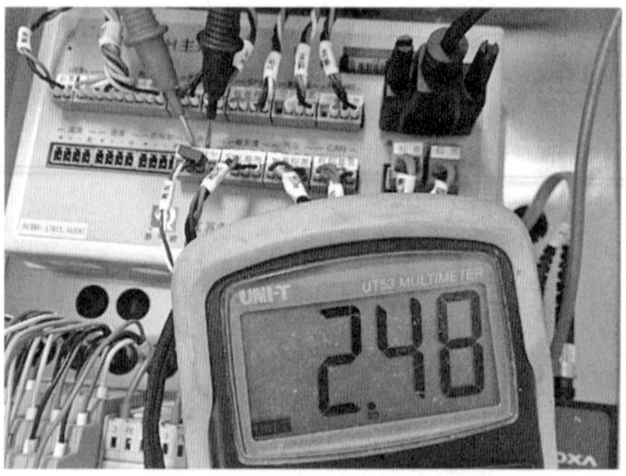

图8-47　主采集器端蒸发信号测量示例

⑥若供电和输出信号均正常，则进行蒸发电缆的短路和断路测量，同时检测防雷板是否存在故障情况。 DZZ4自动气象站蒸发电缆接线方式如图8-49。

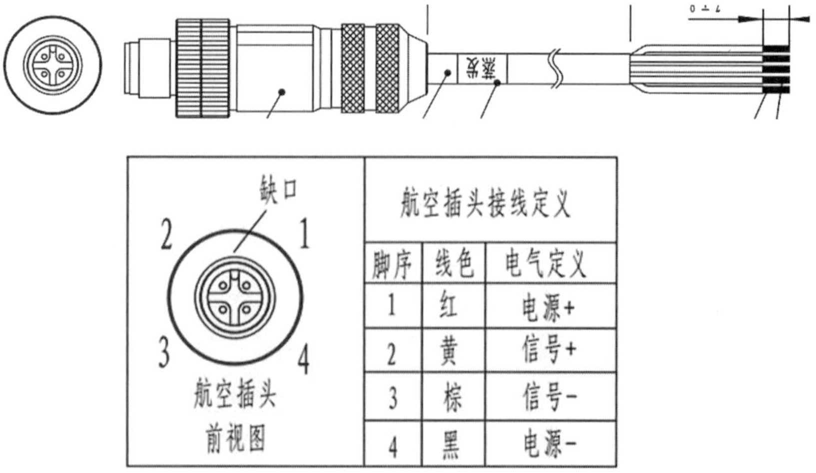

航空插头接线定义		
脚序	线色	电气定义
1	红	电源+
2	黄	信号+
3	棕	信号-
4	黑	电源-

图8-49　DZZ4自动气象站蒸发电缆接线示意图

⑦可将采集器RS232电缆接入笔记本电脑等终端设备，并在终端设备安装的相应软件中输入命令“sample”，便可清楚看到蒸发水位数据和蒸发量数据。

⑧还可利用雨量量杯进行检测。雨量量杯的表面积约为314 cm^2，而蒸发桶加上测量筒的表面积约为3 058.0 586 cm^2。由此可知，雨量量杯与蒸发桶的容量比值大约为1∶10，也就是说，如果将雨量量杯中的10 mm雨水倒入蒸发桶内，可使蒸发桶水位上升为1 mm。

5.雨量传感器

（1）工作原理

DZZ4型自动气象站目前采用的是双翻斗雨量传感器。双翻斗雨量传感器主要由上翻斗、汇集翻斗、计量翻斗和干簧管组成（图8-50）。其工作原理是承水器将收集到的降水通过漏斗进入上翻斗，当降水累计到一定量时，便会通过水本身的重力作用促使上翻斗翻转，将降水注入汇集翻斗。当降水从汇集漏斗的节流管注入计量翻斗时，就会把不同强度的自然降水，调节为比较均匀的大降水强度，以减少由于降水强度不同所造成的测量误差。当计量翻斗承受的降水量为0.1 mm时（也有0.2 mm或0.5 mm的翻斗），计量翻斗便会把降水倾入计数翻斗，使计数翻斗翻转一次。当计数翻斗翻转时，磁钢对干簧管扫描一次，干簧管因磁化而瞬间闭合一次。当降水量每次达到0.1 mm时，就送出一个开关信号，开关信号可直接输入计算机进行计数，最后通过数据处理获得累计降水量、降水强度等。

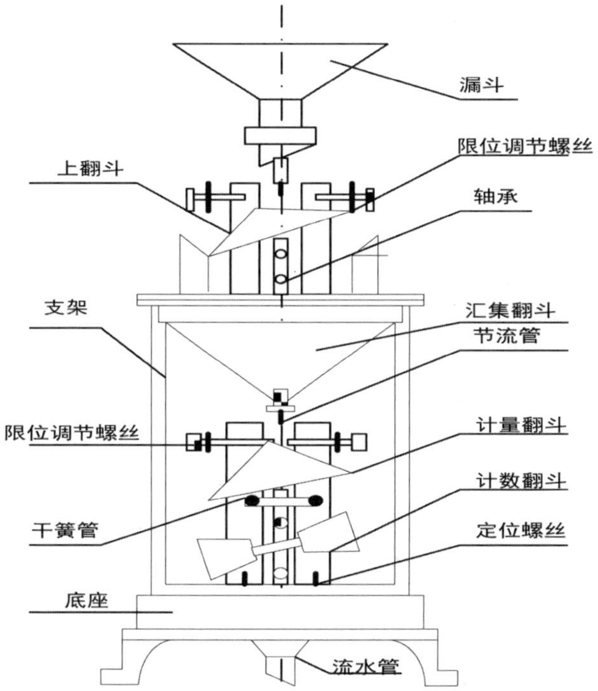

图8-50 双翻斗雨量传感器结构示意图

（2）故障诊断

自动气象站雨量无数据时，应按以下步骤进行检查排除。

①硬件维护检查：检查降水能否顺利流入承水器，再经上翻斗、汇集漏斗、计量翻斗、计数翻斗从出水孔流出。为此，应必须保证各部位没有堵塞情况，各翻斗翻转灵活。

②干簧管检查：主要查看计数翻斗的磁钢对干簧管扫描时，干簧节点是否能因磁化而正常瞬间闭合。

③检查数据采集器或电缆是否存在故障：先取下雨量传感器接线柱的两根导线，然后将两根导线的线头碰接一定次数，每碰接一次，对应0.1 mm降雨量，看雨量值显示是否与碰接次数一致，如正确，则说明采集器与电缆工作正常。另外，还需进一步检查雨量传感器的干簧管，如不一致或无显示，则检查雨量传感器电缆的通断。

④雨量传感器电缆测量：雨量传感器电缆为三芯电缆，通常情况下，“1、2脚”对应雨量传感器端接线柱的两根导线，“3”脚为屏蔽线。

DZZ4型自动气象站雨量电缆接线如图8-51。

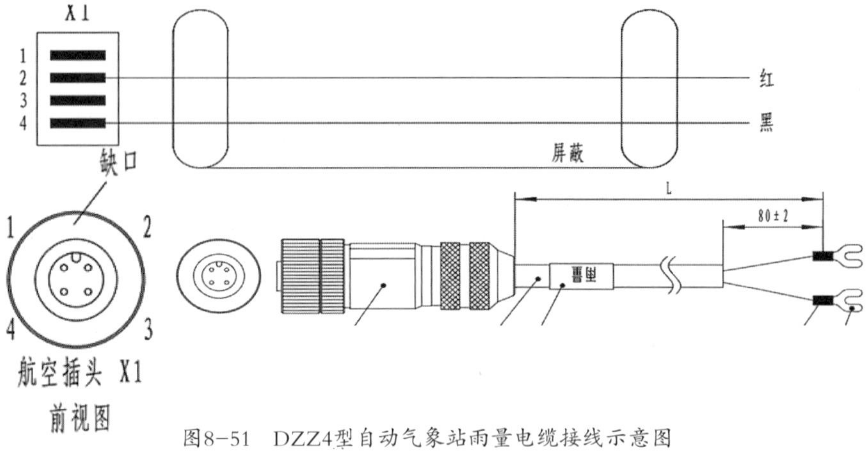

图8-51 DZZ4型自动气象站雨量电缆接线示意图

6.地温传感器

（1）工作原理

见温度传感器。

（2）测量方法

见温度传感器。

（3）故障诊断

由于采用CAN总线，所以DZZ4型自动气象站的地温传感器用万用表只能在地温分采集器中测量，测量示例如图8-52。若地温要素不正常，则按以下步骤诊断故障。

①指示灯状态判断和命令调试：可结合WUSH-BG地温分采集器的指示灯，以及相应的串口调试命令进行故障判断。

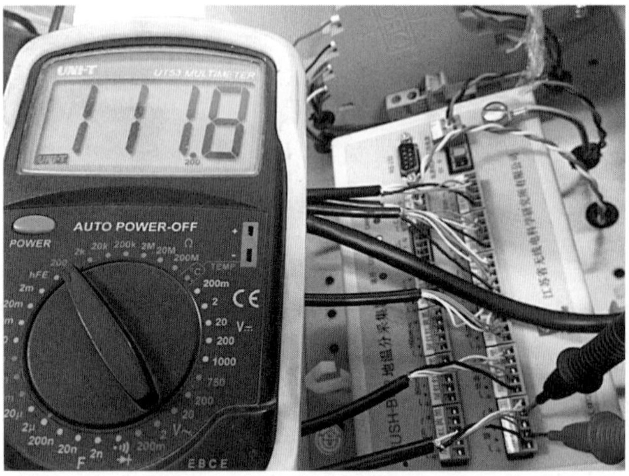

图8-52 地温传感器测量示例

②铂电阻测量判断：用数字万用表电阻（200Ω）档测量导线电阻，若电阻值很小，则表明接近于短路状态；用数字万用表的电阻（200Ω）档测量温度传感器的“导线电阻+铂电阻”，正常情况下，其电阻值应在80~140Ω，分别对应温度－50~80℃，若以上参数任有一个不正常，则可判定地温传感器存在故障。

③若以上参数均正常，则进行地温CAN电缆的短路和断路测量，并同时检测防雷板是否存在故障。DZZ4型自动气象站地温CAN

电缆接线方式如图8-53图所示。

④当DZZ4型自动气象站中某一路地温要素缺测时，可用其他路的地温传感器“替代”怀疑故障的传感器，以排除地温传感器因素。如互换后依然缺测，则说明地温分采某一通道存在故障，然后按照步骤③对电缆和防雷板进行检测。

⑤当DZZ4型自动气象站中所有的地温要素均缺测时，可使用万用表测量WUSH-BG地温分采工作电压是否为直流11 ~ 14.5 V，然后再对地温CAN电缆和防雷板进行检测。

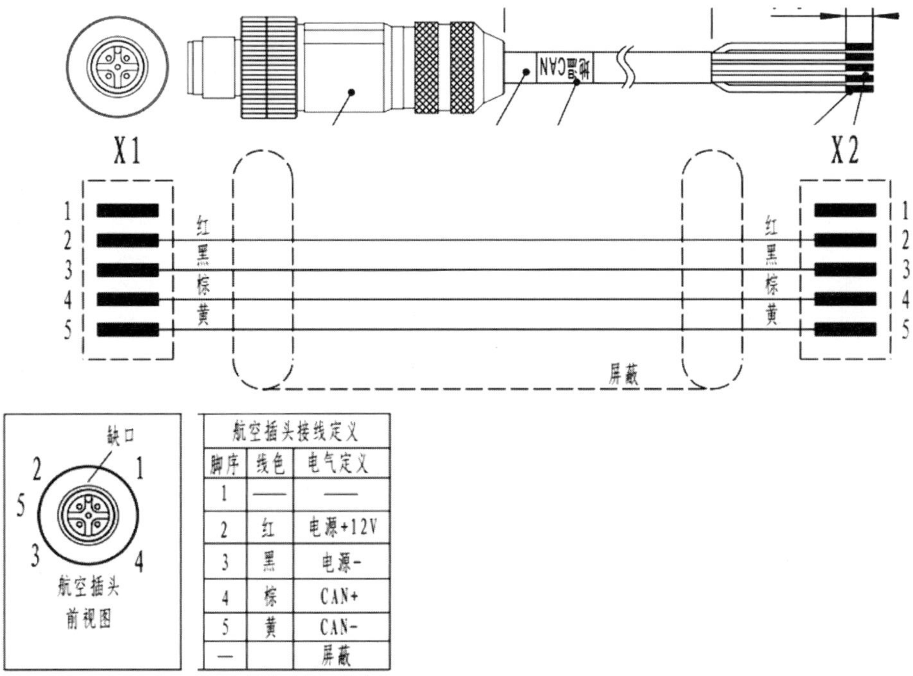

航空插头接线定义		
脚序	线色	电气定义
1	—	—
2	红	电源+12V
3	黑	电源-
4	棕	CAN+
5	黄	CAN-
—		屏蔽

图8-53　DZZ4型自动气象站地温CAN电缆接线图

7.能见度传感器

（1）工作原理

前向散射能见度仪提供与气象能见度相关的测量，传感器是基于大气中颗粒物（气溶胶和细小水颗粒等）的前向散射原理而设计的，是继透射式能见度仪之后发展起来的新一代气象能见度监测设备。通过测量小体积空气对光的散射系数，得到采样气体的消光系数，再得出气象光学能见度。它的核心部件包括发射机、接收机、控制板和内部连接电缆等。发射机持续发射红外光脉冲，被透镜聚焦后经大气中的颗粒物散射，接收机透镜将散射光收集到光敏二极管上转换为电信号，并对其强度进行检测（通过AD部件）后得到信号强度的数字信号，再将得到的数字信号发送到数据处理板的CPU进行处理，通过特定的算法转化为气象光学能见度数据。

图8–54中：①发射机；②控制器/接收机（安装时指向北）；③天气现象传感器（选配）；④内置Pt100温度传感器；⑤抱箍；⑥加热器（选配）；⑦照度传感器预留位置（选配）。DZZ4型自动气象站能见度仪连接方式如图8–55。

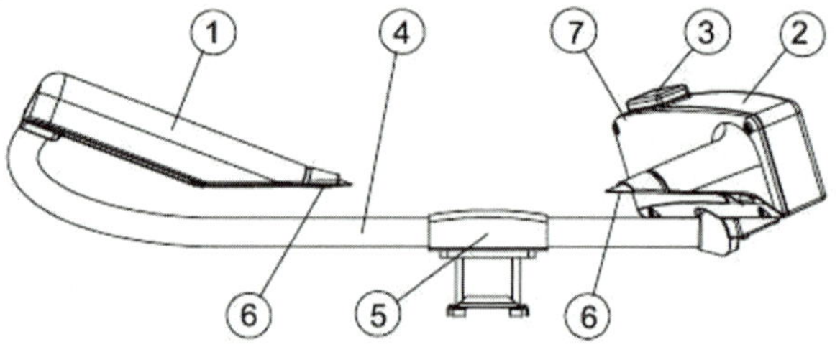

图8-54 DZZ4型自动气象站能见度仪结构图

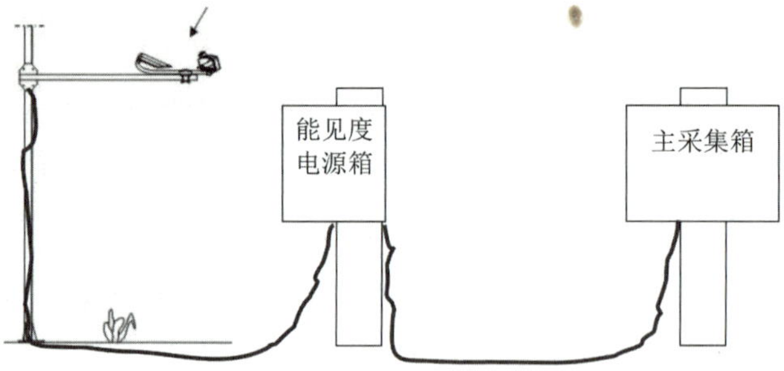

图8-55 DZZ4型自动气象站能见度仪连接示意图

DNQ1能见度传感器供电电压为12 V直流电压，输出信号为RS-485信号，通过RS-232或485进行数据传输，通信参数为4 800，N，8，1。

DNQ1能见度传感器与计算机通信接线方式见表8-9。

表8-9 DNQ1能见度传感器与计算机通信接线表

序号	信号名称	信号线颜色	备 注
1	RS-232 TX	绿	PC串口 D9 pin2
2	RS-232 RX	黄	PC串口 D9pin3
3	RS-232 GND	灰	PC串口 D9pin5
4	电源+	红	+12 V
5	电源-	黑	G

DNQ1能见度传感器与WUSH-BH采集器接线方式见表8-10。

表8-10 DNQ1能见度传感器与WUSH-BH采集器接线表

序号	信号名称	信号线颜色	备注
1	485+	棕	
2	485-	白	
3	电源+	红	+12V
4	电源-	黑	G

（2）故障诊断

当能见度数据缺测或数值与实际相差较大时，可针对以下几个渠道进行故障诊断。

①传感器维护。能见度传感器的周期性维护，包括清洁发射机和接收机的镜头和外罩，以及能

见度标定测试。发射机和接收机的镜头应当相对清洁，才能确保得到可靠的观测结果。清洁应每六个月进行一次，或者根据实际情况增加次数（比如设备附近有公路等），清洁后应重新启动。完整的清洁流程可按以下方式进行：

a.用50%的异丙醇、乙醇溶液浸湿不起毛的软布擦拭镜头，小心不要划伤镜头表面的镀膜层。如果镜头很快变干燥，则表示透镜加热功能正在工作。

b. 检查机罩和镜头有无积存冷凝水、冰和雪等。

c. 擦去机罩内外表面的灰尘。

②传感器工作电源检测。使用万用表测量传感器工作电压是否为12 V（非加热），如果无法测量到正常的工作电压，则需进一步检查电源是否存在故障并加以修复。

③采集器配置参数检查。WUSH-BH采集器参数包括以下几项：

SUPER ADMIN

SENST VI 1

COMDEV 1 FD12P

SETCOMEX 1 4800 N 1

VARCH VI COM.1 V，V10

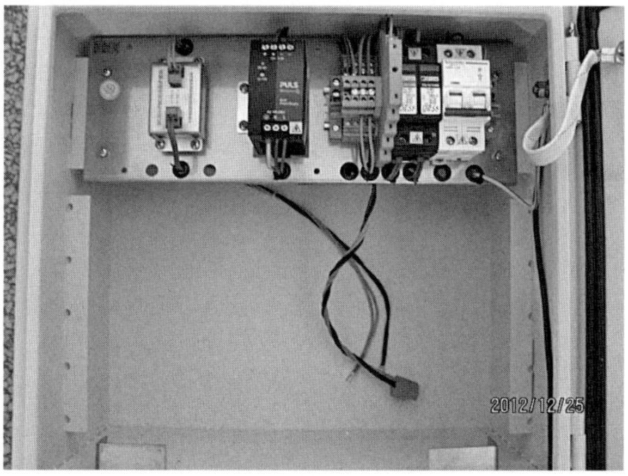

图8-56　能见度传感器电源测量示例

④能见度传感器检查

a.通过计算机检查传感器状态。将能见度传感器的RS-232信号线（绿、黄、灰）与计算机串口连接，运行SSCOM32软件或超级终端，通信参数设置为 4800，N，8，1。其检测步骤如下：

将能见度传感器断电后重启，软件界面上将显示。

VAISALA PWD20 V 1.07　2005-05-16 SN:C3350001

如果无反应则需检查有关通信参数，尝试重新上电。

输入OPEN，回车返回如下信息：

PWD OPENED FOR OPERATOR COMMANDS

此时输入下列命令：

AMES

应返回：AUTOMATIC MESSAGE　0 INTERVAL　0

如果返回不是上述信息，则输入AMES 0 0。

再分别输入

STA↙

PAR↙

MES↙

保存输入命令后的能见度返回信息，并据此加以分析、判断。

b.通过采集器转发检测。若采集器与能见度传感器通信正常，则可通过采集器串口转发能见度状态信息。

将传感器接入WUSH-BH采集器，运行SSCOM32软件，通信参数设置设为9600，N，8，1

DEVMODE FD12P 2 （传感器进入调试模式）

SERIAL 1 OPEN （调试COM1上的能见度传感器）

分别输入SERIAL 1 MES（STA，PAR）（能见度检测命令）

DEVMODE FD12P 0（传感器进入工作模式）

保存能见度传感器返回的采集信息，并据此加以分析、判断。

c.能见度传感器常用命令：

STA （状态信息）

SSTTAA

PWD STATUS

VAISALA PWD20 V 1.07 2005-05-16 SN:E3860006

SIGNAL 0.83 OFFSET 149.99 DRIFT 0.98

REC. BACKSCATTER 964 CHANGE 43

TR. BACKSCATTER -1.1 CHANGE -0.2

LEDI 3.4 AMBL -1.4

VBB 12.5 P12 11.4 M12 -11.3

TS 13.1 TB 10

HARDWARE : （硬件检测正常）

OK

>MMEESS （采集实时数据命令）

5417 ///// （00代表状态正常，实时能见度数据为5 417米）

SSTTAA

PWD STATUS

VAISALA PWD20 V 1.07 2005-05-16 SN:E3860006

SIGNAL 0.26 OFFSET 149.78 DRIFT 0.77

REC. BACKSCATTER 2333 CHANGE* 1

TR. BACKSCATTER -1.5 CHANGE 0.3

LEDI 3.4 AMBL -1.2

VBB 12.5 P12 11.4 M12 -11.3

TS 13.4 TB 11

HARDWARE :

BACK SCATTER HIGH（硬件报警）

若有此提示，请检查能见度传感器镜头是否已严重污染，若有，请务必清洁能见度传感器镜头。

d.能见度传感器返回信息解析：

DZZ4型自动气象站能见度传感器硬件出错信息见表8-11。

表8-11　DZZ4型自动气象站能见度传感器硬件出错信息表

提示信息	表示含义
Backscatter High	接收端或发送端污染信号增加值超过配置参数中设置的阀值
Transmitter Error	LEDI信号高于7 V或低于-8V
±12V Power Error	接收或发送端电源电压低于10 V或高于14V
Offset Error	偏频频率＜80或＞170（PWC10/20）
Signal Error	信号频率+偏移频率=0，信号频率-偏移频率＜-1
Receiver Error	接收端背景光测量信号太弱
Data RAM Error	数据存储器读/写检测出错
EEPROM Error	EEPROM校验和出错
Ts Sensor Error	温度测量超范围
Luminance Sensor Error	PWL111信号超范围

DZZ4型自动气象站能见度传感器硬件报警信息见表8-12。

表8-12　DZZ4型自动气象站能见度传感器硬件报警信息表

报警	表示含义
BackscatterIncreased	接收端或发送端污染信号增加值超过配置参数中设置的警告阀值
Transmitter Intensity low	LEDI信号低于-6 V
Receiver Saturated	AMBL信号低于-9 V
Offset Drifted	偏移电压漂移
Visibility Not Calibrated	能见度校准系数还未从默认值修改过来

⑤若以上检测均正常，则进行能见度传感器电缆的短路和断路测量，同时检测防雷板是否存

在故障现象。DZZ4自动气象站能见度传感器的电缆连接方式如图8-57所示。

图中：1脚（空）；2脚：RS-485-A；3脚：RS-485-B，4脚：接地。

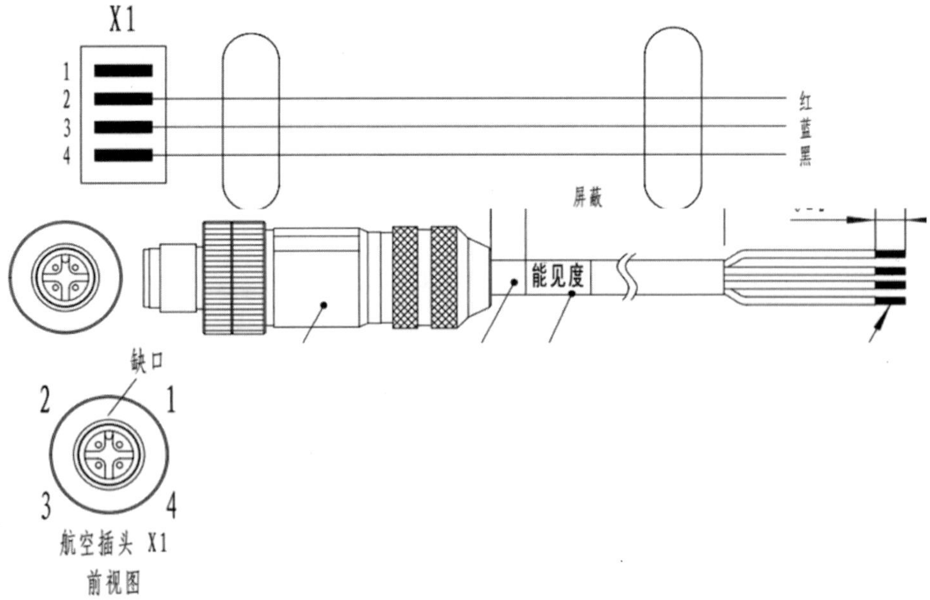

图8-57　DZZ4自动气象站能见度传感器的电缆连接示意图